工程数学

工程应用案例及分析

杨　萍 等　编著

西安电子科技大学出版社

内容简介

本书基于工程数学的知识体系，针对工程领域中的实际问题，从背景描述、问题的数学描述与分析、应用举例及应用拓展(部分案例)几个方面编写了46个案例，这些案例涉及通信、经济、计算机、化学、物理、军事等不同领域，能够帮助读者了解工程数学在工程中的实际应用，提升数学应用意识和能力。

本书难度适中，实用性强，适合高等院校工科学生以及从事数学教研工作的人员参考。

图书在版编目(CIP)数据

工程数学工程应用案例及分析/杨萍等编著. —西安：
西安电子科技大学出版社，2022.6(2025.1重印)
ISBN 978-7-5606-6295-4

Ⅰ. ①工… Ⅱ. ①杨… Ⅲ. ①工程数学—高等学校—教材 Ⅳ. ①TB11

中国版本图书馆CIP数据核字(2022)第048772号

责任编辑 戚文艳 李鹏飞
出版发行 西安电子科技大学出版社(西安市太白南路2号)
电 话 (029)88202421 88201467 邮 编 710071
网 址 www.xduph.com 电子邮箱 xdupfxb001@163.com
经 销 新华书店
印刷单位 西安创维印务有限公司
版 次 2022年6月第1版 2025年1月第3次印刷
开 本 787毫米×1092毫米 1/16 印张 12
字 数 277千字
定 价 37.00元
ISBN 978-7-5606-6295-4
XDUP 6597001-3

前　言

工程数学是高等院校工科学生必修的一门重要的数学基础课，主要包括线性代数、概率统计等内容。长期以来，在工程数学教学中，教师大多关注的是数学基础理论和知识体系，虽然近三十年来数学知识的应用越来越受到重视，特别是数学建模相关活动更是推动了各个学校对学生数学知识应用能力的培养，但是我们总感到许多数学建模的实例很难融入实际教学中，真正适合工程数学课堂例证教学的资源还比较少，特别是近几年开展的线上线下混合式教学活动，更使我们深感可支持线上线下学习和拓展学生知识与能力的教学资源的欠缺。

为此，近几年来，在陕西省教改课题、军队双重建设和学校教改课题的资助下，我们深入挖掘工程数学相关知识在工程各领域中的应用实例，探索并实践工程数学系列课程中“以学生为中心”的教学模式，从而取得了一些成果，也积累了一些经验，现将相关成果整理成本书。本书由线性代数篇、概率统计篇和综合篇三个部分组成，按照由浅入深的思路编排，其中包含了通信、经济、计算机、化学、物理、军事等不同领域的 46 个工程应用案例，从背景描述、问题的数学描述与分析、应用举例及应用拓展(部分案例)等方面向读者详细展示了应用案例的完整分析过程。

本书案例难度适中，每个案例都紧密结合工程数学的知识点，便于学生将所学知识与实际问题有机结合。本书是对工程数学教学资源的有效补充，既可供高等院校的工程数学任课教师灵活运用教学实例，提升课堂教学效果，也可供学生课后拓展所学的知识，了解工程数学理论知识在实际中的应用，提升运用数学知识分析和解决实际问题的能力。

本书由火箭军工程大学数学教研室工程数学教学团队编写，参与编写的人员有杨萍、吴聪伟、彭司萍、刘素兵、王兆强、赵志辉、王亚林、翟世梅等。在编写过程中，我们查阅了大量的参考文献，并对某些问题进行了深入的研究，在此对参考文献的作者表示感谢。策划编辑戚文艳对本书的出版做了大量细致的工作，在此一并表示衷心的感谢。

由于编著者水平有限，书中难免存在不妥之处，敬请广大读者批评指正。

编著者
2022 年 3 月

目　　录

线性代数篇

概率统计篇

综合篇

线 性 代 数 篇

案例1 图像的几何变换

一、背景描述

图像的几何变换是指原始图像按照需要进行大小、形状和位置的变化。按图像的类型分，图像的几何变换有二维平面图像的几何变换、三维图像的几何变换以及由三维向二维平面投影的变换等。按变换的性质分，图像的几何变换有平移、比例缩放、旋转、反射和错切等基本变换，透视变换等复合变换，以及插值运算等。这里只简单介绍最常见的比例缩放、对称、旋转、平移以及它们之间的复合变换。

二、问题的数学描述与分析

1. 图像的几何变换

二维图像的基本变换包括比例缩放、对称、错切、旋转、平移等变换。由于图像可以用点集组成的矩阵来表示，因此图像的变换可以通过矩阵运算来实现。下面从讨论一个点的变换开始，进而讨论整个图像的变换。

在二维平面内，将点 $P(x_1, y_1)$变换到另一位置 $P^*(x_2, y_2)$，可以通过两个矩阵相乘来实现，即

$$\begin{pmatrix} x_2 \\ y_2 \end{pmatrix} = \begin{pmatrix} a & b \\ c & d \end{pmatrix} \begin{pmatrix} x_1 \\ y_1 \end{pmatrix} = \begin{pmatrix} ax_1 + by_1 \\ cx_1 + dy_1 \end{pmatrix}$$

所以，二维图像基本变换的矩阵可以表示为 $\boldsymbol{T} = \begin{pmatrix} a & b \\ c & d \end{pmatrix}$，其中 a、b、c、d 为变换因子。

1）比例缩放变换

将几何图像放大或缩小的变换称为比例缩放变换，简称比例变换。其变换矩阵为

$$\boldsymbol{T} = \begin{pmatrix} a & 0 \\ 0 & d \end{pmatrix}$$

比例缩放变换用矩阵运算的形式表示为 $\begin{pmatrix} x_2 \\ y_2 \end{pmatrix} = \begin{pmatrix} a & 0 \\ 0 & d \end{pmatrix} \begin{pmatrix} x_1 \\ y_1 \end{pmatrix} = \begin{pmatrix} ax_1 \\ dy_1 \end{pmatrix}$，其中 a、d 为比例因子。

2）对称变换

对称变换是指变换前的图像与变换后的图像关于某一轴线或原点对称。

关于 x 轴对称的变换矩阵为 $\boldsymbol{T} = \begin{pmatrix} 1 & 0 \\ 0 & -1 \end{pmatrix}$，此对称变换用矩阵运算的形式可表示为

$$\begin{pmatrix}1 & 0\\0 & -1\end{pmatrix}\begin{pmatrix}x\\y\end{pmatrix}=\begin{pmatrix}x\\-y\end{pmatrix}$$

关于 y 轴对称的变换矩阵为 $\boldsymbol{T}=\begin{pmatrix}-1 & 0\\0 & 1\end{pmatrix}$，此对称变换用矩阵运算的形式可表示为

$$\begin{pmatrix}-1 & 0\\0 & 1\end{pmatrix}\begin{pmatrix}x\\y\end{pmatrix}=\begin{pmatrix}-x\\y\end{pmatrix}$$

关于原点对称的变换矩阵为 $\boldsymbol{T}=\begin{pmatrix}-1 & 0\\0 & -1\end{pmatrix}$，此对称变换用矩阵运算的形式可表示为

$$\begin{pmatrix}-1 & 0\\0 & -1\end{pmatrix}\begin{pmatrix}x\\y\end{pmatrix}=\begin{pmatrix}-x\\-y\end{pmatrix}$$

3）旋转变换

图像在 xOy 平面上绕原点 O 逆时针旋转 θ 角，则发生旋转变换。其变换矩阵为 $\boldsymbol{T}=\begin{pmatrix}\cos\theta & -\sin\theta\\\sin\theta & \cos\theta\end{pmatrix}$，这时旋转变换可表示为

$$\begin{pmatrix}\cos\theta & -\sin\theta\\\sin\theta & \cos\theta\end{pmatrix}\begin{pmatrix}x\\y\end{pmatrix}=\begin{pmatrix}x\cos\theta-y\sin\theta\\x\sin\theta+y\cos\theta\end{pmatrix}$$

注意：当图像顺时针旋转时，θ 角取负值。

2. 齐次坐标表示法

设点 $P_0(x_0, y_0)$平移后，移到点 $P(x, y)$，其中 x 方向的平移量为 Δx，y 方向的平移量为 Δy，则点 $P(x, y)$的坐标为

$$\begin{cases}x=x_0+\Delta x\\y=y_0+\Delta y\end{cases}$$

此变换用矩阵运算的形式可表示为

$$\begin{pmatrix}x\\y\end{pmatrix}=\begin{pmatrix}1 & 0\\0 & 1\end{pmatrix}\begin{pmatrix}x_0\\y_0\end{pmatrix}+\begin{pmatrix}\Delta x\\\Delta y\end{pmatrix}$$

由于平面上点的变换矩阵 $\boldsymbol{T}=\begin{pmatrix}a & b\\c & d\end{pmatrix}$中没有引入平移量，因此无论 a、b、c、d 取什么值，都无法实现上述的平移变换。这里需要使用 2×3 阶变换矩阵，其形式为

$$\boldsymbol{T}=\begin{pmatrix}1 & 0 & \Delta x\\0 & 1 & \Delta y\end{pmatrix}$$

此矩阵的第一、二列构成单位矩阵，第三列元素为平移量。

由上可知，对二维图像进行变换时，只需将图像的变换矩阵与点集矩阵相乘即可。二维图像扩展后的变换矩阵是 2×3 阶的，对应的点集矩阵是 2×2 阶的，这不符合矩阵相乘时要求前者的列数与后者的行数相等的规则，因此需要在点的坐标列矩阵$(x_0, y_0)^{\mathrm{T}}$中引入第三个元素，即增加一个附加坐标，将坐标列矩阵扩展为 3×1 的列矩阵 $\boldsymbol{P}_0=(x_0, y_0, 1)^{\mathrm{T}}$，从而用三维空间点$(x_0, y_0, 1)$表示二维空间点$(x_0, y_0)$，实现平移变换。其变换过程如下：

$$P = TP_0 = \begin{pmatrix} 1 & 0 & \Delta x \\ 0 & 1 & \Delta y \end{pmatrix} \begin{pmatrix} x_0 \\ y_0 \\ 1 \end{pmatrix} = \begin{pmatrix} x_0 + \Delta x \\ y_0 + \Delta y \end{pmatrix} = \begin{pmatrix} x \\ y \end{pmatrix}$$

其中，$\begin{cases} x = x_0 + \Delta x \\ y = y_0 + \Delta y \end{cases}$符合上述平移后的坐标位置。通常将 2×3 阶矩阵扩充为 3×3 阶矩阵，便于拓宽变换矩阵某方面的功能，如逆运算操作。由此可得平移变换矩阵为

$$T = \begin{pmatrix} 1 & 0 & \Delta x \\ 0 & 1 & \Delta y \\ 0 & 0 & 1 \end{pmatrix}$$

下面验证点 $P(x, y)$按照 3×3 的变换矩阵 $\boldsymbol{T}$ 平移变换的结果：

$$P = TP_0 = \begin{pmatrix} 1 & 0 & \Delta x \\ 0 & 1 & \Delta y \\ 0 & 0 & 1 \end{pmatrix} \begin{pmatrix} x_0 \\ y_0 \\ 1 \end{pmatrix} = \begin{pmatrix} x_0 + \Delta x \\ y_0 + \Delta y \\ 1 \end{pmatrix} = \begin{pmatrix} x \\ y \\ 1 \end{pmatrix}$$

由上式可以看出，引入附加坐标后，扩充了矩阵的第三行，这并没有使变换结果受到影响。这种用 $n+1$ 维向量表示 n 维向量的方法称为齐次坐标表示法。

因此，二维图像中的点坐标(x, y)通常表示成齐次坐标(Hx, Hy, H)，其中 H 表示非零的任意实数。当 $H=1$ 时，称$(x, y, 1)$为点(x, y)的规范化齐次坐标。显然，规范化齐次坐标的前两个数是相应二维点的坐标，没有变化，仅在原坐标中增加了 $H=1$ 的附加坐标。

3. 齐次坐标下图像的几何变换

引入齐次坐标后，表示二维图像几何变换的 3×3 阶矩阵的功能就完善了，因此可以用它来完成二维图像的各种几何变换。

1）比例缩放变换

图像的比例缩放变换是指将给定的图像在 x 轴方向按比例缩放 f_x 倍，在 y 轴方向按比例缩放 f_y 倍，从而获得一幅新的图像。如果 $f_x = f_y$，即在 x 轴方向和 y 轴方向缩放的比例相同，则称这样的比例缩放为图像的全比例缩放。如果 $f_x \neq f_y$，则图像的比例缩放会改变原始图像像素间的相对位置，产生几何畸变。比例缩放变换前后图像上的点 $P(x_0, y_0)$和点 $P(x, y)$之间的关系可以用如下的矩阵变换表示：

$$\begin{pmatrix} x \\ y \\ 1 \end{pmatrix} = \begin{pmatrix} f_x & 0 & 0 \\ 0 & f_y & 0 \\ 0 & 0 & 1 \end{pmatrix} \begin{pmatrix} x_0 \\ y_0 \\ 1 \end{pmatrix}$$

其逆运算为

$$\begin{pmatrix} x_0 \\ y_0 \\ 1 \end{pmatrix} = \begin{pmatrix} f_x^{-1} & 0 & 0 \\ 0 & f_y^{-1} & 0 \\ 0 & 0 & 1 \end{pmatrix} \begin{pmatrix} x \\ y \\ 1 \end{pmatrix}$$

即

$$\begin{cases} x_0 = \dfrac{x}{f_x} \\ y_0 = \dfrac{y}{f_y} \end{cases}$$

比例缩放变换所产生的图像中的像素可能在原图像中找不到相应的像素点，需要进行插值处理。插值处理常用的方法有两种：一种是直接赋值为和它最相近的像素值；另一种是通过一些插值算法来计算相应的像素值。前一种方法计算简单，但会出现马赛克现象；后一种方法的处理效果要好些，但是运算量会相应增加。

2）对称变换

利用齐次坐标，对称变换前后图像上的点 $P_0(x_0, y_0)$ 和点 $P(x, y)$ 之间的关系可以用如下的矩阵变换表示：

关于 x 轴对称的变换，有

$$\begin{pmatrix} x \\ y \\ 1 \end{pmatrix} = \begin{pmatrix} 1 & 0 & 0 \\ 0 & -1 & 0 \\ 0 & 0 & 1 \end{pmatrix} \begin{pmatrix} x_0 \\ y_0 \\ 1 \end{pmatrix} = \begin{pmatrix} x_0 \\ -y_0 \\ 1 \end{pmatrix}$$

关于 y 轴对称的变换，有

$$\begin{pmatrix} x \\ y \\ 1 \end{pmatrix} = \begin{pmatrix} -1 & 0 & 0 \\ 0 & 1 & 0 \\ 0 & 0 & 1 \end{pmatrix} \begin{pmatrix} x_0 \\ y_0 \\ 1 \end{pmatrix} = \begin{pmatrix} -x_0 \\ y_0 \\ 1 \end{pmatrix}$$

关于原点对称的变换，有

$$\begin{pmatrix} x \\ y \\ 1 \end{pmatrix} = \begin{pmatrix} -1 & 0 & 0 \\ 0 & -1 & 0 \\ 0 & 0 & 1 \end{pmatrix} \begin{pmatrix} x_0 \\ y_0 \\ 1 \end{pmatrix} = \begin{pmatrix} -x_0 \\ -y_0 \\ 1 \end{pmatrix}$$

3）平移变换

图像的平移变换是指将一幅图像上的所有点都按照给定的偏移量在水平方向沿 x 轴、在垂直方向沿 y 轴移动，平移后的图像与原图像相同。设点 $P_0(x_0, y_0)$ 平移后，移到点 $P(x, y)$，其中 x 方向的平移量为 Δx，y 方向的平移量为 Δy。利用齐次坐标，平移变换前后图像上的点 $P_0(x_0, y_0)$ 和点 $P(x, y)$ 之间的关系可以用如下的矩阵变换表示：

$$\begin{pmatrix} x \\ y \\ 1 \end{pmatrix} = \begin{pmatrix} 1 & 0 & \Delta x \\ 0 & 1 & \Delta y \\ 0 & 0 & 1 \end{pmatrix} \begin{pmatrix} x_0 \\ y_0 \\ 1 \end{pmatrix}$$

对变换矩阵求逆，可以得到平移变换的逆变换：

$$\begin{pmatrix} x_0 \\ y_0 \\ 1 \end{pmatrix} = \begin{pmatrix} 1 & 0 & -\Delta x \\ 0 & 1 & -\Delta y \\ 0 & 0 & 1 \end{pmatrix} \begin{pmatrix} x \\ y \\ 1 \end{pmatrix}$$

即

$$\begin{cases} x_0 = x - \Delta x \\ y_0 = y - \Delta y \end{cases}$$

这样，平移后图像上的每一点都可以在原图像中找到对应的点。例如，对于新图像中的(0，0)像素，代入上面的方程组，可以求出对应原图像中的像素$(-\Delta x, -\Delta y)$。如果Δx或Δy大于0，则点$(-\Delta x, -\Delta y)$不在原图像中。对于不在原图像中的点，可以直接将它的像素值统一设置为0或者255(对于灰度图就是黑色或白色)。同样，若新图像中的像素点不在原图像中，则说明原图像中有点被移出现有像素点矩阵对应的显示区域。如果不想丢失被移出的部分图像，可以将新生成的图像宽度增大$|\Delta x|$，高度增大$|\Delta y|$。如图1-1所示，从左至右分别是平移前的图像、水平和垂直方向都平移50个像素后的图像、平移并扩大原图像高度和宽度后的图像。

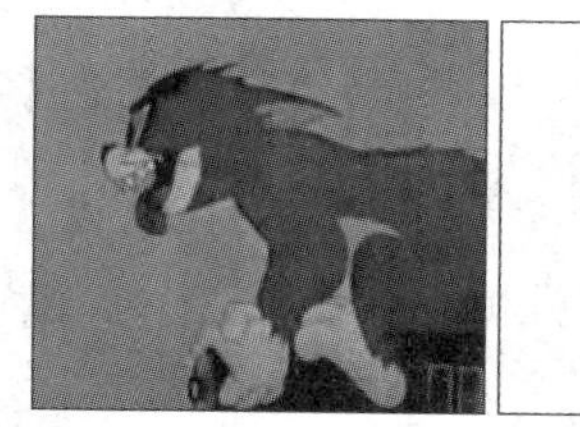
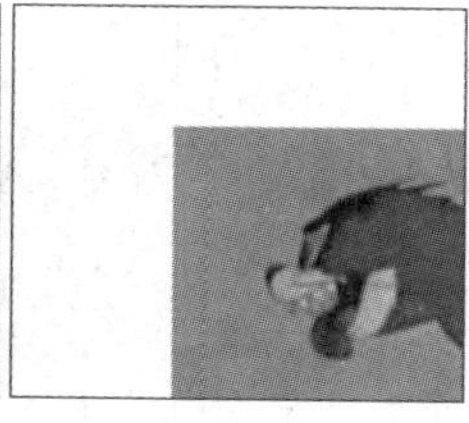
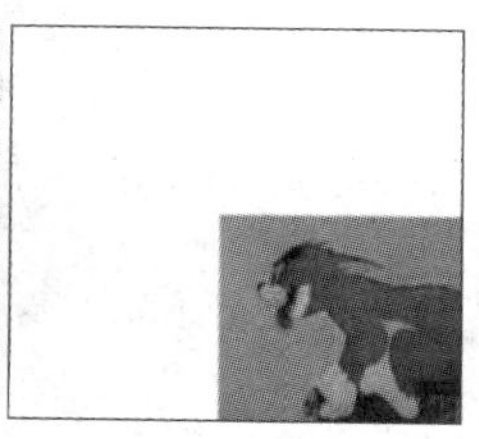

图1-1

4) 旋转变换

下面介绍一种相对复杂的几何变换——图像的旋转变换。一般来说，图像的旋转变换是指以图像的中心为原点，将图像上的所有像素都旋转相同的角度。

同样，图像的旋转变换也可以用矩阵变换表示。设点$P_0(x_0, y_0)$旋转θ角后的对应点为$P(x, y)$，则旋转前后点$P_0(x_0, y_0)$和点$P(x, y)$之间的关系可以用如下的矩阵变换表示：

$$\begin{pmatrix} x \\ y \\ 1 \end{pmatrix} = \begin{pmatrix} \cos\theta & -\sin\theta & 0 \\ \sin\theta & \cos\theta & 0 \\ 0 & 0 & 1 \end{pmatrix} \begin{pmatrix} x_0 \\ y_0 \\ 1 \end{pmatrix}$$

其逆运算为

$$\begin{pmatrix} x_0 \\ y_0 \\ 1 \end{pmatrix} = \begin{pmatrix} \cos\theta & \sin\theta & 0 \\ -\sin\theta & \cos\theta & 0 \\ 0 & 0 & 1 \end{pmatrix} \begin{pmatrix} x \\ y \\ 1 \end{pmatrix}$$

三、应用举例

例1-1 已知$\triangle ABC$的三个顶点坐标分别为$A(1, 2)$、$B(4, 5)$和$C(3, 6)$，求：

(1) 将三个顶点的横坐标和纵坐标同时放大2倍后的图像；

(2) 关于x轴、y轴、坐标原点对称的图像；

(3) 将$\triangle ABC$分别绕原点逆时针、顺时针旋转45°后所得的图像；

(4) 将三个顶点的横坐标向左平移4、纵坐标向上平移5后所得的图像。

解 首先将 A、B、C 三个顶点的坐标合并为坐标矩阵 $\boldsymbol{D}=\begin{pmatrix}1 & 4 & 3\\ 2 & 5 & 6\end{pmatrix}$，其次确定变换矩阵。

(1) 横坐标和纵坐标同时放大 2 倍所对应的变换矩阵为 $\boldsymbol{T}_1=\begin{pmatrix}2 & 0\\ 0 & 2\end{pmatrix}$，进行坐标变换

$$\boldsymbol{T}_1\boldsymbol{D}=\begin{pmatrix}2 & 0\\ 0 & 2\end{pmatrix}\begin{pmatrix}1 & 4 & 3\\ 2 & 5 & 6\end{pmatrix}=\begin{pmatrix}2 & 8 & 6\\ 4 & 10 & 12\end{pmatrix}$$

得到新坐标 $A_1(2, 4)$，$B_1(8, 10)$，$C_1(6, 12)$。

(2) 关于 x 轴对称的变换矩阵为 $\boldsymbol{T}_2=\begin{pmatrix}1 & 0\\ 0 & -1\end{pmatrix}$，进行坐标变换

$$\boldsymbol{T}_2\boldsymbol{D}=\begin{pmatrix}1 & 0\\ 0 & -1\end{pmatrix}\begin{pmatrix}1 & 4 & 3\\ 2 & 5 & 6\end{pmatrix}=\begin{pmatrix}1 & 4 & 3\\ -2 & -5 & -6\end{pmatrix}$$

得到新坐标 $A_2(1, -2)$，$B_2(4, -5)$，$C_2(3, -6)$。

关于 y 轴对称的变换矩阵为 $\boldsymbol{T}_3=\begin{pmatrix}-1 & 0\\ 0 & 1\end{pmatrix}$，进行坐标变换

$$\boldsymbol{T}_3\boldsymbol{D}=\begin{pmatrix}-1 & 0\\ 0 & 1\end{pmatrix}\begin{pmatrix}1 & 4 & 3\\ 2 & 5 & 6\end{pmatrix}=\begin{pmatrix}-1 & -4 & -3\\ 2 & 5 & 6\end{pmatrix}$$

得到新坐标 $A_3(-1, 2)$，$B_3(-4, 5)$，$C_3(-3, 6)$。

关于原点对称的变换矩阵为 $\boldsymbol{T}_4=\begin{pmatrix}-1 & 0\\ 0 & -1\end{pmatrix}$，进行坐标变换

$$\boldsymbol{T}_4\boldsymbol{D}=\begin{pmatrix}-1 & 0\\ 0 & -1\end{pmatrix}\begin{pmatrix}1 & 4 & 3\\ 2 & 5 & 6\end{pmatrix}=\begin{pmatrix}-1 & -4 & -3\\ -2 & -5 & -6\end{pmatrix}$$

得到新坐标 $A_4(-1, -2)$，$B_4(-4, -5)$，$C_4(-3, -6)$。

(3) 绕原点逆时针旋转 45°所对应的变换矩阵为 $\boldsymbol{T}_5=\begin{pmatrix}\cos\frac{\pi}{4} & -\sin\frac{\pi}{4}\\ \sin\frac{\pi}{4} & \cos\frac{\pi}{4}\end{pmatrix}$，进行坐标变换

$$\boldsymbol{T}_5\boldsymbol{D}=\begin{pmatrix}\cos\frac{\pi}{4} & -\sin\frac{\pi}{4}\\ \sin\frac{\pi}{4} & \cos\frac{\pi}{4}\end{pmatrix}\begin{pmatrix}1 & 4 & 3\\ 2 & 5 & 6\end{pmatrix}=\frac{\sqrt{2}}{2}\begin{pmatrix}-1 & -1 & -3\\ 3 & 9 & 9\end{pmatrix}$$

得到新坐标 $A_5\left(-\frac{\sqrt{2}}{2}, \frac{3\sqrt{2}}{2}\right)$，$B_5\left(-\frac{\sqrt{2}}{2}, \frac{9\sqrt{2}}{2}\right)$，$C_5\left(-\frac{3\sqrt{2}}{2}, \frac{9\sqrt{2}}{2}\right)$。

绕原点顺时针旋转 45°所对应的变换矩阵为 $\boldsymbol{T}_6=\begin{pmatrix}\cos\left(-\frac{\pi}{4}\right) & -\sin\left(-\frac{\pi}{4}\right)\\ \sin\left(-\frac{\pi}{4}\right) & \cos\left(-\frac{\pi}{4}\right)\end{pmatrix}$，进行坐标变换

$$T_6 D=\begin{pmatrix}\cos\left(-\frac{\pi}{4}\right) & -\sin\left(-\frac{\pi}{4}\right)\\ \sin\left(-\frac{\pi}{4}\right) & \cos\left(-\frac{\pi}{4}\right)\end{pmatrix}\begin{pmatrix}1 & 4 & 3\\ 2 & 5 & 6\end{pmatrix}=\frac{\sqrt{2}}{2}\begin{pmatrix}3 & 9 & 9\\ 1 & 1 & 3\end{pmatrix}$$

得到新坐标 $A_6\left(\frac{3\sqrt{2}}{2},\ \frac{\sqrt{2}}{2}\right)$，$B_6\left(\frac{9\sqrt{2}}{2},\ \frac{\sqrt{2}}{2}\right)$，$C_6\left(\frac{9\sqrt{2}}{2},\ \frac{3\sqrt{2}}{2}\right)$。

（4）横坐标向左平移 4，纵坐标向上平移 5 所对应的变换矩阵为 $T_7=\begin{pmatrix}1 & 0 & -4\\ 0 & 1 & 5\\ 0 & 0 & 1\end{pmatrix}$，进行坐标变换

$$T_7 D^*=\begin{pmatrix}1 & 0 & -4\\ 0 & 1 & 5\\ 0 & 0 & 1\end{pmatrix}\begin{pmatrix}1 & 4 & 3\\ 2 & 5 & 6\\ 1 & 1 & 1\end{pmatrix}=\begin{pmatrix}-3 & 0 & -1\\ 7 & 10 & 11\\ 1 & 1 & 1\end{pmatrix}$$

得到新坐标 $A_7(-3,\ 7)$，$B_7(0,\ 10)$，$C_7(-1,\ 11)$。

变换后的图像如图 1－2 所示。

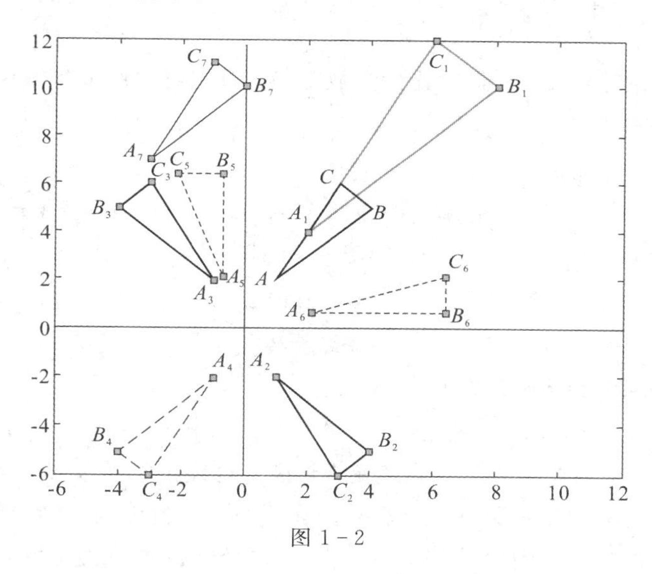

图 1－2

四、应用拓展

图像的复合变换也称为级联变换，是对给定的图像连续进行若干次平移、镜像、比例缩放、旋转等基本变换后所完成的变换。利用齐次坐标，对给定的图像依次按一定顺序连续进行若干次基本变换，其变换矩阵仍然可以用 3×3 阶的矩阵表示，而且从数学上可以证明，图像的复合变换矩阵等于基本变换矩阵按顺序依次左乘得到的矩阵乘积。设对给定的图像依次进行基本变换，它们的变换矩阵分别为 T_1，T_2，…，T_N，则图像的复合变换矩阵 T 可以表示为 $T=T_N T_{N-1}\cdots T_1$。

常见的复合变换有两类：一类是同一种基本变换依次连续进行若干次，例如复合平移、复合比例缩放、复合旋转等变换；另一类是其中含有不同类型的基本变换，例如图像

的转置、绕任意点的比例缩放、绕任意点的旋转等变换。这里我们讨论第一类图像复合变换。

1）复合平移变换

设某个图像第一次平移量为(x_1, y_1)，第二次平移量为(x_2, y_2)，则复合平移变换矩阵如下：

$$\boldsymbol{T}=\boldsymbol{T}_2\boldsymbol{T}_1=\begin{pmatrix}1 & 0 & x_2\\0 & 1 & y_2\\0 & 0 & 1\end{pmatrix}\begin{pmatrix}1 & 0 & x_1\\0 & 1 & y_1\\0 & 0 & 1\end{pmatrix}=\begin{pmatrix}1 & 0 & x_1+x_2\\0 & 1 & y_1+y_2\\0 & 0 & 1\end{pmatrix}$$

由此可见，尽管图像按一定顺序进行一些平移，用到矩阵乘法，但由最后合成的复合平移矩阵可知，只需对平移量做加法运算即可。

2）复合比例缩放变换

复合比例缩放变换矩阵如下：

$$\boldsymbol{T}=\boldsymbol{T}_2\boldsymbol{T}_1=\begin{pmatrix}a_2 & 0 & 0\\0 & d_2 & 0\\0 & 0 & 1\end{pmatrix}\begin{pmatrix}a_1 & 0 & 0\\0 & d_1 & 0\\0 & 0 & 1\end{pmatrix}=\begin{pmatrix}a_1a_2 & 0 & 0\\0 & d_1d_2 & 0\\0 & 0 & 1\end{pmatrix}$$

由此可知，对给定图像连续进行比例缩放变换，只需对比例常量做乘法运算即可。

3）复合旋转变换

复合旋转变换矩阵如下：

$$\begin{aligned}\boldsymbol{T}=\boldsymbol{T}_2\boldsymbol{T}_1&=\begin{pmatrix}\cos\theta_2 & -\sin\theta_2 & 0\\\sin\theta_2 & \cos\theta_2 & 0\\0 & 0 & 1\end{pmatrix}\begin{pmatrix}\cos\theta_1 & -\sin\theta_1 & 0\\\sin\theta_1 & \cos\theta_1 & 0\\0 & 0 & 1\end{pmatrix}\\&=\begin{pmatrix}\cos(\theta_1+\theta_2) & -\sin(\theta_1+\theta_2) & 0\\\sin(\theta_1+\theta_2) & \cos(\theta_1+\theta_2) & 0\\0 & 0 & 1\end{pmatrix}\end{aligned}$$

由此可知，对给定图像连续进行旋转变换，只需对旋转角度做加法运算即可。

上述的图像变换都是相对原点（图像中心）作平移、比例缩放、旋转等变换的，如果要相对某一个参考点作变换，则要使用含有不同基本变换的图像复合变换。不同的复合变换，其变换过程不同，但无论变换过程有多么复杂，都可以分解成一系列基本变换。相应地，使用齐次坐标后，图像的复合变换矩阵可由一系列图像的基本变换矩阵依次左乘得到。

案例2 导弹飞行过程中不同坐标系间的转换问题

一、背景描述

研究物体的运动特性和规律时，如果坐标系选择恰当，则描述其运动规律的数学模型将更加简化，解题过程更为简便。在导弹飞行过程中，为了掌握导弹不同时刻的飞行状态(速度、位置、姿态角)，往往需要建立好几种不同定义的坐标系；由于各种坐标系的定义方法和适用范围的不同，还必须将导弹飞行状态在各坐标系之间进行转换，这就是不同坐标系间的相互转换问题。下面我们应用工程数学的理论方法分析导弹飞行过程中不同坐标系间的转换问题。

二、问题的数学描述与分析

研究不同坐标系间的转换问题，关键是确定不同坐标系间的转换关系式，即建立同一个状态量(矢量)在不同坐标系中坐标的关系式。

若 $Ox_py_pz_p$ 和 $Ox_qy_qz_q$ 为两个坐标原点重合、而坐标轴方向不重合的右手直角坐标系，$\boldsymbol{P}$ 为将 x_q、y_q、z_q 坐标轴的单位矢量 $\boldsymbol{x}_{q0}$、$\boldsymbol{y}_{q0}$、$\boldsymbol{z}_{q0}$ 变换成 x_p、y_p、z_p 坐标轴的单位矢量 $\boldsymbol{x}_{p0}$、$\boldsymbol{y}_{p0}$、$\boldsymbol{z}_{p0}$ 的转换矩阵，即

$$\boldsymbol{E}_p=\boldsymbol{P}\boldsymbol{E}_q \tag{2-1}$$

其中

$$\boldsymbol{E}_p = (\boldsymbol{x}_{p0},\ \boldsymbol{y}_{p0},\ \boldsymbol{z}_{p0})^{\mathrm{T}}$$

$$\boldsymbol{E}_q = (\boldsymbol{x}_{q0},\ \boldsymbol{y}_{q0},\ \boldsymbol{z}_{q0})^{\mathrm{T}}$$

均为正交矩阵。将式(2-1)等号两边同时右乘以 $\boldsymbol{E}_q$ 的转置矩阵 $\boldsymbol{E}_q^{\mathrm{T}}$，因为 $\boldsymbol{E}_q\boldsymbol{E}_q^{\mathrm{T}}=\boldsymbol{E}$(单位矩阵)，所以有

$$\boldsymbol{P} = \boldsymbol{E}_p\boldsymbol{E}_q^{\mathrm{T}} = \begin{pmatrix} \boldsymbol{x}_{p0}^{\mathrm{T}}\boldsymbol{x}_{q0} & \boldsymbol{x}_{p0}^{\mathrm{T}}\boldsymbol{y}_{q0} & \boldsymbol{x}_{p0}^{\mathrm{T}}\boldsymbol{z}_{q0} \\ \boldsymbol{y}_{p0}^{\mathrm{T}}\boldsymbol{x}_{q0} & \boldsymbol{y}_{p0}^{\mathrm{T}}\boldsymbol{y}_{q0} & \boldsymbol{y}_{p0}^{\mathrm{T}}\boldsymbol{z}_{q0} \\ \boldsymbol{z}_{p0}^{\mathrm{T}}\boldsymbol{x}_{q0} & \boldsymbol{z}_{p0}^{\mathrm{T}}\boldsymbol{y}_{q0} & \boldsymbol{z}_{p0}^{\mathrm{T}}\boldsymbol{z}_{q0} \end{pmatrix}$$

化简计算可得

$$\boldsymbol{P} = \begin{pmatrix} \cos(x_p,\ x_q) & \cos(x_p,\ y_q) & \cos(x_p,\ z_q) \\ \cos(y_p,\ x_q) & \cos(y_p,\ y_q) & \cos(y_p,\ z_q) \\ \cos(z_p,\ x_q) & \cos(z_p,\ y_q) & \cos(z_p,\ z_q) \end{pmatrix} \tag{2-2}$$

由此可知，矩阵 $\boldsymbol{P}$ 中的九个元素都是由两个坐标系坐标轴间夹角的余弦值所组成的，故又称为方向余弦矩阵。

设某个矢量 $\boldsymbol{x}$ 在坐标系 $Ox_qy_qz_q$ 和 $Ox_py_pz_p$ 中的坐标分别为(x_1, x_2, x_3)和(y_1, y_2, y_3)，即

$$\boldsymbol{x}^{\mathrm{T}}=(x_1, x_2, x_3)\begin{pmatrix}\boldsymbol{x}_{q0}^{\mathrm{T}}\\ \boldsymbol{y}_{q0}^{\mathrm{T}}\\ \boldsymbol{z}_{q0}^{\mathrm{T}}\end{pmatrix},\ \boldsymbol{x}^{\mathrm{T}}=(y_1, y_2, y_3)\begin{pmatrix}\boldsymbol{x}_{p0}^{\mathrm{T}}\\ \boldsymbol{y}_{p0}^{\mathrm{T}}\\ \boldsymbol{z}_{p0}^{\mathrm{T}}\end{pmatrix}$$

从而

$$(y_1, y_2, y_3)=(x_1, x_2, x_3)\boldsymbol{E}_q\boldsymbol{E}_p^{\mathrm{T}}=(x_1, x_2, x_3)\boldsymbol{P}^{\mathrm{T}} \tag{2-3}$$

可见，已知矢量 $\boldsymbol{x}$ 在坐标系 $Ox_qy_qz_q$ 中的坐标，要求其在坐标系 $Ox_py_pz_p$ 中的坐标，关键是要确定方向余弦矩阵 $\boldsymbol{P}$。

值得注意的是，以上将 x_q、y_q、z_q 坐标轴的单位矢量 $\boldsymbol{x}_{q0}$、$\boldsymbol{y}_{q0}$、$\boldsymbol{z}_{q0}$ 变换成 x_p、y_p、z_p 坐标轴的单位矢量 $\boldsymbol{x}_{p0}$、$\boldsymbol{y}_{p0}$、$\boldsymbol{z}_{p0}$ 的转换过程，又可看作是坐标系 $Ox_qy_qz_q$ 保持原点不变，经过几次连续旋转后与坐标系 $Ox_py_pz_p$ 重合的过程，例如，可以看作是坐标系 $Ox_qy_qz_q$ 依次绕三个坐标轴旋转 ξ、η、ζ 角度后与坐标系 $Ox_py_pz_p$ 重合。因此，可考虑通过以下三种特殊的旋转变换来求出坐标系之间相互转换的方向余弦矩阵。

第一次旋转：将坐标系 $Ox_qy_qz_q$ 绕 Oz_q 轴逆时针(从 Oz_q 轴正方向看)旋转 ξ 角，得到坐标系 $Ox_1y_1z_q$，记为 $Ox_qy_qz_q\xrightarrow{(z_q\text{ 逆 }\xi)}Ox_1y_1z_q$。由式(2-2)可得其中的方向余弦矩阵 $\boldsymbol{M}_3(\xi)$，即

$$\boldsymbol{M}_3(\xi)=\begin{pmatrix}\cos\xi & \sin\xi & 0\\ -\sin\xi & \cos\xi & 0\\ 0 & 0 & 1\end{pmatrix}$$

同理，第二次、第三次旋转 $Ox_1y_1z_q\xrightarrow{(y_1\text{ 逆 }\eta)}Ox_py_1z_1$、$Ox_py_1z_1\xrightarrow{(x_p\text{ 逆 }\zeta)}Ox_py_pz_p$ 的方向余弦矩阵分别为 $\boldsymbol{M}_2(\eta)$、$\boldsymbol{M}_1(\zeta)$，即

$$\boldsymbol{M}_2(\eta)=\begin{pmatrix}\cos\eta & 0 & -\sin\eta\\ 0 & 1 & 0\\ \sin\eta & 0 & \cos\eta\end{pmatrix},\quad \boldsymbol{M}_1(\zeta)=\begin{pmatrix}1 & 0 & 0\\ 0 & \cos\zeta & \sin\zeta\\ 0 & -\sin\zeta & \cos\zeta\end{pmatrix}$$

于是，将坐标系 $Ox_qy_qz_q$ 转换到坐标系 $Ox_py_pz_p$ 的方向余弦矩阵为

$$\boldsymbol{M}=\boldsymbol{M}_1(\zeta)\boldsymbol{M}_2(\eta)\boldsymbol{M}_3(\xi)$$

根据矩阵乘法公式可得

$$\boldsymbol{M}=\begin{pmatrix}\cos\xi\cos\eta & \sin\xi\cos\eta & -\sin\eta\\ -\sin\xi\cos\zeta+\cos\xi\sin\eta\sin\zeta & \sin\xi\sin\eta\sin\zeta+\cos\xi\cos\zeta & \cos\eta\sin\zeta\\ \cos\xi\sin\eta\cos\zeta+\sin\xi\sin\zeta & \sin\xi\sin\eta\cos\zeta-\cos\xi\sin\zeta & \cos\eta\cos\zeta\end{pmatrix} \tag{2-4}$$

则

$$\boldsymbol{M}^{\mathrm{T}}=\begin{pmatrix}\cos\xi\cos\eta & -\sin\xi\cos\zeta+\cos\xi\sin\eta\sin\zeta & \cos\xi\sin\eta\cos\zeta+\sin\xi\sin\zeta\\ \sin\xi\cos\eta & \sin\xi\sin\eta\sin\zeta+\cos\xi\cos\zeta & \sin\xi\sin\eta\cos\zeta-\cos\xi\sin\zeta\\ -\sin\eta & \cos\eta\sin\zeta & \cos\eta\cos\zeta\end{pmatrix} \tag{2-5}$$

若已知某个矢量在坐标系 $Ox_qy_qz_q$ 中的坐标为(x_1, x_2, x_3)，则其在坐标系 $Ox_py_pz_p$

下的坐标为

$$(y_1, y_2, y_3) = (x_1, x_2, x_3)\boldsymbol{M}^{\mathrm{T}} \tag{2-6}$$

式(2-6)即为不同坐标系之间的转换关系式。必须指出，由于任意两个坐标系经过旋转至重合的三个角度与旋转顺序有关，这样式(2-4)中的每一个元素的表达式也就有所不同，但可以验证每个元素的值都是一样的。

三、应用举例

地地弹道导弹的发射点和目标点均在地球上，为了研究飞行过程中的导弹相对地面的运动规律，定义固连于地球，且随之转动的发射坐标系 $Oxyz$。发射坐标系坐标原点取于导弹发射点 O；Oy 轴为过发射点的铅垂线，向上为正，其延长线过地球赤道平面交地轴于 O'_e 点；Ox 轴与 Oy 轴垂直，且指向导弹发射的瞄准方向，xOy 平面称为射击平面；Oz 轴与 Ox、Oy 轴构成右手直角坐标系。如图 2-1 所示。

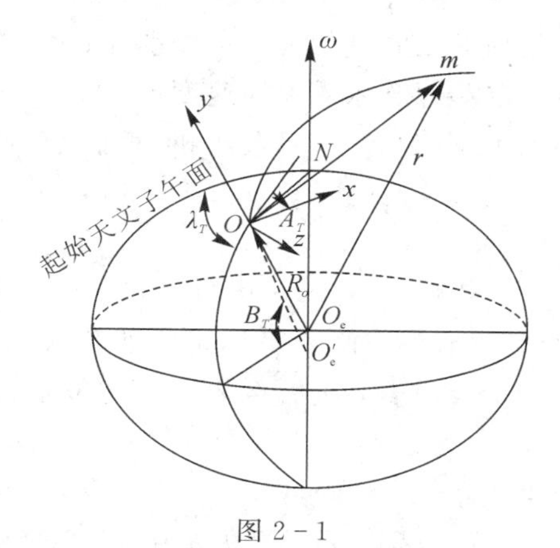

图 2-1

有了发射坐标系，就可以较方便地描述飞行过程中的导弹任一时刻相对地球的位置和速度，但还无法确定此时导弹的姿态是抬头还是低头，是偏左还是偏右。因此为了描述飞行导弹相对地球的运动姿态，还需要引进一个固连于弹体且随导弹一起运动的直角坐标系——弹体坐标系，如图 2-2 所示。

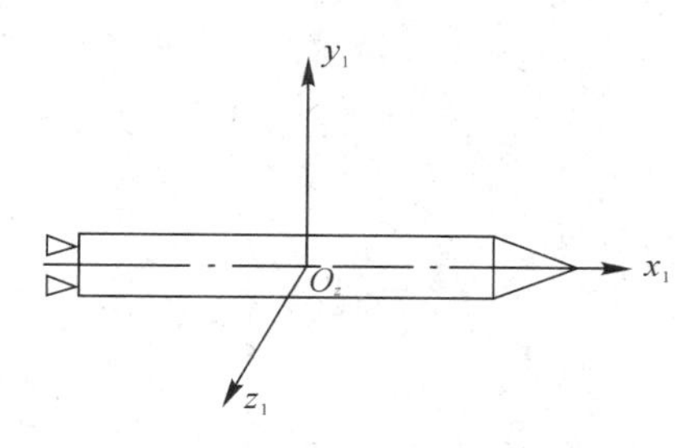

图 2-2

弹体坐标系 $O_zx_1y_1z_1$ 坐标系原点取在导弹质心 O_z 上；O_zx_1 轴与弹体纵对称轴一致，指向弹头方向；O_zy_1 轴垂直于 O_zx_1 轴，且位于导弹纵对称面(导弹发射瞬时与射击平面重合的平面)内，指向上方；O_zz_1 轴与 O_zx_1，O_zy_1 轴构成右手直角坐标系。

将发射坐标系和弹体坐标系联合使用，既能描述飞行导弹任一时刻相对地球的位置和速度，也能确定其相对地球的飞行姿态。

在建立两个坐标系之间的关系时，可认为弹体坐标系是由发射坐标系平移到导弹质心后，经过三次连续旋转得到，如果

$$O_z xyz \xrightarrow{(z\text{逆}\varphi)} O_z x'y'z \xrightarrow{(y'\text{逆}\psi)} O_z x_1 y'z' \xrightarrow{(x''\text{逆}\gamma)} O_z x_1 y_1 z_1$$

则根据式(2-4)，相应的方向余弦矩阵为

$$\mathbf{A}=\begin{pmatrix} \cos\varphi\cos\psi & \sin\varphi\cos\psi & -\sin\psi \\ -\sin\varphi\cos\gamma+\cos\varphi\sin\psi\sin\gamma & \sin\varphi\sin\psi\sin\gamma+\cos\varphi\cos\gamma & \cos\psi\sin\gamma \\ \cos\varphi\sin\psi\cos\gamma+\sin\varphi\sin\gamma & \sin\varphi\sin\psi\cos\gamma-\cos\varphi\sin\gamma & \cos\psi\cos\gamma \end{pmatrix}$$

显然，角度 φ、ψ、γ 反映了导弹相对于发射坐标系的姿态，在弹道学中，我们将 φ、ψ、γ 分别称为导弹的俯仰角、偏航角和滚动角，它们统称为姿态角。已知导弹的姿态角，就可以建立发射坐标系和弹体坐标系之间的转换关系式：

$$(y_1, y_2, y_3)=(x_1, x_2, x_3)\mathbf{A}^{\mathrm{T}} \tag{2-7}$$

例如，已知某型号导弹发射后某时刻的姿态角分别为 $\varphi=0.949\ 276$，$\psi=-0.001\ 615$，$\gamma=-0.001\ 517$，此时将导弹在发射坐标系中的速度 $(x_1, x_2, x_3)=(456.7, 639.1, 1.3)$ 代入式(2-7)，计算可得导弹在弹体坐标系中的速度为 $(y_1, y_2, y_3)=(785.509, 0.835\ 461, 0.032\ 67)$。

四、应用拓展

以上讨论仅考虑坐标原点重合时，两个坐标系间的转换关系式。当坐标原点不重合时，需要先将坐标系平移至与原点重合，然后再运用上述关系式。两个坐标系之间的平移关系式如下：

$$(y_1, y_2, y_3)=(x_1, x_2, x_3)-(a, b, c)$$

其中，(x_1, x_2, x_3)、(y_1, y_2, y_3) 分别表示某个矢量在旧、新坐标系下的坐标，而 a、b、c 分别为将旧坐标系平移至与新坐标系坐标原点重合时，其坐标原点沿 Ox、Oy、Oz 轴的平移距离。

案例3　3R$\dot{\text{R}}$空间定位方法

一、背景描述

空间定位是三维问题，定位的几何原理是由三个位置测量元素所表示的三个几何位置面在空间相交的交点来确定目标的位置。3R$\dot{\text{R}}$定位方法是典型的几何定位方法之一。

二、问题的数学描述与分析

1. 3R$\dot{\text{R}}$空间定位方程

当进行空间定位时，至少需要四个测量站的测距信息。$T_i(x_i, y_i, z_i)$表示第i个测量站的空间坐标($i=1,2,3,4$)，$M(x, y, z)$为待定位目标的空间坐标，R_i和d_i分别表示第i个测量站到目标物M和坐标原点O的空间距离($i=1,2,3,4$)，R表示目标M到坐标原点O的空间距离。3R$\dot{\text{R}}$空间定位示意图如图3-1所示。

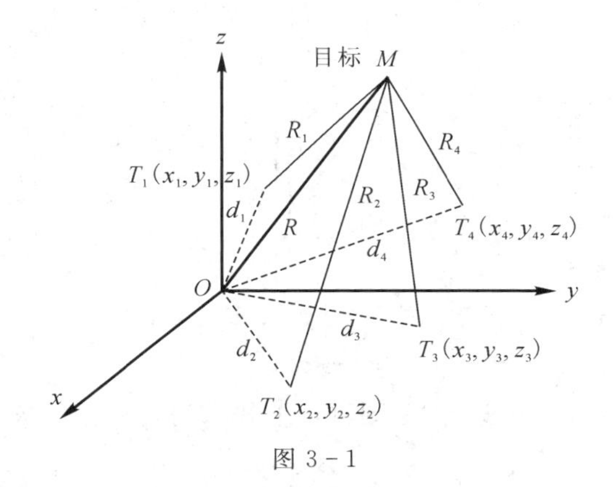

图3-1

$$\begin{cases} R_1^2 = (x-x_1)^2+(y-y_1)^2+(z-z_1)^2 \\ R_2^2 = (x-x_2)^2+(y-y_2)^2+(z-z_2)^2 \\ R_3^2 = (x-x_3)^2+(y-y_3)^2+(z-z_3)^2 \\ R_4^2 = (x-x_4)^2+(y-y_4)^2+(z-z_4)^2 \end{cases}$$

整理可得

$$\begin{cases} R_1^2 = R^2+d_1^2-2(xx_1+yy_1+zz_1) \\ R_2^2 = R^2+d_2^2-2(xx_2+yy_2+zz_2) \\ R_3^2 = R^2+d_3^2-2(xx_3+yy_3+zz_3) \\ R_4^2 = R^2+d_4^2-2(xx_4+yy_4+zz_4) \end{cases}$$

将上面 4 个式子两两相减，消去公共未知参量 R，可得

$$\begin{cases}(x_2-x_1)x+(y_2-y_1)y+(z_2-z_1)z=\frac{1}{2}[(R_1^2-R_2^2)-(d_1^2-d_2^2)]\\(x_3-x_1)x+(y_3-y_1)y+(z_3-z_1)z=\frac{1}{2}[(R_1^2-R_3^2)-(d_1^2-d_3^2)]\\(x_4-x_1)x+(y_4-y_1)y+(z_4-z_1)z=\frac{1}{2}[(R_1^2-R_4^2)-(d_1^2-d_4^2)]\\(x_3-x_2)x+(y_3-y_2)y+(z_3-z_2)z=\frac{1}{2}[(R_2^2-R_3^2)-(d_2^2-d_3^2)]\\(x_4-x_2)x+(y_4-y_2)y+(z_4-z_2)z=\frac{1}{2}[(R_2^2-R_4^2)-(d_2^2-d_4^2)]\\(x_4-x_3)x+(y_4-y_3)y+(z_4-z_3)z=\frac{1}{2}[(R_3^2-R_4^2)-(d_3^2-d_4^2)]\end{cases}$$

方便起见，记 $v_{ij}=\frac{1}{2}[(R_i^2-R_j^2)-(d_i^2-d_j^2)]$，则上式可写成矩阵形式为

$$\begin{pmatrix}x_2-x_1 & y_2-y_1 & z_2-z_1\\x_3-x_1 & y_3-y_1 & z_3-z_1\\x_4-x_1 & y_4-y_1 & z_4-z_1\\x_3-x_2 & y_3-y_2 & z_3-z_2\\x_4-x_2 & y_4-y_2 & z_4-z_2\\x_4-x_3 & y_4-y_3 & z_4-z_3\end{pmatrix}\begin{pmatrix}x\\y\\z\end{pmatrix}=\begin{pmatrix}v_{12}\\v_{13}\\v_{14}\\v_{23}\\v_{24}\\v_{34}\end{pmatrix}$$

定义

$$\boldsymbol{A}=\begin{pmatrix}x_2-x_1 & y_2-y_1 & z_2-z_1\\x_3-x_1 & y_3-y_1 & z_3-z_1\\x_4-x_1 & y_4-y_1 & z_4-z_1\\x_3-x_2 & y_3-y_2 & z_3-z_2\\x_4-x_2 & y_4-y_2 & z_4-z_2\\x_4-x_3 & y_4-y_3 & z_4-z_3\end{pmatrix},\quad \boldsymbol{X}=\begin{pmatrix}x\\y\\z\end{pmatrix},\quad \boldsymbol{v}=\begin{pmatrix}v_{12}\\v_{13}\\v_{14}\\v_{23}\\v_{24}\\v_{34}\end{pmatrix}$$

若系数矩阵 $\boldsymbol{A}$ 列满秩($\text{rank}\boldsymbol{A}=3$)，则可由下式求得目标位置矢量 $\boldsymbol{X}$，即由

$$\boldsymbol{AX}=\boldsymbol{v}$$

得被测目标的空间位置为

$$\boldsymbol{X}=\boldsymbol{A}^{-1}\boldsymbol{v}$$

其中

$$\boldsymbol{A}^{-1}=(\boldsymbol{A}^{\mathrm{T}}\boldsymbol{A})^{-1}\boldsymbol{A}^{\mathrm{T}}$$

从数学的角度来分析，要能唯一确定目标，则必须使矩阵 $\boldsymbol{A}$ 的秩等于 3，即 $\boldsymbol{A}$ 为列满秩矩阵。

2. 影响 3R$\dot{\text{R}}$空间定位的因素

由上述讨论可见，若系数矩阵 $\boldsymbol{A}$ 不满秩，也即 $\text{rank}\boldsymbol{A}<3$，则无法实现对目标的三维空间定位，也即定位不可实现，系数矩阵是否满秩与下列因素有关。

1）与测量站数有关

若只有三个测量站，则系数矩阵 **A** 为

$$\boldsymbol{A}=\begin{pmatrix} x_2-x_1 & y_2-y_1 & z_2-z_1 \\ x_3-x_1 & y_3-y_1 & z_3-z_1 \\ x_3-x_2 & y_3-y_2 & z_3-z_2 \end{pmatrix}$$

其中，第三行是第一、第二行的线性组合，因此，其秩不为3，采用前面方法不能实现空间定位。

但若三个测量站的站址位于等高面上，即 $z_1=z_2=z_3=0$，这时有可能实现先求解目标位置的 x、y 值，再得到 z 值。

解下列方程组：

$$\begin{pmatrix} x_2-x_1 & y_2-y_1 \\ x_3-x_1 & y_3-y_1 \end{pmatrix}\begin{pmatrix} x \\ y \end{pmatrix}=\begin{pmatrix} v_{12} \\ v_{13} \end{pmatrix}$$

再根据下式：

$$R^2=x^2+y^2+z^2=R_i^2-d_i^2+2x_ix+2y_iy+2z_iz$$

把解出的 x、y 值及 $z_i=0$ 代入后求得

$$z=(R_i^2-d_i^2-x^2-y^2+2x_ix+2y_iy)^{1/2}$$

只取 $z>0$，因为目标一般是不低于地平面的。

2）与测量站的分布有关

若各测量站布设在同一个等高面的一条直线上，例如 $x_1=x_2=x_3=x_4$ 或 $y_1=y_2=y_3=y_4$，这时 **A** 矩阵中只留下一列元素不为零，其秩为1。显然这样布站既不能做三维空间定位，也无法做二维平面上的定位，即定位不可实现，实际这就涉及最优布站问题。

3）与测量误差有关

若测量矢量 $\boldsymbol{v}$ 中的斜距测量值有误差，则导致 $\boldsymbol{v}=\boldsymbol{0}((R_i^2-R_j^2)-(d_i^2-d_j^2)=0)$，即第 i 个测量站和第 j 个测量站与目标的径向差和它们与原点的径向差近似相等，此时目标定位明显也不可能实现。

三、应用举例

例 3-1 空间中四个测量站坐标信息及相应测距信息见表 3-1，尝试利用 $3R\dot{R}$ 空间定位方法分析是否满足定位条件，如果满足求解定位坐标，并分析定位误差情况。注：以下坐标采用 WGS-84 直角坐标系，单位 m。

表 3-1 测量站坐标信息及相应测距信息

测量站信息	x_i	y_i	z_i	R_i	d_i
T_1	6 379 339.9958	198.2059	115.1038	11 871.0442	6 379 339.999
T_2	6 379 408.9835	392.0935	235.8444	11 803.6349	6 379 408.999
T_3	6 380 305.9964	55.8611	203.1790	10 906.5046	6 380 305.999
T_4	6 379 144.9972	155.8370	104.0260	12 066.2308	6 379 144.999

解 按照 3R$\dot{\text{R}}$空间定位方程 $\boldsymbol{Ax}=\boldsymbol{v}$，容易确定其系数矩阵为

$$\boldsymbol{A}=\begin{pmatrix} 68.987\,687\,000\,073\,5 & 193.887\,584\,000\,000 & 120.740\,597\,000\,000 \\ 966.000\,624\,000\,095 & -142.344\,834\,000\,000 & 88.0752\,240\,000\,000 \\ -194.998\,631\,999\,828 & -42.368\,922\,000\,000\,0 & -11.077\,7480\,000\,000 \\ 897.012\,937\,000\,021 & -336.232\,418\,000\,000 & -32.665\,373\,000\,000\,0 \\ -263.986\,318\,999\,901 & -236.256\,506\,000\,000 & -131.818\,345\,000\,000 \\ -1160.999\,255\,999\,92 & 99.975\,912\,000\,000\,0 & -99.152\,972\,000\,000\,0 \end{pmatrix}$$

常数项为

$$\boldsymbol{v}=\begin{pmatrix} 440\,974\,649.548\,028 \\ 6\,173\,893\,853.116\,54 \\ -1\,246\,288\,392.054\,13 \\ 5\,732\,919\,203.568\,51 \\ -1\,687\,263\,041.602\,16 \\ -7\,420\,182\,245.170\,67 \end{pmatrix}$$

从而由定位方程获得的目标点的坐标为

$$x=(6\,391\,210.994\,666\,33，224.003\,350\,828\,904，135.450\,945\,754\,451)$$

目标点的真实坐标为

$$x^*=(6\,391\,210.994\,630，224.003\,225，135.451\,179)$$

二者的误差为

$$\boldsymbol{EP}=(3.632\,530\,570\,030\,21\text{e}-05，0.000\,125\,828\,904\,259\,606，0.000\,233\,245\,548\,940\,886)$$

案例 4　离散动力系统的长期行为规律分析

一、背景描述

在社会、经济、工程及生物等众多领域中，经常会研究某个系统的状态向量随着时间推移而变化的规律。状态向量随时间推移的变化可以用(若时间是离散的)离散动力系统模型来描述，通过对模型的分析，可以了解系统状态的长期行为变化以及行为稳态的性能。这部分内容将运用特征值与特征向量的理论来分析离散动力系统的行为变化规律。

二、问题的数学描述与分析

设离散动力系统 k 时刻测量的状态用 n 维状态向量 $\boldsymbol{x}_k$ 来表示，而 $k+1$ 时刻系统的状态 $\boldsymbol{x}_{k+1}$ 与 $\boldsymbol{x}_k$ 的关系通常表示为如下的递推模型(线性差分方程)：

$$\boldsymbol{x}_{k+1}=\boldsymbol{A}\boldsymbol{x}_k \quad (k=0,\ 1,\ 2,\ \cdots)$$

矩阵 $\boldsymbol{A}$ 是一个 n 阶方阵，假设 $\boldsymbol{A}$ 可对角化，即 $\boldsymbol{A}$ 有 n 个线性无关的特征向量 $\boldsymbol{p}_1$，…，$\boldsymbol{p}_n$，对应的特征值为 λ_1，…，λ_n。

因为 $\boldsymbol{p}_1$，…，$\boldsymbol{p}_n$ 线性无关，所以 $\boldsymbol{p}_1$，…，$\boldsymbol{p}_n$ 构成 n 维向量空间 $\mathbf{R}^n$ 的一个基。故任一 n 维向量 $\boldsymbol{x}_0$ 可表示为

$$\boldsymbol{x}_0=c_1\boldsymbol{p}_1+\cdots+c_n\boldsymbol{p}_n$$

则

$$\boldsymbol{x}_1=\boldsymbol{A}\boldsymbol{x}_0=\boldsymbol{A}(c_1\boldsymbol{p}_1+\cdots+c_n\boldsymbol{p}_n)=c_1\lambda_1\boldsymbol{p}_1+\cdots+c_n\lambda_n\boldsymbol{p}_n$$

依次类推，有

$$\boldsymbol{x}_{k+1}=\boldsymbol{A}\boldsymbol{x}_k=c_1(\lambda_1)^{k+1}\boldsymbol{p}_1+\cdots+c_n(\lambda_n)^{k+1}\boldsymbol{p}_n$$

由上式可看出，当所有的特征值 λ_1，…，λ_n 的绝对值都小于 1 且 $k\to\infty$ 时，$\boldsymbol{x}_{k+1}\to 0$，即充分长的时间后系统的状态将趋于 0。

为了更直观地了解系统状态的几何形态，下面考虑 $\boldsymbol{A}$ 为 2 阶方阵的情形(这里只讨论 $\boldsymbol{A}$ 的特征值均为实数的情况)。以下分几种情形讨论当 $k\to\infty$ 时，系统的状态向量会如何变化。

(1) 当 $\boldsymbol{A}$ 的特征值 λ_1、λ_2 的绝对值均小于 1 时，有

$$\boldsymbol{x}_{k+1}=c_1(\lambda_1)^{k+1}\boldsymbol{p}_1+c_2(\lambda_2)^{k+1}\boldsymbol{p}_2$$

显然，当 $k\to\infty$ 时，$x_{k+1}\to 0$。

例如，$\boldsymbol{A}=\begin{bmatrix}0.9 & 0\\ 0 & 0.5\end{bmatrix}$ 其特征值为 0.9 和 0.5，绝对值均小于 1，其特征向量为 $\boldsymbol{p}_1=(1,0)^{\mathrm{T}}$，$\boldsymbol{p}_2=(0,1)^{\mathrm{T}}$，对分别给定的 14 个初始向量 $\boldsymbol{x}_0$ 为$(1,3)^{\mathrm{T}}$，$(2,3)^{\mathrm{T}}$，$(3,3)^{\mathrm{T}}$，$(-1,3)^{\mathrm{T}}$，$(-2,3)^{\mathrm{T}}$，$(-3,3)^{\mathrm{T}}$，$(1,-3)^{\mathrm{T}}$，$(2,-3)^{\mathrm{T}}$，$(3,-3)^{\mathrm{T}}$，$(-1,-3)^{\mathrm{T}}$，$(-2,-3)^{\mathrm{T}}$，$(-3,-3)^{\mathrm{T}}$，

$(3,0)^T$，$(-3,0)^T$，其迭代的轨线如图 4-1 所示，即所有轨线都趋于原点，这时原点称作动力系统的吸引子。

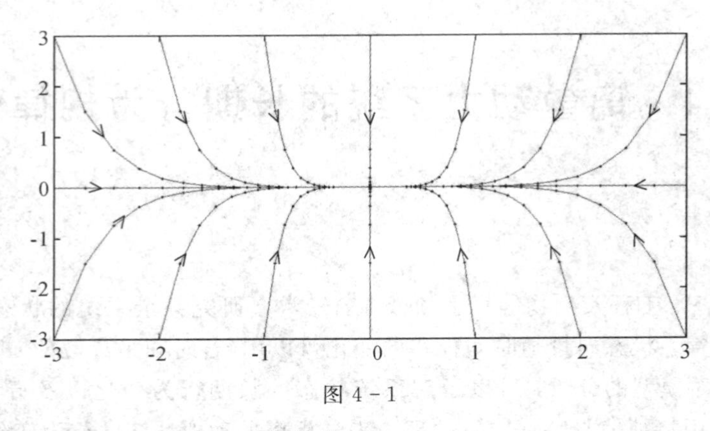

图 4-1

（2）当 $\boldsymbol{A}$ 的特征值 λ_1、λ_2 的绝对值均大于 1 时，有

$$\boldsymbol{x}_{k+1}=c_1(\lambda_1)^{k+1}\boldsymbol{p}_1+c_2(\lambda_2)^{k+1}\boldsymbol{p}_2$$

其两项值都随 k 的增大而增大，因此系统的状态是远离原点的，原点称为排斥子。

例如，$\boldsymbol{A}=\begin{bmatrix}1.5 & 0\\ 0 & 2.3\end{bmatrix}$，其特征值为 1.5 和 2.3，绝对值均大于 1，其特征向量为 $\boldsymbol{p}_1=(1,\ 0)^T$，$\boldsymbol{p}_2=(0,\ 1)^T$，对类似(1)中给定的初始向量，其迭代的轨线如图 4-2 所示，即所有轨线都远离原点。

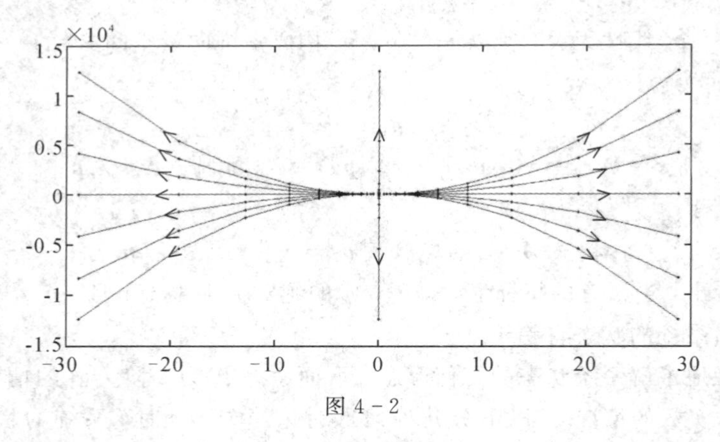

图 4-2

（3）当 $\boldsymbol{A}$ 的特征值 λ_1、λ_2 的绝对值一个小于 1、一个大于 1 时，有

$$\boldsymbol{x}_{k+1}=c_1(\lambda_1)^{k+1}\boldsymbol{p}_1+c_2(\lambda_2)^{k+1}\boldsymbol{p}_2$$

其两项值中一项随 k 的增大而增大，另一项随 k 的增大而减小，最终趋于 0，这时原点称为鞍点。

例如，$\boldsymbol{A}=\begin{bmatrix}1.5 & 0\\ 0 & 0.7\end{bmatrix}$，对几个给定的初始向量，其迭代的轨线如图 4-3 所示。

从图 4-3 中可以看出，初始状态若在 $\boldsymbol{p}_1$ 轴上，状态趋势是远离原点的；在 $\boldsymbol{p}_2$ 轴上，状态趋势是接近原点的。

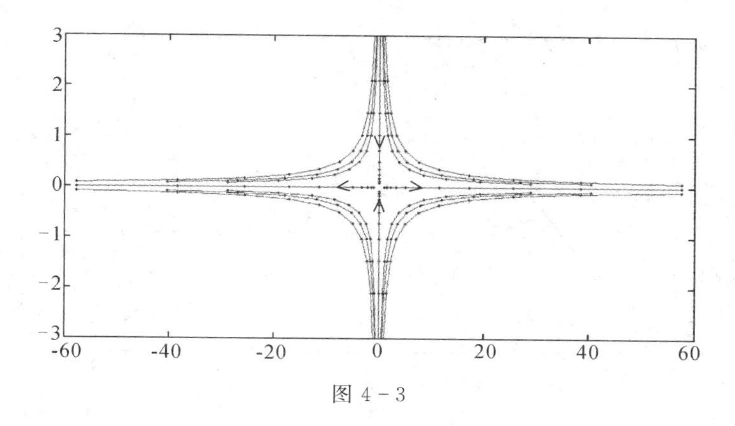

图 4-3

三、应用举例

例 4-1 某种动物的生命周期分为 2 个阶段：幼年期(1 岁以前)和成年期。假设该动物每只成年雌性动物一年平均生下 1.6 只幼年雌性，并且每年有 30%的幼年雌性成活下来进入成年，80%的成年雌性仍然成活，用向量 $\boldsymbol{x}_k=(x_1(k), x_2(k))^{\mathrm{T}}$ 表示第 k 年该动物幼年雌性和成年雌性的数量。

解 该动物雌性数量状态的变化可以用以下模型描述：

$$\boldsymbol{x}_{k+1}=\boldsymbol{A}\boldsymbol{x}_k \quad (k=0, 1, 2, \cdots)$$

其中

$$\boldsymbol{A}=\begin{bmatrix} 0 & 1.6 \\ 0.3 & 0.8 \end{bmatrix}$$

这是一个离散动力系统。可以计算出 $\boldsymbol{A}$ 的特征值为 $\lambda_1=1.2$，$\lambda_2=-0.4$，因此由

$$\boldsymbol{x}_{k+1}=c_1(\lambda_1)^{k+1}\boldsymbol{p}_1+c_2(\lambda_2)^{k+1}\boldsymbol{p}_2$$

可以看出，随着 k 的增加，该动物雌性数量是增长的，而原点是该动力系统的鞍点。

假设 $\boldsymbol{x}_0=(15, 10)^{\mathrm{T}}$，则有

$$\boldsymbol{x}_1=(16, 12.5)^{\mathrm{T}}, \boldsymbol{x}_2=(20, 14.8)^{\mathrm{T}}, \boldsymbol{x}_3=(23.68, 17.84)^{\mathrm{T}}, \cdots$$

图 4-4(a)、(b)描述了该动物幼年雌性和成年雌性数量的增长趋势，图 4-4(c)可以看到该动物幼年雌性数量增长的速度与成年雌性增长速度最终都稳定到其大于 1 的特征值 1.2 上，最终该动物数量的增长速度为每年增加 20%。

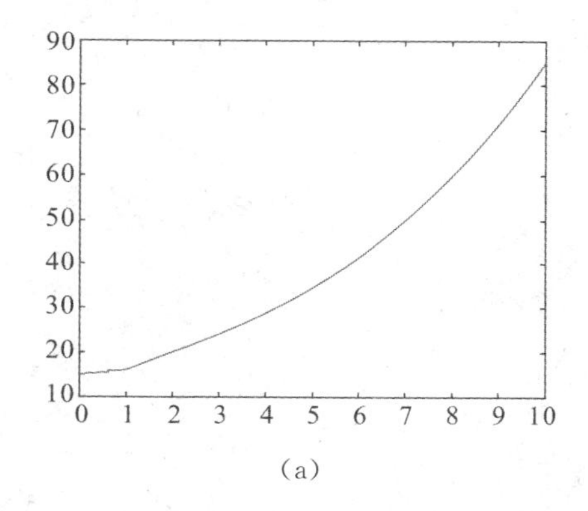

(a)

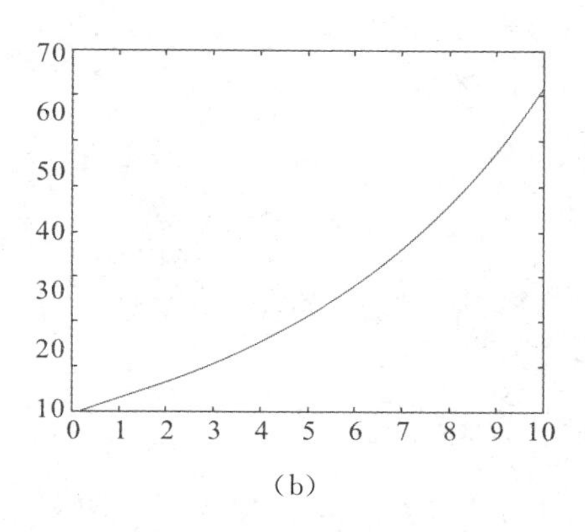

(b)

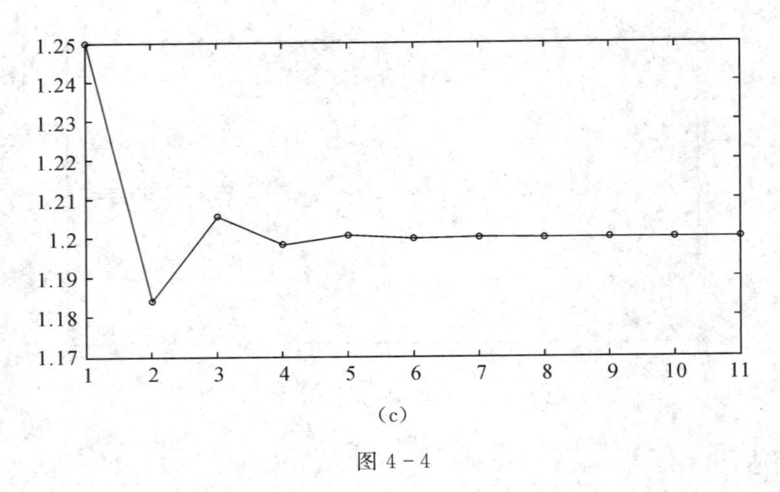

(c)

图 4 - 4

图 4 - 5 给出了该动物幼年雌性和成年雌性数量的比例变化趋势，可以看出经过 6 年后其数量比例变得稳定，约为 1.333。

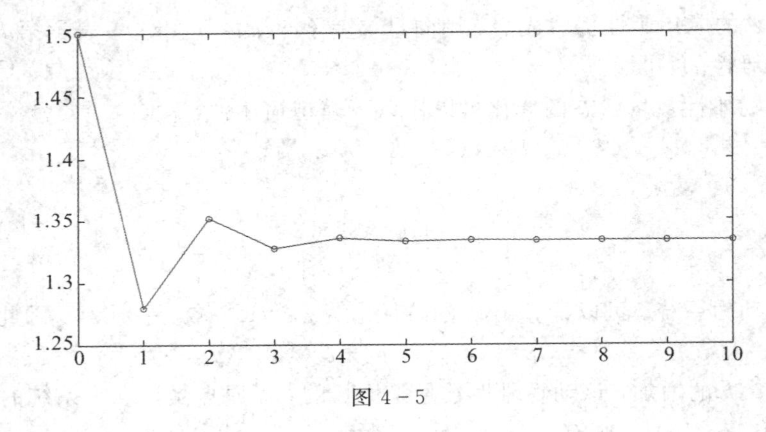

图 4 - 5

案例5　经济系统中的投入与产出模型

一、背景描述

经济系统中，有些部门既是生产部门也是消耗部门，即它们既生产商品和服务，同时为了生产也需要消耗其他部门的产品；而在经济系统中还有些部门，它们不生产商品和服务，仅仅消费商品和服务，这些部门所需的商品和消费称为外部需求。各部门之间的关系非常复杂，生产和外部需求之间的联系也不清楚。投入与产出模型将利用矩阵的理论和方法，建立经济系统中各部门之间“投入”与“产出”的一种平衡关系。

二、问题的数学描述与分析

假设某个经济系统由 n 个部门组成，且所有投入与产出都以货币值作为单位，而不用实际的单位。设

x_i：第 i 个部门的总产值，$x_i \geqslant 0$。

d_i：最终消费对第 i 个部门产值需求量，$d_i \geqslant 0$。

c_{ij}：系统内部第 j 个部门生产单位产值需要消耗第 i 个部门的产值数(第 j 个部门对第 i 个部门的直接消耗系数)，$c_{ij} \geqslant 0$。

表 5－1 给出了 n 个部门的总产值与直接消耗系数和外部需求量之间的关系。

表 5－1　n 个部门的总产值与直接消耗系数和外部需求量之间的关系

直接消耗系数 / 消耗部门 / 生产部门	1	2	…	n	外部需求量	总产值
1	c_{11}	c_{12}	…	c_{1n}	d_1	x_1
2	c_{21}	c_{22}	…	c_{2n}	d_2	x_2
⋮	⋮	⋮		⋮	⋮	⋮
n	c_{n1}	c_{n2}	…	c_{nn}	d_n	x_n

若考虑每个生产部门应该生产多少产品，才可以刚好满足其他生产部门对它的消费需求，以及非生产部门对它的消费需求。即求 x_i 使得下面关系式成立。

$$x_i = c_{i1}x_1 + c_{i2}x_2 + \cdots + c_{in}x_n + d_i \quad (i = 1, 2, \cdots, n) \tag{5-1}$$

式(5－1)即为投入与产出模型。显然，如果记

$$C=\begin{pmatrix} c_{11} & c_{12} & \cdots & c_{1n} \\ c_{21} & c_{22} & \cdots & c_{2n} \\ \vdots & \vdots & & \vdots \\ c_{n1} & c_{n2} & \cdots & c_{nn} \end{pmatrix},\ X=\begin{pmatrix} x_1 \\ x_2 \\ \vdots \\ x_n \end{pmatrix},\ d=\begin{pmatrix} d_1 \\ d_2 \\ \vdots \\ d_n \end{pmatrix} \tag{5-2}$$

其中，矩阵 C 称为直接消耗系数矩阵，向量 X 和 d 分别称为生产向量和需求向量，则投入产出模型又可以表示为矩阵形式：

$$X = CX + d \tag{5-3}$$

或者写成

$$(E - C)X = d \tag{5-4}$$

三、应用举例

例 5-1 已知某经济系统中有三个部门：煤矿、电厂和铁路，设在一年内，部门之间直接消耗系数及外部需求量与各部门总产值的关系如表 5-2 所示。为使各部门总产值与系统内外需求平衡，各部门一年内总产值 x_1，x_2，x_3 应各为多少？

表 5-2 部门之间直接消耗系数及外部需求量与各部门总产值的关系

直接消耗系数 \ 消耗部门 \ 生产部门	煤矿	电厂	铁路	外部需求量	总产值
煤矿	0	0.65	0.55	50 000	x_1
电厂	0.25	0.05	0.10	25 000	x_2
铁路	0.25	0.05	0	0	x_3

解 根据已知条件，直接消耗系数矩阵 C，外部需求向量 d 和生产向量 X 分别为

$$C=\begin{pmatrix} 0 & 0.65 & 0.55 \\ 0.25 & 0.05 & 0.10 \\ 0.25 & 0.05 & 0 \end{pmatrix},\ d=\begin{pmatrix} d_1 \\ d_2 \\ d_3 \end{pmatrix},\ X=\begin{pmatrix} x_1 \\ x_2 \\ x_3 \end{pmatrix}$$

代入式(5-4)得

$$\begin{pmatrix} 1 & -0.65 & -0.55 \\ -0.25 & 0.95 & -0.10 \\ -0.25 & -0.05 & 1 \end{pmatrix}\begin{pmatrix} x_1 \\ x_2 \\ x_3 \end{pmatrix}=\begin{pmatrix} 50\,000 \\ 25\,000 \\ 0 \end{pmatrix}$$

可以验证系数矩阵 $E-C$ 是可逆的，且 $(E-C)^{-1}=(a_{ij})$，$a_{ij}>0$，于是求解得

$$\begin{pmatrix} x_1 \\ x_2 \\ x_3 \end{pmatrix}=\frac{1}{503}\begin{pmatrix} 756 & 542 & 470 \\ 220 & 690 & 190 \\ 200 & 170 & 630 \end{pmatrix}\begin{pmatrix} 50\,000 \\ 25\,000 \\ 0 \end{pmatrix}=\begin{pmatrix} 120\,087 \\ 56\,163 \\ 28\,330 \end{pmatrix}$$

在上述已知条件下，为使各生产部门的总产值与系统内外需求平衡，煤矿、电厂和铁路三个部门一年内总产值 x_1、x_2、x_3 应分别为 120 087、56 163 和 28 330。

四、应用拓展

以上，我们是从产品分配的角度讨论投入与产出的一种平衡关系。除此之外也可以从

消耗的角度讨论投入与产出的另一种平衡关系，即每个生产部门，它的生产总值应该等于它的生产性消耗(即它在生产过程中消耗其他生产部门的产品数)与它新创造的价值(净产值)之和。如果某个经济系统的 n 个部门之间的直接消耗系数仍如前所述，那么，第 j 个部门生产产值 x_j 需要消耗自身和其他企业的产值数为

$$c_{1j}x_j + c_{2j}x_j + \cdots + c_{nj}x_j$$

另外再设生产产值 x_j 所获得的净产值为 z_j，则

$$x_j = c_{1j}x_j + c_{2j}x_j + \cdots + c_{nj}x_j + z_j \quad (j = 1, 2, \cdots, n) \tag{5-5}$$

式(5-5)又可写为

$$\left(1 - \sum_{i=1}^{n} c_{ij}\right)x_j = z_j \quad (j = 1, 2, \cdots, n) \tag{5-6}$$

记

$$\boldsymbol{D} = \begin{pmatrix} \sum_{i=1}^{n} c_{i1} & 0 & \cdots & 0 \\ 0 & \sum_{i=1}^{n} c_{i2} & \cdots & 0 \\ \vdots & \vdots & & \vdots \\ 0 & 0 & \cdots & \sum_{i=1}^{n} c_{in} \end{pmatrix}, \qquad \boldsymbol{Z} = \begin{pmatrix} z_1 \\ z_2 \\ \vdots \\ z_n \end{pmatrix}$$

其中，$\boldsymbol{D}$ 为企业消耗矩阵，$\boldsymbol{Z}$ 为净产值向量。于是式(5-5)和式(5-6)可分别写成矩阵方程形式：

$$\boldsymbol{X} = \boldsymbol{DX} + \boldsymbol{Z} \tag{5-7}$$

$$(\boldsymbol{E} - \boldsymbol{D})\boldsymbol{X} = \boldsymbol{Z} \tag{5-8}$$

式(5-7)和式(5-8)揭示了经济系统内生产向量、净产值向量与企业消耗矩阵之间的关系。

由式(5-1)和式(5-5)可得

$$\sum_{i=1}^{n} x_i = \sum_{i=1}^{n}\left(\sum_{j=1}^{n} c_{ij}x_j + d_i\right) = \sum_{j=1}^{n} x_j = \sum_{j=1}^{n}\left(\sum_{i=1}^{n} c_{ij}x_j + z_j\right)$$

即

$$\sum_{i=1}^{n}\left(\sum_{j=1}^{n} c_{ij}x_j + d_i\right) = \sum_{j=1}^{n}\left(\sum_{i=1}^{n} c_{ij}x_j + z_j\right)$$

也即

$$\sum_{i=1}^{n}\sum_{j=1}^{n} c_{ij}x_j + \sum_{i=1}^{n} d_i = \sum_{j=1}^{n}\sum_{i=1}^{n} c_{ij}x_j + \sum_{j=1}^{n} z_j$$

从而可得

$$\sum_{i=1}^{n} d_i = \sum_{j=1}^{n} z_j \tag{5-9}$$

式(5-9)表明，系统外部对生产部门的产品需求总量等于系统内部各生产部门的净产值之和。

案例6　通信网络问题

一、背景描述

在一个通信网络中包含若干个节点，任意两个节点之间可能有直接的通信链路，也可能没有直接的通信链路，在实际应用中需要确定任意两个节点之间通信链路的情况。对于节点较少的通信网络，可以画出通信网络的几何图形，然后观察得到；而对于包含大量节点的通信网络，则需要借助矩阵的理论和方法来解决。

二、问题的数学描述与分析

假设一个通信网络包含5个节点V_1、V_2、V_3、V_4、V_5，节点之间的通信链路如图6-1所示。

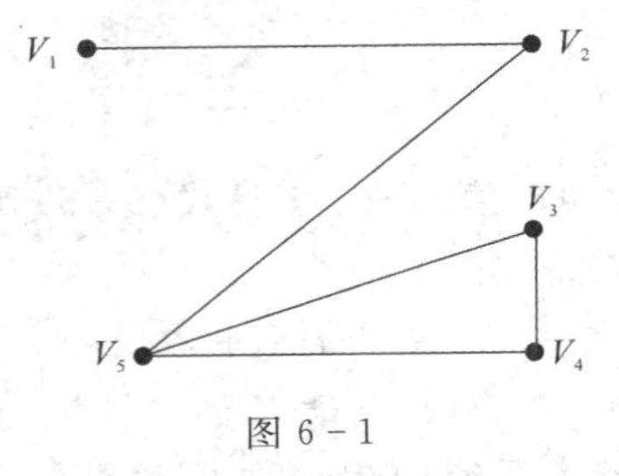

图6-1

不难发现，节点V_1与V_2之间有直接通信链路；V_1与V_5之间没有直接的通信链路，但可经一次中转建立通信链路，即$V_1 \to V_2 \to V_5$；V_1与V_3之间没有直接的通信链路，但可经两次中转建立通信链路，即$V_1 \to V_2 \to V_5 \to V_3$，类似可以分析其他节点之间通信链路的情况。

事实上，一个实际的通信网络可能包含大量的节点，比如几百万个节点，节点之间通信链路的情况错综复杂，网络的图形将变得十分混乱。解决网络混乱的方法是使用矩阵来表示通信网络。如果在一个通信网络中共包含n个节点，则可以定义一个$n \times n$的矩阵$\mathbf{A}=(a_{ij})$为

$$a_{ij}=\begin{cases}1, & \text{节点 } V_i \text{ 与 } V_j \text{ 之间有直接通信链路} \\ 0, & \text{节点 } V_i \text{ 与 } V_j \text{ 之间没有直接通信链路}\end{cases}$$

矩阵$\mathbf{A}$描述了任意两个节点之间是否有直接通信链路。

例如，图6-1对应的矩阵为

$$\mathbf{A}=\begin{pmatrix}0 & 1 & 0 & 0 & 0 \\ 1 & 0 & 0 & 0 & 1 \\ 0 & 0 & 0 & 1 & 1 \\ 0 & 0 & 1 & 0 & 1 \\ 0 & 1 & 1 & 1 & 0\end{pmatrix}$$

注意：矩阵 $\boldsymbol{A}$ 是对称的。事实上，按上述规定定义的任何矩阵必然是对称的，这是因为，如果 V_i 与 V_j 之间有直接通信链路，则 $a_{ij}=a_{ji}=1$；否则，如果 V_i 与 V_j 之间没有直接通信链路，则 $a_{ij}=a_{ji}=0$。在每种情况下，都有 $a_{ij}=a_{ji}$。

除了用矩阵表示任意两个节点之间直接通信链路的情况，还可以用矩阵表示任意两个节点之间允许中转的通信链路的情况。例如，针对图 6-1 对应的通信网络，设 b_{ij} 是节点 V_i 与 V_j 之间经过一次中转的通信链路，则 b_{ij} 等于节点 V_i 分别经过节点 V_1、V_2、V_3、V_4、V_5 中转到节点 V_j 的通信链路条数之和，如图 6-2 所示，即

$$b_{ij}=a_{i1}a_{1j}+a_{i2}a_{2j}+a_{i3}a_{3j}+a_{i4}a_{4j}+a_{i5}a_{5j}\quad(i,\ j=1,\ \cdots,\ 5)$$

若令矩阵 $\boldsymbol{B}=(b_{ij})$，则根据矩阵乘法的定义显然有 $\boldsymbol{B}=\boldsymbol{A}^2$。即若矩阵 $\boldsymbol{A}$ 表示任意两个节点之间的直接通信链路的情况，则矩阵 $\boldsymbol{A}^2$ 表示任意两个节点之间允许一次中转的通信链路的情况。

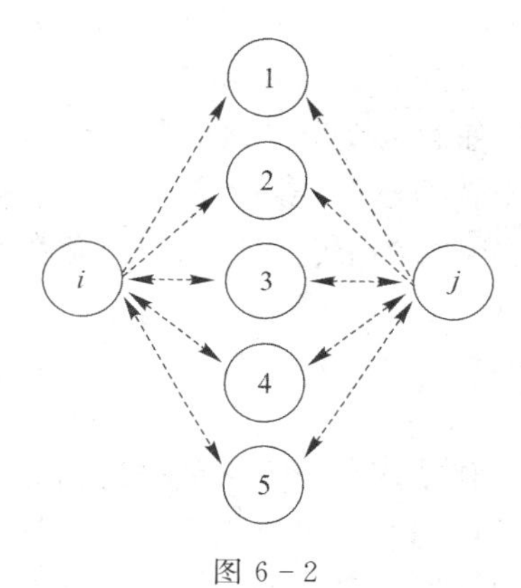

图 6-2

一般地，通过直接通信链路矩阵的乘幂，可以求出任意两个节点间给定中转次数的通信链路的条数。即有如下结论：

设矩阵 $\boldsymbol{A}=(a_{ij})$ 是某通信网络的直接通信链路矩阵，且 $a_{ij}^{(k)}$ 表示 $\boldsymbol{A}^k$ 的 $(i,\ j)$ 元素，则 $a_{ij}^{(k)}$ 等于节点 V_i 和 V_j 间经过 $k-1$ 次中转的通信链路条数。

显然，当 $k=1$ 时，$\boldsymbol{A}=(a_{ij})$，由直接通信链路矩阵矩阵的定义可知，a_{ij} 表示从顶点 V_i 到 V_j 经过 0 次中转的通信链路条数。

假设对某个正整数顶点 m，矩阵 $\boldsymbol{A}^m$ 中的每一个元素表示相应两个节点间经过 $m-1$ 次中转的通信链路的条数，$a_{il}^{(m)}$ 表示从节点 V_i 到 V_l 经过 $m-1$ 中转的通信链路的条数，则对于给定的节点 V_i 和 V_j，从节点 V_i 到 V_j 经 m 次中转的通信链路条数为

$$a_{ij}^{(m+1)}=a_{i1}^{(m)}a_{1j}+a_{i2}^{(m)}a_{2j}+\cdots+a_{in}^{(m)}a_{nj}=\sum_{l=1}^{n}a_{il}^{(m)}a_{lj}$$

而这恰好是矩阵 $\boldsymbol{A}^{m+1}$ 中的 $(i,\ j)$ 元素。

三、应用举例

例 6-1 求图 6-1 中任意两个节点间最多允许经两次中转的通信链路条数，其中包含任意两个节点间的直接通信链路条数、允许一次中转的通信链路条数和允许经两次中转的通信链路条数。

解 根据以上讨论，这三种情况可分别由三个矩阵 $\boldsymbol{A}$、$\boldsymbol{A}^2$、$\boldsymbol{A}^3$ 来表示，则任意两个节点间最多允许经两次中转的通信链路条数可由矩阵 $\boldsymbol{A}+\boldsymbol{A}^2+\boldsymbol{A}^3$ 表示。经计算可得

$$\boldsymbol{A}^2=\begin{pmatrix}1&0&0&0&1\\0&2&1&1&0\\0&1&2&1&1\\0&1&1&2&1\\1&0&1&1&3\end{pmatrix},\quad \boldsymbol{A}^3=\begin{pmatrix}0&2&1&1&0\\2&0&1&1&4\\1&1&2&3&4\\1&1&3&2&4\\0&4&4&4&2\end{pmatrix}$$

于是可得

$$\boldsymbol{A}+\boldsymbol{A}^2+\boldsymbol{A}^3=\begin{pmatrix}1&3&1&1&1\\3&2&2&2&5\\1&2&4&5&6\\1&2&5&4&6\\1&5&6&6&5\end{pmatrix}$$

因此，根据上述矩阵就可以了解任意两个节点之间最多经两次中转的通信链路的条数。例如，从 V_3 到 V_5 最多允许两次中转的通信链路条数为 6。注意矩阵 $\boldsymbol{A}+\boldsymbol{A}^2+\boldsymbol{A}^3$ 是对称的，这说明从节点 V_i 到节点 V_j 最多经两次中转的通信链路条数与从节点 V_j 到节点 V_i 最多经两次中转的通信链路条数相同。

四、应用拓展

上面我们讨论了通信网络中任意两个节点之间的通信链路的确定的问题，其中直接通信链路矩阵 $\boldsymbol{A}$ 是对称的，还有一些问题也可以用这样的矩阵表示。比如任意两个城市之间的航线问题，但此时刻画任意两个城市之间是否有直达航线的矩阵未必是对称的，这是因为从城市 V_i 到城市 V_j 是否有直达航线与从城市 V_j 到城市 V_i 是否有直达航线没有必然的联系，但仍然可以用矩阵的乘幂来描述任意两个城市间允许中转的航线的情况。

案例7 模糊综合评价在维修资源消耗预测问题中的应用

一、背景描述

在对许多事物进行客观评价时，由于评价因素往往很多，我们不能只根据某种因素就作出判断，而应该依据多种因素（如技术方案的选择、经济发展的比较、模拟战场环境下战损情况的估计等）进行综合评价。模糊综合评价可以有效地对受到多种因素制约的事物作出全面评价。

模糊综合评价是模糊系统分析的基本方法之一，主要用于研究局部系统功能的评估与决策问题，在系统分析和工程优化管理中有广泛的应用。模糊综合评价的数学模型有一级模型和多级模型，以下主要介绍一级模型。

二、问题的数学描述与分析

1. 基本概念

设与被评价事物相关的因素有 n 个，记为 $U=\{u_1, u_2, \cdots, u_n\}$，称之为因素集。由于各种因素所处地位不同，作用也不一样，因此通常根据实际情况，人为（或者利用其他数学方法，如AHP层次分析法）给各因素设置一个权重，组成权重向量 $\boldsymbol{A}=(a_1, a_2, \cdots, a_n)$，其中 $\sum_{i=1}^{n} a_i = 1$，$a_i>0$。设所有可能出现的评语有 m 个，将这 m 个评语从好到差排列，组成一个集合，记为 $V=\{v_1, v_2, \cdots, v_m\}$，称之为评语集。针对每个因素 $u_i(i=1, 2, \cdots, n)$，根据实际情况，按照权重大小人为给定对应的评价向量 $\boldsymbol{r}_i=(r_{i1}, r_{i2}, \cdots, r_{im})(i=1, 2, \cdots, n)$，其中 $\sum_{k=1}^{m} r_{ik} = 1$。于是构造的综合评价矩阵为

$$\boldsymbol{R}=\begin{pmatrix} r_{11} & r_{12} & \cdots & r_{1m} \\ r_{21} & r_{22} & \cdots & r_{2m} \\ \vdots & \vdots & & \vdots \\ r_{n1} & r_{n2} & \cdots & r_{nm} \end{pmatrix}$$

2. 评价步骤

通常按以下步骤进行模糊综合评价：

（1）确定因素集 $U=\{u_1, u_2, \cdots, u_n\}$。

（2）确定评语集 $V=\{v_1, v_2, \cdots, v_m\}$。

（3）确定单因素评价向量 $\boldsymbol{r}_i=(r_{i1}, r_{i2}, \cdots, r_{im})(i=1, 2, \cdots, n)$。

（4）构造综合评价矩阵：

$$R=\begin{pmatrix} r_{11} & r_{12} & \cdots & r_{1m} \\ r_{21} & r_{22} & \cdots & r_{2m} \\ \vdots & \vdots & & \vdots \\ r_{n1} & r_{n2} & \cdots & r_{nm} \end{pmatrix}$$

（5）建立权重向量 $\boldsymbol{A}=(a_1, a_2, \cdots, a_n)$。

（6）进行模糊运算。对于权重向量 $\boldsymbol{A}=(a_1, a_2, \cdots, a_n)$，利用算子∘计算 $\boldsymbol{B}=\boldsymbol{A}\circ\boldsymbol{R}$，记 $\boldsymbol{B}=(b_1, b_2, \cdots, b_m)$。

（7）进行评价。根据最大隶属度原则作出评价。

3. 算子∘的定义

在进行综合评价时，根据算子∘的不同定义，可以得到不同的模型。下面论述中，符号"∨"和"∧"在实际参与运算中分别表示"或"和"且"，或者"max"和"min"，具体以实际问题为准。

1）模型Ⅰ：$M(\wedge, \vee)$——主因素决定型

运算法则为 $b_j=\bigvee_{i=1}^{n}(a_i \wedge r_{ij})=\max_{1\leqslant i\leqslant n}\{\min(a_i, r_{ij})\}(j=1, 2, \cdots, m)$。该模型评价结果只取决于在总评价中起主要作用的那个因素，其余因素均不影响评价结果。该模型适用于单项评价最优即可认为综合评价最优的情形。例如：

$$(0.3, 0.3, 0.4)\circ\begin{pmatrix} 0.5 & 0.3 & 0.2 & 0 \\ 0.3 & 0.4 & 0.2 & 0.1 \\ 0.2 & 0.2 & 0.3 & 0.2 \end{pmatrix}=(0.3, 0.3, 0.3, 0.2)$$

2）模型Ⅱ：$M(\cdot, \vee)$——主因素突出型

运算法则为 $b_j=\bigvee_{i=1}^{n}(a_i \cdot r_{ij})=\max_{1\leqslant i\leqslant n}\{a_i \cdot r_{ij}\}(j=1, 2, \cdots, m)$。该模型与模型Ⅰ比较接近，但比模型Ⅰ更精细些，不仅突出了主要因素，也兼顾了其他因素。该模型适用于模型Ⅰ失效，即当无法确认单项评价最优即可认为综合评价最优的情形时，需细致考虑其他因素对评价的影响。例如：

$$(0.3, 0.3, 0.4)\circ\begin{pmatrix} 0.5 & 0.3 & 0.2 & 0 \\ 0.3 & 0.4 & 0.2 & 0.1 \\ 0.2 & 0.2 & 0.3 & 0.2 \end{pmatrix}=(0.15, 0.12, 0.12, 0.08)$$

3）模型Ⅲ：$M(\cdot, +)$——加权平均型

运算法则为 $b_j=\sum_{i=1}^{n}a_i \cdot r_{ij}(j=1, 2, \cdots, m)$，即通常意义下矩阵的乘法运算。该模型依权重大小对所有因素均衡兼顾，比较适用于要求总和最大的情形。例如：

$$(0.3, 0.3, 0.4)\circ\begin{pmatrix} 0.5 & 0.3 & 0.2 & 0 \\ 0.3 & 0.4 & 0.2 & 0.1 \\ 0.2 & 0.2 & 0.3 & 0.2 \end{pmatrix}=(0.32, 0.29, 0.24, 0.11)$$

4）模型Ⅳ：$M(\wedge, \oplus)$——取小上界和型

运算法则为 $b_j=\min\left\{1, \sum_{i=1}^{n}(a_i \wedge r_{ij})\right\}(j=1, 2, \cdots, m)$。使用该模型时，需要注意的是：$a_i$ 值不能偏大，否则可能出现 b_j 均等于 1 的情形；a_i 值也不能偏小，否则可能出现 b_j 均等于 a_i 之和的情形，这将使单因素评价的有关信息丢失。例如：

$$(0.3, 0.3, 0.4)\circ\begin{bmatrix}0.5 & 0.3 & 0.2 & 0\\0.3 & 0.4 & 0.2 & 0.1\\0.2 & 0.2 & 0.3 & 0.2\end{bmatrix}=(0.8, 0.8, 0.7, 0.3)$$

5）模型Ⅴ：$M(\wedge, +)$——均衡平均型

运算法则为 $b_j=\sum_{i=1}^{n}\left(a_i \wedge \frac{r_{ij}}{r_0}\right)(j=1, 2, \cdots, m)$，其中 $r_0=\sum_{k=1}^{n} r_{kj}$。该模型适用于综合评价矩阵 $\boldsymbol{R}$ 中的元素偏大或偏小的情形。

三、应用举例

例 7-1 某导弹部队奉命执行任务，在待机阵地分散隐蔽时，遭到敌方一个排的航空兵袭击，试用模糊综合评价方法建立模型并预测我方发射车的战损情况。

解 结合问题，建立如下模型。

步骤 1： 确定因素集 $U=\{u_1, u_2, \cdots, u_5\}$。这里暂定 5 个因素，分别是：$u_1$ 代表敌方攻击方式；u_2 代表敌方攻击密度；u_3 代表敌方综合火力强弱；u_4 代表我方综合伪装能力；u_5 代表我方综合防护能力。

步骤 2： 确定评语集 $V=\{v_1, v_2, \cdots, v_5\}$。这里暂定 5 个因素，分别是：

v_1 代表彻底损毁，包含发射车报废、不可修理和被炸解体三种情形；v_2 代表重度损毁，即发射车主要部件报废；v_3 代表中度损毁，即发射车少量主要部件报废；v_4 代表轻度损毁，即次要部件受损，不影响正常发射；v_5 代表完好无损，即发射车没有受损。

步骤 3： 确定单因素评价向量。

u_1（敌方攻击方式）主要包括核攻击、常规导弹攻击、直升机近地攻击和航空兵攻击。由题意知，此时敌方攻击方式为航空兵攻击，从而结合步骤 2 评语集，并根据实际情况设定 u_1 对应的评价向量 $\boldsymbol{r}_1=(0.1, 0.1, 0.3, 0.3, 0.2)$。即认为航空兵攻击造成发射车中度和轻度损毁的概率最大，均为 0.3；不造成损毁的概率为 0.2；造成发射车报废和重度损毁的概率较小，均为 0.1。

u_2（敌方攻击密度）主要包括很强、强、中等、弱和很弱 5 个程度。由题意知，此时敌方攻击方式为航空兵攻击，可以认为攻击密度偏弱和很弱，从而结合步骤 2 评语集，并根据实际情况设定 u_2 对应的评价向量 $\boldsymbol{r}_2=(0.1, 0.1, 0.1, 0.5, 0.2)$。即认为在较弱攻击密度下，航空兵攻击造成发射车轻度损毁的概率最大，为 0.5；不造成损毁的概率为 0.2；造成发射车报废、重度和中度损毁的概率较小，均为 0.1。

u_3（敌方综合火力强弱）主要包括很高、高、中等、低和很低 5 个程度。由题意知，此时敌方攻击方式为航空兵攻击，可以认为攻击火力强度整体偏低，从而结合步骤 2 评语集，并根据实际情况设定 u_3 对应的评价向量 $\boldsymbol{r}_3=(0.1, 0.1, 0.2, 0.3, 0.3)$。即认为在火力强

度整体偏低的情况下，航空兵攻击造成发射车轻度损毁和不损毁的概率最大，均为0.3；造成发射车中度损毁的概率为0.2；造成发射车报废和重度损毁的概率较小，均为0.1。

u_4（我方综合伪装能力）主要包括很好、好、中等、差和很差5个层次。由题意知，此时敌方攻击方式为航空兵攻击，相对侦查能力而言，我方综合伪装能力较好，从而结合步骤2评语集，并根据实际情况设定 u_4 对应的评价向量 $\boldsymbol{r}_4=(0.1, 0.1, 0.2, 0.2, 0.4)$。即认为在较好的相对伪装效果下，航空兵攻击造成发射车无损毁的概率最大，为0.4；造成发射车中度和轻度损毁的概率均为0.2；造成发射车报废和重度损毁的概率较小，均为0.1。

u_5（我方综合防护能力）主要包括很好、好、中等、差和很差5个层次。由题意知，此时敌方攻击方式为航空兵攻击，相对于其他攻击方式而言，发射车在航空兵面前具有明显的优势防护能力，从而结合步骤2评语集，并根据实际情况设定 u_5 对应的评价向量 $\boldsymbol{r}_5=(0.1, 0.1, 0.1, 0.4, 0.3)$。即认为发射车防护能力相对较好，在较优的抗攻击能力下，航空兵攻击造成发射车轻度损毁的概率最大，均为0.4；不造成损毁的概率为0.3；造成发射车报废、重度和中度损毁的概率较小，均为0.1。

步骤4: 构造综合评价矩阵，即

$$\boldsymbol{R}=\begin{pmatrix}\boldsymbol{r}_1\\\boldsymbol{r}_2\\\boldsymbol{r}_3\\\boldsymbol{r}_4\\\boldsymbol{r}_5\end{pmatrix}=\begin{pmatrix}0.1 & 0.1 & 0.3 & 0.3 & 0.2\\0.1 & 0.1 & 0.1 & 0.5 & 0.2\\0.1 & 0.1 & 0.2 & 0.3 & 0.3\\0.1 & 0.1 & 0.2 & 0.2 & 0.4\\0.1 & 0.1 & 0.1 & 0.4 & 0.3\end{pmatrix}$$

步骤5: 建立权重集 $\boldsymbol{A}=(0.106, 0.205, 0.189, 0.311, 0.189)$（注：可采用层次分析方法）。

步骤6: 进行模糊运算。选取算子为模型Ⅲ：$M(\bullet, +)$（加权平均型），计算可得

$$\boldsymbol{B}=\boldsymbol{A}\circ\boldsymbol{R}=(0.106, 0.205, 0.189, 0.311, 0.189)\begin{pmatrix}0.1 & 0.1 & 0.3 & 0.3 & 0.2\\0.1 & 0.1 & 0.1 & 0.5 & 0.2\\0.1 & 0.1 & 0.2 & 0.3 & 0.3\\0.1 & 0.1 & 0.2 & 0.2 & 0.4\\0.1 & 0.1 & 0.1 & 0.4 & 0.3\end{pmatrix}$$

$$=(0.1, 0.1, 0.171, 0.329, 0.300)$$

步骤7: 进行评价。从模糊运算结果我们可以得到如下结论：

战损率：$\sum_{i=1}^{4} B_i=70\%$；

彻底损毁占总战损的比率：$\dfrac{B_1}{\sum_{i=1}^{4} B_i}=14.29\%$；

重度损毁占总战损的比率：$\dfrac{B_2}{\sum_{i=1}^{4} B_i}=14.29\%$；

中度损毁占总战损的比率：$\dfrac{B_3}{\sum_{i=1}^{4} B_i}=24.43\%$；

轻度损毁占总战损的比率：$\dfrac{B_4}{\sum\limits_{i=1}^{4} B_i}=47\%$。

四、应用拓展

模糊综合评价经常用来处理一类选择和排序问题。应用的关键在于模糊综合评价矩阵的建立。模糊综合评价矩阵是由单因素评价向量所构成的，简单的情形可按类似于百分比的方式得到，稍复杂一点的情形需要构造隶属函数来进行转化，此时，要注意评价指标的属性，合理选择隶属函数。综合评价时，要根据问题的实际情况，选择恰当的模型进行计算。另外，关于权重，前面的应用举例中是直接给出的，而实际中是不会有的。当然，评价者可以自行设定，若能利用一些数学方法(如层次分析法)将定性和定量相结合，则会更加具有说服力。

案例 8　电路设计问题

一、背景描述

电路是电子元件的神经系统，电路中参数的计算是电路设计的重要环节。如何根据需求设计一个实际电路需要基于物理学的基本定律，利用相关数学知识实现。本案例以简单电路的设计为例，说明线性代数相关知识在电路设计中是如何应用的。

二、问题的数学描述与分析

如图 8-1 所示，方框代表某类具有输入和输出终端的电路。用二维列向量 $\begin{pmatrix} v_1 \\ i_1 \end{pmatrix}$ 表示输入电压和输入电流（电压 v 单位：V，电流 i 单位：A），用 $\begin{pmatrix} v_2 \\ i_2 \end{pmatrix}$ 表示输出电压和输出电流。若 $\begin{pmatrix} v_2 \\ i_2 \end{pmatrix} = \boldsymbol{A}\begin{pmatrix} v_1 \\ i_1 \end{pmatrix}$，则称矩阵 $\boldsymbol{A}$ 为转移矩阵。

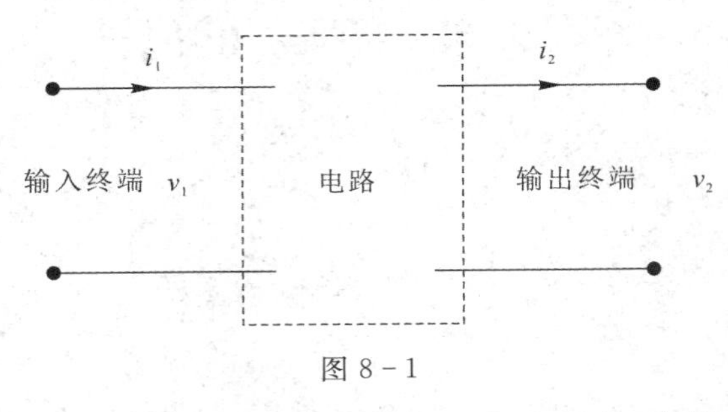

图 8-1

图 8-2 给出了一个梯形网络，左边的电路称为串联电路，电阻为 R_1（单位：Ω）。右边的电路是并联电路，电阻为 R_2。利用物理学中的基尔霍夫定律，可以得到串联电路和并联电路的输出与输入间的关系方程。

（1）左边串联电路输入与输出关系方程：

$$\begin{pmatrix} v_2 \\ i_2 \end{pmatrix} = \begin{pmatrix} 1 & -R_1 \\ 0 & 1 \end{pmatrix} \begin{pmatrix} v_1 \\ i_1 \end{pmatrix}$$

（2）右边并联电路输入与输出关系方程：

$$\begin{pmatrix} v_3 \\ i_3 \end{pmatrix} = \begin{pmatrix} 1 & 0 \\ \dfrac{-1}{R_2} & 1 \end{pmatrix} \begin{pmatrix} v_2 \\ i_2 \end{pmatrix}$$

相应的转移矩阵分别是

$$\begin{pmatrix}1 & -R_1\\0 & 1\end{pmatrix} \text{和} \begin{pmatrix}1 & 0\\ \dfrac{-1}{R_2} & 1\end{pmatrix}$$

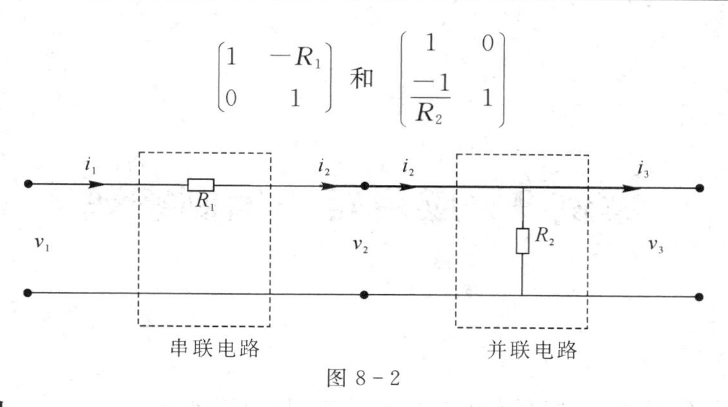

图 8-2

三、应用举例

例 8-1 设计一个梯形网络，使其转移矩阵是$\begin{pmatrix}1 & -8\\-0.5 & 5\end{pmatrix}$。

解 假设导线的电阻为零，令 $\boldsymbol{A}_1$ 和 $\boldsymbol{A}_2$ 分别是串联电路和并联电路的转移矩阵。由矩阵乘法知，输入向量 $\boldsymbol{x}$ 先变换成 $\boldsymbol{A}_1\boldsymbol{x}$，再变换到 $\boldsymbol{A}_2(\boldsymbol{A}_1\boldsymbol{x})$。其中

$$\boldsymbol{A}_2\boldsymbol{A}_1=\begin{pmatrix}1 & 0\\ \dfrac{-1}{R_2} & 1\end{pmatrix}\begin{pmatrix}1 & -R_1\\0 & 1\end{pmatrix}=\begin{pmatrix}1 & -R_1\\ \dfrac{-1}{R_2} & 1+\dfrac{R_1}{R_2}\end{pmatrix}$$

就是图 8-2 中梯形网络的转移矩阵。

于是，原问题转化为求 R_1、R_2 的值，使得

$$\begin{pmatrix}1 & -R_1\\ \dfrac{-1}{R_2} & 1+\dfrac{R_1}{R_2}\end{pmatrix}=\begin{pmatrix}1 & -8\\-0.5 & 5\end{pmatrix}$$

由此，可得

$$\begin{cases}-R_1=-8\\ \dfrac{-1}{R_2}=-0.5\\ 1+\dfrac{R_1}{R_2}=5\end{cases}$$

根据前两个方程可得 $R_1=8$，$R_2=2$。把 $R_1=8$，$R_2=2$ 代入第三个方程确实能使等式成立。这就是说，在图 8-2 所示的梯形网络中，取 $R_1=8$，$R_2=2$，即为所求。

若要求的转移矩阵改为$\begin{pmatrix}1 & -8\\-0.5 & 4\end{pmatrix}$，则上面的梯形网络无法实现。因为这时对应的方程组是

$$\begin{cases}-R_1=-8\\ \dfrac{-1}{R_2}=-0.5\\ 1+\dfrac{R_1}{R_2}=4\end{cases}$$

根据前两个方程依然得到 $R_1=8$，$R_2=2$，但把 $R_1=8$，$R_2=2$ 代入第三个方程，不能使等式成立。

案例9　应用矩阵编制密码

一、背景描述

密码学在经济和军事领域有着极其重要的作用。现代密码学涉及许多高深数学知识，如图9-1所示。密码学中将信息代码称为密码，尚未转换成密码的文字信息称为明文，由密码表示的信息称为密文。从明文到密文的过程称为加密，反之称为解密。1929年，希尔(Hill)通过线性变换对待传输信息进行加密处理，提出了在密码学史上有重要地位的希尔加密算法。下面介绍编码过程的基本思想，以及用到的线性代数相关知识。

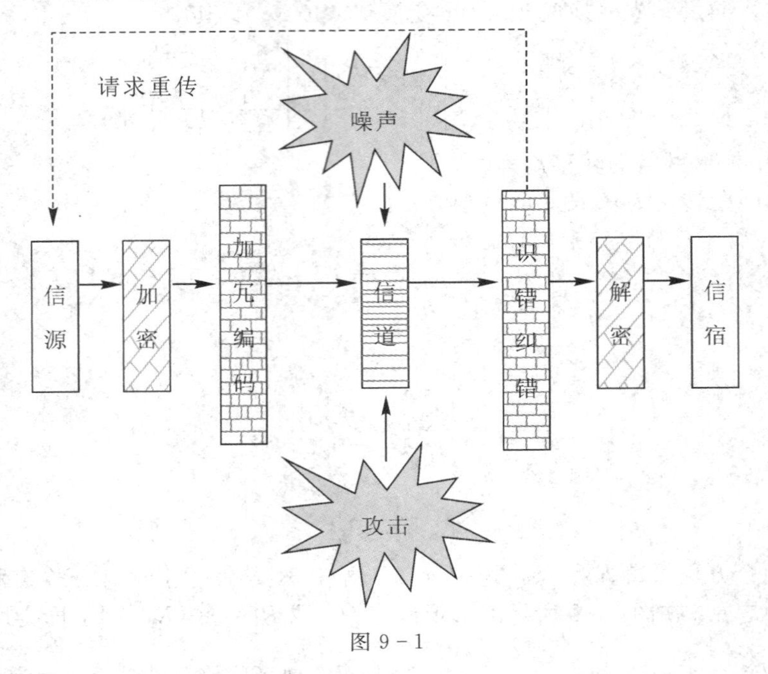

图9-1

二、问题的数学描述与分析

1. 模型准备

若要发出信息 action，现需要利用矩阵乘法给出加密方法和加密后得到的密文，并给出相应的解密方法。

2. 模型假设

(1) 假定每个字母都对应一个非负整数，空格和26个英文字母依次对应整数0～26(见表9-1)。

表 9-1　空格及字母的整数代码表

空格	A	B	C	D	E	F	G	H	I	J	K	L	M
0	1	2	3	4	5	6	7	8	9	10	11	12	13
N	O	P	Q	R	S	T	U	V	W	X	Y	Z	
14	15	16	17	18	19	20	21	22	23	24	25	26	

（2）假设将单词中从左到右，每 3 个字母分为一组，并将对应的 3 个整数排成三维的行向量，加密后仍为三维的行向量，其分量仍为整数。

3. 模型建立

设三维向量 $\boldsymbol{x}$ 为明文，要选一个矩阵 $\boldsymbol{A}$ 使密文 $\boldsymbol{y}=\boldsymbol{x}\boldsymbol{A}$，还要确保接收方能由 $\boldsymbol{y}$ 准确地解出 $\boldsymbol{x}$。因此 $\boldsymbol{A}$ 必须是一个三阶可逆矩阵，这样就可以由 $\boldsymbol{y}=\boldsymbol{x}\boldsymbol{A}$ 得 $\boldsymbol{x}=\boldsymbol{y}\boldsymbol{A}^{-1}$。为了避免小数引起误差，并且确保 $\boldsymbol{y}$ 也是整数向量，$\boldsymbol{A}$ 和 $\boldsymbol{A}^{-1}$ 的元素应该都是整数。根据逆矩阵计算式，当整数矩阵 $\boldsymbol{A}$ 的行列式 $|\boldsymbol{A}|=\pm 1$ 时，$\boldsymbol{A}^{-1}$ 也是整数矩阵。因此原问题转化为

（1）把 action 翻译成两个行向量：$\boldsymbol{x}_1$，$\boldsymbol{x}_2$。

（2）构造一个行列式等于 ± 1 的整数矩阵 $\boldsymbol{A}$（当然不能取 $\boldsymbol{A}=\boldsymbol{E}$）。

（3）计算 $\boldsymbol{x}_1\boldsymbol{A}$ 和 $\boldsymbol{x}_2\boldsymbol{A}$。

（4）计算 $\boldsymbol{A}^{-1}$。

三、应用举例

例 9-1　以单词 action 为例说明加密和解密过程。

解　（1）由上述假设可见

$$\boldsymbol{x}_1=(1,\ 3,\ 20)$$

$$\boldsymbol{x}_2=(9,\ 15,\ 14)$$

（2）对三阶单位矩阵 $\boldsymbol{E}=\begin{pmatrix}1&0&0\\0&1&0\\0&0&1\end{pmatrix}$ 进行几次适当的初等变换（比如把某一行的整数倍加到另一行，或交换某两行），根据行列式的性质可知，这样得到的矩阵 $\boldsymbol{A}$ 的行列式为 1 或 -1。例如

$$\boldsymbol{A}=\begin{pmatrix}1&1&0\\2&1&1\\3&2&2\end{pmatrix}$$

则 $|\boldsymbol{A}|=-1$。

（3）
$$\boldsymbol{y}_1=\boldsymbol{x}_1\boldsymbol{A}=(1,\ 3,\ 20)\begin{pmatrix}1&1&0\\2&1&1\\3&2&2\end{pmatrix}=(67,\ 44,\ 43)$$

$$\boldsymbol{y}_2=\boldsymbol{x}_2\boldsymbol{A}=(9,\ 15,\ 14)\begin{pmatrix}1&1&0\\2&1&1\\3&2&2\end{pmatrix}=(81,\ 52,\ 43)$$

(4) 由$(\boldsymbol{A}, \boldsymbol{E})=\begin{pmatrix}1 & 1 & 0 & 1 & 0 & 0\\ 2 & 1 & 1 & 0 & 1 & 0\\ 3 & 2 & 2 & 0 & 0 & 1\end{pmatrix}\xrightarrow{\text{初等行变换}}\begin{pmatrix}1 & 0 & 0 & 0 & 2 & -1\\ 0 & 1 & 0 & 1 & -2 & 1\\ 0 & 0 & 1 & -1 & -1 & 1\end{pmatrix}$

可得

$$\boldsymbol{A}^{-1}=\begin{pmatrix}0 & 2 & -1\\ 1 & -2 & 1\\ -1 & -1 & 1\end{pmatrix}$$

这就是说，接收方收到的密文是 67，44，43，81，52，43。若要还原成明文，只需计算 $(67, 44, 43)\boldsymbol{A}^{-1}$和$(81, 52, 43)\boldsymbol{A}^{-1}$，再对照表 9-1“翻译”成单词即可，即

$$(67, 44, 43)\boldsymbol{A}^{-1}=(1, 3, 20)$$

$$(81, 52, 43)\boldsymbol{A}^{-1}=(9, 15, 14)$$

案例 10　坐标转换模型中的参数计算问题

一、背景描述

随着北斗卫星导航系统的启用以及新一代地心坐标系的推广普及，如何将原有参心坐标系下的海量测绘成果进行科学利用是测绘工作的重要问题。实现原有测绘成果再利用的有效方法之一是对原有测绘成果进行坐标转换，即借助一定的数学模型实现参心坐标系下的测绘成果（如北京 54 坐标系、西安 80 坐标系）向地心坐标系下的成果的转换（如 CGCS2000 坐标系）。为实现坐标转换，需预先估计坐标转换模型中的未知参数，即实现坐标转换模型中的参数估计。

二、问题的数学描述与分析

平面坐标转换通常采用四参数转换模型：

$$\begin{pmatrix} x_2 \\ y_2 \end{pmatrix} = \begin{pmatrix} a \\ b \end{pmatrix} + \mu \begin{pmatrix} \cos\alpha & -\sin\alpha \\ \sin\alpha & \cos\alpha \end{pmatrix} \begin{pmatrix} x_1 \\ y_1 \end{pmatrix} \tag{10-1}$$

式中：(x_1, y_1)为控制点在参心坐标系中的平面坐标；(x_2, y_2)为控制点在地心坐标系中的平面坐标，控制点在地心坐标系中的平面坐标通过 GNSS 观测获得控制点的空间三维直角坐标(控制点间的基线向量)，将空间三维直角坐标转换为国家参考椭球面上的大地坐标，将大地坐标按高斯—克吕格投影至平面得到(x_2, y_2)；(a, b)为平移参数；α 为旋转参数；μ 为尺度比参数。

令 $c=\mu\cos\alpha$，$d=\mu\sin\alpha$，则式(10－1)可转换为

$$\begin{pmatrix} x_2 \\ y_2 \end{pmatrix} = \begin{pmatrix} a + cx_1 - dy_1 \\ b + dx_1 + cy_1 \end{pmatrix} \tag{10-2}$$

即

$$\begin{pmatrix} x_2 \\ y_2 \end{pmatrix} = \begin{pmatrix} 1 & 0 & x_1 & -y_1 \\ 0 & 1 & y_1 & x_1 \end{pmatrix} \begin{pmatrix} a \\ b \\ c \\ d \end{pmatrix} \tag{10-3}$$

令控制点数为 n，(x_2^i, y_2^i)和(x_1^i, y_1^i)分别表示第 i 个控制点在地心坐标系和参心坐标系中的坐标，则

$$\begin{pmatrix} x_2^1 \\ y_2^1 \\ \vdots \\ x_2^n \\ y_2^n \end{pmatrix} = \begin{pmatrix} 1 & 0 & x_1^1 & -y_1^1 \\ 0 & 1 & y_1^1 & x_1^1 \\ \vdots & \vdots & \vdots & \vdots \\ 1 & 0 & x_1^n & -y_1^n \\ 0 & 1 & y_1^n & x_1^n \end{pmatrix} \begin{pmatrix} a \\ b \\ c \\ d \end{pmatrix} \tag{10-4}$$

当控制点数 $n\geqslant 2$ 时，令 $\boldsymbol{A}=\begin{pmatrix} 1 & 0 & x_1^1 & -y_1^1 \\ 0 & 1 & y_1^1 & x_1^1 \\ \vdots & \vdots & \vdots & \vdots \\ 1 & 0 & x_1^n & -y_1^n \\ 0 & 1 & y_1^n & x_1^n \end{pmatrix}$，$\boldsymbol{x}=(a, b, c, d)^{\mathrm{T}}$，则可将上式表示为矩阵形式

$$\boldsymbol{l}=\boldsymbol{A}\boldsymbol{x} \tag{10-5}$$

其中：$\boldsymbol{l}$ 为控制点在地心坐标系中的坐标向量；$\boldsymbol{A}$ 为系数矩阵，由控制点在参心坐标系中的平面坐标组成；$\boldsymbol{x}$ 为待估计模型参数向量。

在实际中，可利用部分控制点在参心坐标系和地心坐标系中的坐标测量数据，即 (x_1^i, y_1^i) 和 (x_2^i, y_2^i)，估计模型参数向量 $\boldsymbol{x}$，完成对模型参数向量 $\boldsymbol{x}$ 的估计后，即可利用该模型实现新数据的坐标转换。

三、应用举例

例 10－1(坐标转换模型中的参数估计) 已知参心坐标系下的控制点坐标为 $(x_1^1, y_1^1)=(100, 100)$ 和 $(x_1^2, y_1^2)=(100, 200)$ 时对应的地心坐标系下的控制点坐标分别为 $(x_2^1, y_2^1)=(99.89, 249.91)$ 和 $(x_2^2, y_2^2)=(99.881, 349.81)$。试基于该数据计算模型参数向量 $\boldsymbol{x}$。

解 基于以上数据，可得

$$\boldsymbol{A}=\begin{pmatrix} 1 & 0 & 100 & -100 \\ 0 & 1 & 100 & 100 \\ 1 & 0 & 100 & -200 \\ 0 & 1 & 200 & 100 \end{pmatrix},\ \boldsymbol{l}=(99.89, 249.91, 99.881, 349.81)^{\mathrm{T}}$$

将以上坐标数据代入式(10－5)，可得

$$\begin{pmatrix} 99.89 \\ 249.91 \\ 99.881 \\ 349.81 \end{pmatrix}=\begin{pmatrix} 1 & 0 & 100 & -100 \\ 0 & 1 & 100 & 100 \\ 1 & 0 & 100 & -200 \\ 0 & 1 & 200 & 100 \end{pmatrix}\boldsymbol{x}$$

计算可得 $R(\boldsymbol{A})=R(\boldsymbol{A}, \boldsymbol{l})=4$，因此方程组存在唯一解，解得

$$\boldsymbol{x}=(-0.001, 150.001, 0.999, 0.001)^{\mathrm{T}}$$

即：$a=-0.001$，$b=150.001$，$c=0.999$，$d=0.001$。

例 10－2(坐标转换) 试利用例 10－1 中估计得到的坐标转换模型中的参数，计算当控制点在地心坐标系下的坐标为 $(x_1, y_1)=(150, 320)$ 时，对应的地心坐标系下的坐标值。

解 将例 10－1 中计算得到的 a、b、c、d 值以及地心坐标系下的坐标 $(x_1, y_1)=(150, 320)$ 代入式(10－3)，可得控制点在地心坐标系下的坐标值为 $(x_2, y_2)=(149.817, 469.696)$。

案例 11　信号流图问题

一、背景描述

线性时不变系统可以用信号流图和线性方程组来描述和分析。信号流图能直观地显示各状态变量间的相互关系、信号源和各变量间的因果关系，对信号流图进行分析和计算可以消去某些状态变量得到输出结果。但是当状态变量的数目比较多时，信号流图将变得十分复杂，此时应用信号流图求解各状态变量的优势将丧失。如果将信号流图转换为对应的线性方程组，就可以利用线性代数的经典方法(如克莱姆法则)得出状态变量的解，或者利用多元高斯消去法的计算机程序软件得出各状态变量的数值解。

二、问题的数学描述与分析

信号流图是用有向的线图描述系统变量间关系的一种图。它和交通流图或其他的物流图不同，其基本概念如下：

(1) 系统中每个信号用图上的一个节点表示。如图 11-1 中的 u、x_1、x_2 均表示信号。

(2) 系统部件对信号实施的变换关系用有向线段表示，箭尾为输入信号，箭头为输出信号，箭身上标注对此信号进行变换的乘子。如图 11-1 中的 G_1、G_2 均为乘子。如果乘子为 1，可以不必标注。

(3) 每个节点信号的值等于所有指向此节点的箭头信号之和；每个节点信号可以向外输出多个节点，其值相同，都等于节点信号。

例如：一个信号流图如图 11-1 所示，根据以上几个概念，可列出该信号流图的方程如下：

$$x_1=u-G_2x_2,\quad x_2=G_1x_1$$

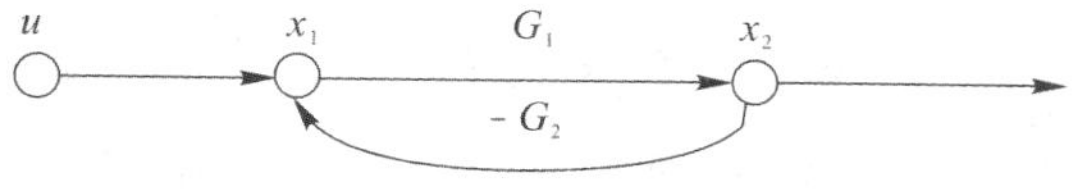

图 11-1

写成矩阵方程(线性方程组)，即

$$\begin{pmatrix}x_1\\x_2\end{pmatrix}=\begin{pmatrix}0&-G_2\\G_1&0\end{pmatrix}\begin{pmatrix}x_1\\x_2\end{pmatrix}+\begin{pmatrix}1\\0\end{pmatrix}u$$

或

$$\boldsymbol{x}=\boldsymbol{Q}\boldsymbol{x}+\boldsymbol{P}u$$

移项整理后，可以得到求未知信号向量 $\boldsymbol{x}$ 的公式：

$$\boldsymbol{x}=(\boldsymbol{I}-\boldsymbol{Q})^{-1}\boldsymbol{P}u$$

假设连续系统的线性方程组为

$$\begin{cases}a_{11}x_1+a_{12}x_2+\cdots+a_{1n}x_n=b_1x_0\\a_{21}x_1+a_{22}x_2+\cdots+a_{2n}x_n=b_2x_0\\\qquad\vdots\\a_{n1}x_1+a_{n2}x_2+\cdots+a_{nn}x_n=b_nx_0\end{cases}$$

其中，$x_i(i=1, 2, \cdots, n)$为系统的状态变量，x_0 为代表独立信号源的节点。为了用信号流图表示方程组，必须写出 n 个 x_i 的表达式。下面以第一个方程为例，进行叙述。

1. 间接法

给第一个方程等号两边加上 x_1，移项整理后得

$$x_1=(1-a_{11})x_1-a_{12}x_2-\cdots-a_{1n}x_n+b_1x_0$$

如果 $b_i\neq0$，就有一条增益为 b_i 的有向线段从源节点 x_0 引向节点 x_i；如果 $b_i=0$，就无该线。

当 $i\neq j$ 时，如果 $a_{ij}\neq0$，就有一条增益为 $-a_{ij}$ 的有向线段从节点 x_j 引向节点 x_i；如果 $a_{ij}=0$，就无该线。

当 $i=j$ 时，如果 $a_{ij}\neq1$，就有一条增益为 $1-a_{ij}$ 的有向线段从节点 x_i 引向该节点(自环)；如果 $a_{ij}=1$，就无该自环。

2. 直接法

直接将第一个方程改写为如下形式：

$$x_1=-\frac{a_{12}}{a_{11}}x_2-\frac{a_{13}}{a_{11}}x_3-\cdots-\frac{a_n}{a_{11}}x_n+\frac{b_1}{a_{11}}x_0$$

如果 $b_i\neq0$，就有一条增益为$\frac{b_i}{a_{ii}}$的有向线段从源节点 x_0 引向节点 x_i；如果 $b_i=0$，就无该线。

当 $i\neq j$ 时，如果 $a_{ij}\neq0$，就有一条增益为$-\frac{a_{ij}}{a_{ii}}$的有向线段从节点 x_j 引向节点 x_i；如果 $a_{ij}=0$，就无该线。

两种方法画出的信号流图(如图 11-2 所示)形式上不一样，但本质是一样的，因为两种方法得到的方程都是原方程的等效方程。

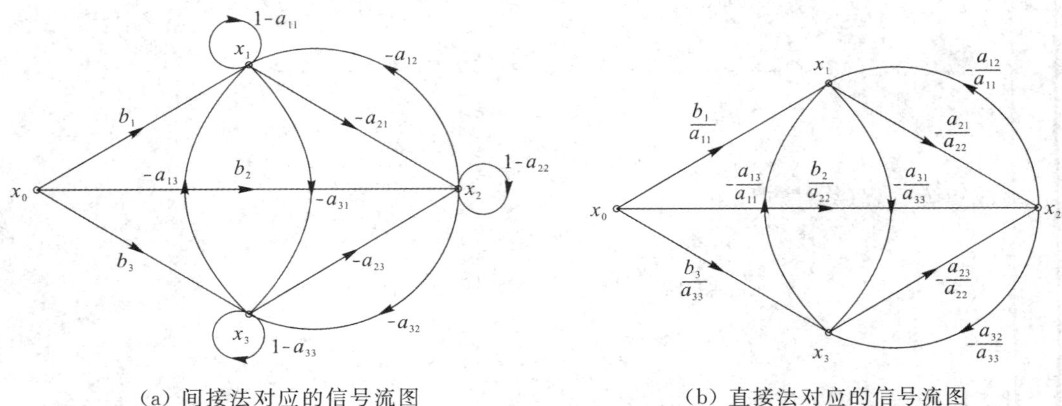

(a) 间接法对应的信号流图　　(b) 直接法对应的信号流图

图 11-2

三、应用举例

例 11－1 设一连续时间线性系统的方程为 $\begin{pmatrix} a_{11} & a_{12} \\ a_{21} & 0 \end{pmatrix}\begin{pmatrix} x_1 \\ x_2 \end{pmatrix}=\begin{pmatrix} b_1 \\ 0 \end{pmatrix}x_0$，画出其对应的信号流图。

解 对应的信号流图如图 11－3 所示。

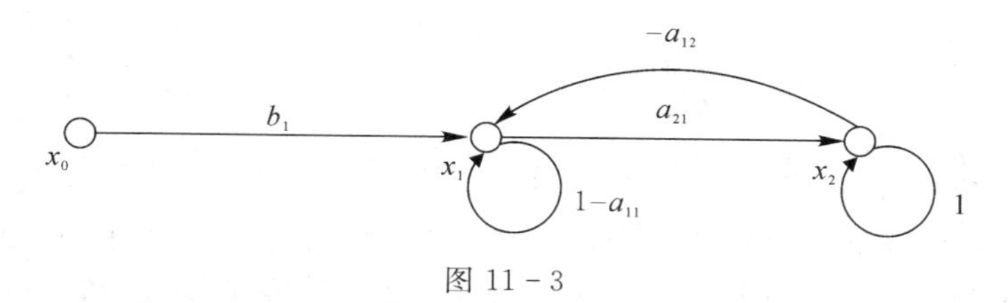

图 11－3

例 11－2 信号流图如图 11－4 所示，求各状态变量的值。

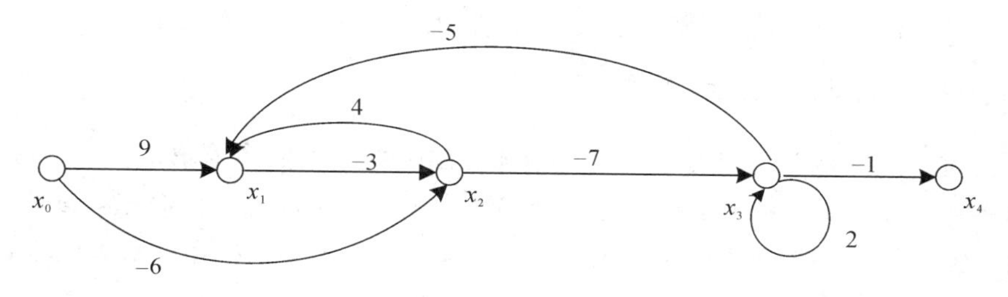

图 11－4

解 按照间接法，对应的线性方程组为

$$\begin{pmatrix} 1 & -4 & 5 & 0 \\ 3 & 1 & 0 & 0 \\ 0 & 7 & -1 & 0 \\ 0 & 0 & 1 & 1 \end{pmatrix}\begin{pmatrix} x_1 \\ x_2 \\ x_3 \\ x_4 \end{pmatrix}=\begin{pmatrix} 9 \\ -6 \\ 0 \\ 0 \end{pmatrix}x_0$$

按照线性代数的克拉姆法则，可求出各个状态变量的值为

$$x_1=-\frac{195}{92}x_0,\ x_2=\frac{33}{92}x_0,\ x_3=\frac{231}{92}x_0,\ x_4=-\frac{231}{92}x_0$$

四、应用拓展

线性方程组方法和信号流图方法都可以描述线性时不变系统，并用来求解系统的状态变量。这两种方法各有特色：线性方程组方法系统性强，应用范围广；信号流图方法形象直观、求解简便。如果将这两种方法相互变换，就能优势互补，加深对问题的理解和认识。

案例 12　基于最小二乘法的曲线拟合问题

一、背景描述

在工程技术和经济管理中，经常需要将实验获得的一组数据$(x_i, y_i)(i=1,2,\cdots,n)$，拟合为某一条曲线，以求得变量 x 和变量 y 之间的函数关系式 $y=f(x)$。由于数据可能会有测量误差或实验误差，我们不要求曲线 $y=f(x)$通过所有数据点，但是我们希望所有数据点处的 y 值与拟合曲线相应点处的 y 值之间误差的平方和最小，这就是所谓的基于最小二乘法的曲线拟合问题。下面我们应用线性方程组理论来分析这种方法。

二、问题的数学描述与分析

最小二乘法最早是由法国数学家勒让德和德国数学家高斯独立提出来的。最小二乘曲线的图形通常是基本类型的函数，例如线性函数、多项式函数或三角多项式函数。

假设实验获得的一组数据$(x_i, y_i)(i=1,2,\cdots,n)$，需要拟合一条曲线，以求得变量 x，y 之间的一个函数关系式 $y=f(x)$。

采用最小二乘法解决这个问题的一般步骤如下：

首先，将实验数据$(x_i, y_i)(i=1,2,\cdots,n)$逐一描在坐标纸上，根据点的分布状况，初步判断 x，y 的函数类型。例如图 12－1 所示的情况可将实验数据拟合成一条直线 $y=a+bx$，而图 12－2 所示的情况可将实验数据拟合为一条三次曲线 $y=a+bx+cx^2+dx^3$。

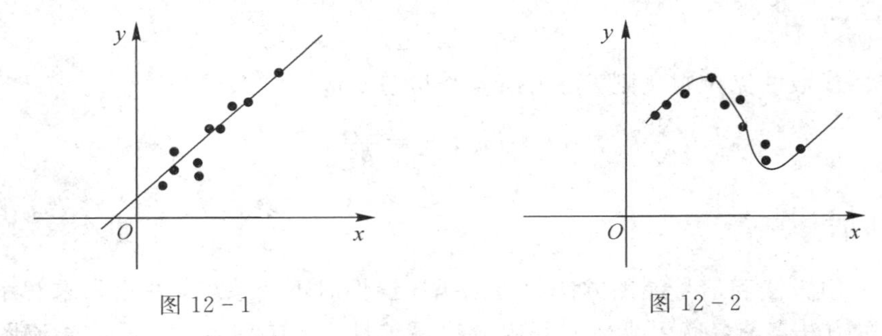

图 12－1　　　　图 12－2

其次，将实验数据代入选定的函数关系式，得到一个非齐次线性方程组。以图 12－2 为例，将实验数据$(x_i, y_i)(i=1,2,\cdots,n)$逐一代入函数式 $y=a+bx+cx^2+dx^3$，得到关于变量 a、b、c、d 的一个线性方程组：

$$\begin{cases} a+bx_1+cx_1^2+dx_1^3=y_1 \\ a+bx_2+cx_2^2+dx_2^3=y_2 \\ \quad\vdots \\ a+bx_n+cx_n^2+dx_n^3=y_n \end{cases} \tag{12-1}$$

将其表示为矩阵形式，即

$$AX = Y \tag{12-2}$$

其中

$$A = \begin{pmatrix} 1 & x_1 & x_1^2 & x_1^3 \\ 1 & x_2 & x_2^2 & x_2^3 \\ \vdots & \vdots & \vdots & \vdots \\ 1 & x_n & x_n^2 & x_n^3 \end{pmatrix},\ X = \begin{pmatrix} a \\ b \\ c \\ d \end{pmatrix},\ Y = \begin{pmatrix} y_1 \\ y_2 \\ \vdots \\ y_n \end{pmatrix}$$

通常 n 很大，实验点不可能同在某一条三次曲线上，即式(12－1)是不相容线性方程组，亦即线性方程组(12－1)或方程组(12－2)在通常意义下无解。

最后，求方程组(12－2)的最小二乘解。上述问题可归结为确定变量 a、b、c、d 使得所有数据点处的 y 值与拟合曲线相应点处的 y 值之间误差的平方和

$$\sum_{i=1}^{n} (y_i - a - bx_i - cx_i^2 - dx_i^3)^2 \tag{12-3}$$

最小，我们把使式(12－3)取到最小值的 $X = X^*$ 称作不相容方程组(12－2)的最小二乘解。显然，最小二乘解即为四元函数 $f(a, b, c, d) = \sum_{i=1}^{n} (y_i - a - bx_i - cx_i^2 - dx_i^3)^2$ 的最小值点。根据多元函数求最小值点的方法可知，若方程组(12－2)的最小二乘解 X 存在，则 X 满足：

$$\begin{cases} \dfrac{\partial f(a, b, c, d)}{\partial a} = 2\sum_{i=1}^{n}(y_i - a - bx_i - cx_i^2 - dx_i^3)(-1) = 0 \\ \dfrac{\partial f(a, b, c, d)}{\partial b} = 2\sum_{i=1}^{n}(y_i - a - bx_i - cx_i^2 - dx_i^3)(-x_i) = 0 \\ \dfrac{\partial f(a, b, c, d)}{\partial c} = 2\sum_{i=1}^{n}(y_i - a - bx_i - cx_i^2 - dx_i^3)(-x_i^2) = 0 \\ \dfrac{\partial f(a, b, c, d)}{\partial d} = 2\sum_{i=1}^{n}(y_i - a - bx_i - cx_i^2 - dx_i^3)(-x_i^3) = 0 \end{cases}$$

即

$$\begin{cases} \sum_{i=1}^{n}(y_i - a - bx_i - cx_i^2 - dx_i^3) = 0 \\ \sum_{i=1}^{n}(y_i - a - bx_i - cx_i^2 - dx_i^3)x_i = 0 \\ \sum_{i=1}^{n}(y_i - a - bx_i - cx_i^2 - dx_i^3)x_i^2 = 0 \\ \sum_{i=1}^{n}(y_i - a - bx_i - cx_i^2 - dx_i^3)x_i^3 = 0 \end{cases}$$

整理可得

$$\begin{cases} \sum_{i=1}^{n}(a+bx_i+cx_i^2+dx_i^3)=\sum_{i=1}^{n}y_i \\ \sum_{i=1}^{n}(a+bx_i+cx_i^2+dx_i^3)x_i=\sum_{i=1}^{n}y_ix_i \\ \sum_{i=1}^{n}(a+bx_i+cx_i^2+dx_i^3)x_i^2=\sum_{i=1}^{n}y_ix_i^2 \\ \sum_{i=1}^{n}(a+bx_i+cx_i^2+dx_i^3)x_i^3=\sum_{i=1}^{n}y_ix_i^3 \end{cases}$$

用矩阵表示为

$$\boldsymbol{A}^{\mathrm{T}}\boldsymbol{A}\boldsymbol{X}=\boldsymbol{A}^{\mathrm{T}}\boldsymbol{Y} \tag{12-4}$$

由此可知求线性方程组 $\boldsymbol{AX}=\boldsymbol{Y}$ 的最小二乘解等价于要解方程组 $\boldsymbol{A}^{\mathrm{T}}\boldsymbol{AX}=\boldsymbol{A}^{\mathrm{T}}\boldsymbol{Y}$。

在实际应用中，由于 n 通常都很大，对于方程组(12-2)中有四个互不相等的 x_1、x_2、x_3、x_4 是可以确保的，不妨设 $x_1\neq x_2\neq x_3\neq x_4$，那么矩阵 $\boldsymbol{A}$ 就存在一个 4 阶子式

$$\begin{vmatrix} 1 & x_1 & x_1^2 & x_1^3 \\ 1 & x_2 & x_2^2 & x_2^3 \\ 1 & x_3 & x_3^2 & x_3^3 \\ 1 & x_4 & x_4^2 & x_4^3 \end{vmatrix}=\prod_{4\geqslant i>j\geqslant 1}(x_i-x_j)\neq 0$$

根据矩阵秩的定义有 $R(\boldsymbol{A})\geqslant 4$；又因为矩阵 $\boldsymbol{A}$ 是一个 $n\times 4(n>4)$ 的矩阵，所以 $R(\boldsymbol{A})\leqslant 4$。因此必然有 $R(\boldsymbol{A})=4$。对方程组(12-2)两边同时左乘 $\boldsymbol{A}^{\mathrm{T}}$，则 $\boldsymbol{A}^{\mathrm{T}}\boldsymbol{A}$ 是一个 4 阶方阵，且根据矩阵秩的性质有 $R(\boldsymbol{A}^{\mathrm{T}}\boldsymbol{A})=R(\boldsymbol{A})=4$，即 $\boldsymbol{A}^{\mathrm{T}}\boldsymbol{A}$ 是一个可逆矩阵。于是方程组(12-2)的最小二乘解为

$$\boldsymbol{X}^*=(a_0,b_0,c_0,d_0)^{\mathrm{T}}=(\boldsymbol{A}^{\mathrm{T}}\boldsymbol{A})^{-1}\boldsymbol{A}^{\mathrm{T}}\boldsymbol{Y} \tag{12-5}$$

如此便可求得变量 x，y 之间的一个函数关系式：

$$y=a_0+b_0x+c_0x^2+d_0x^3$$

这个关系式在工程技术中通常称为经验公式。经验公式是在假定了函数类型的情况下，用最小二乘法得到的。至于这个假定是否符合实验点所反映的客观数量关系，用这个经验公式推测一般情况下某个 x 值所对应的 y 值是否可靠，则要用数理统计的理论和方法做进一步的研究。

三、应用举例

例 12-1 设在弹簧弹力限度内，作用在弹簧上的拉力 y 与弹簧的长度 x 满足线性关系

$$y=a+bx \tag{12-6}$$

其中，b 是弹簧的弹性系数。已知某弹簧通过实验测得的数据如表 12-1 所示，试求该弹簧的弹性系数 b。

表 12-1　实验测得的数据

x_i/cm	2.6	3.0	3.5	4.3
y_i/kg	0	1	2	3

解　将实验数据代入式(12-1)可得

$$\begin{cases} a+2.6b=0 \\ a+3.0b=1 \\ a+3.5b=2 \\ a+4.3b=3 \end{cases}$$

记作

$$\boldsymbol{AX}=\boldsymbol{Y} \tag{12-7}$$

其中

$$\boldsymbol{A}=\begin{pmatrix} 1 & 2.6 \\ 1 & 3.0 \\ 1 & 3.5 \\ 1 & 4.3 \end{pmatrix},\quad \boldsymbol{X}=\begin{pmatrix} a \\ b \end{pmatrix},\quad \boldsymbol{Y}=\begin{pmatrix} 0 \\ 1 \\ 2 \\ 3 \end{pmatrix}$$

根据式(12-5)可得，不相容方程组(12-7)的最小二乘解为

$$\boldsymbol{X}^*=(\boldsymbol{A}^{\mathrm{T}}\boldsymbol{A})^{-1}\boldsymbol{A}^{\mathrm{T}}\boldsymbol{Y} \tag{12-8}$$

其中

$$\boldsymbol{A}^{\mathrm{T}}\boldsymbol{A}=\begin{pmatrix} 1 & 1 & 1 & 1 \\ 2.6 & 3.0 & 3.5 & 4.3 \end{pmatrix}\begin{pmatrix} 1 & 2.6 \\ 1 & 3.0 \\ 1 & 3.5 \\ 1 & 4.3 \end{pmatrix}=\begin{pmatrix} 4 & 13.4 \\ 13.4 & 46.5 \end{pmatrix}$$

$$(\boldsymbol{A}^{\mathrm{T}}\boldsymbol{A})^{-1}=\frac{1}{6.44}\begin{pmatrix} 46.5 & -13.4 \\ -13.4 & 4 \end{pmatrix}$$

$$\boldsymbol{A}^{\mathrm{T}}\boldsymbol{Y}=\begin{pmatrix} 1 & 1 & 1 & 1 \\ 2.6 & 3.0 & 3.5 & 4.3 \end{pmatrix}\begin{pmatrix} 0 \\ 1 \\ 2 \\ 3 \end{pmatrix}=\begin{pmatrix} 6 \\ 22.9 \end{pmatrix}$$

代入式(12-5)，即得

$$\boldsymbol{X}^*=\begin{pmatrix} a_0 \\ b_0 \end{pmatrix}=\begin{pmatrix} -4.326 \\ 1.739 \end{pmatrix}$$

因此弹簧的弹力系数为

$$b=b_0=1.739\ \mathrm{kg/cm}$$

四、应用拓展

最后需要说明一点，用最小二乘法对实验数据拟合曲线，函数类型并不易确定，实际

问题的函数类型多种多样，并不局限于直线和多项式曲线。有时将实验数据点(x_i，y_i)($i=1$，2，…，n)描出来以后，不易判断函数 $y=f(x)$的形式，但是如果把这 n 个点描在对数坐标纸上，即令

$$x^*=\ln x，y^*=\ln y$$

若 n 个点(x_i^*，y_i^*)($i=1$，2，…，n)大致分布在一条直线上，则可以根据最小二乘法，采用直线 $y^*=a+bx^*$ 来拟合变量 x^*，y^* 的函数关系式，即 $\ln y=a+b\ln x$。最后令 $a=\ln c$，即可求得 $y=cx^b$，这就是 n 个点(x_i，y_i)($i=1$，2，…，n)拟合的最小二乘曲线。

案例13　交通流问题

一、背景描述

现代城市中的道路四通八达、错综复杂，呈现网络形状。每条道路相当于网络中的分支，每个交叉路口则相当于网络中的节点。某个时段某条道路或交叉路口的车流量是城市规划和交通管理人员重点关注的信息，这些信息是分析、评价及改善城市交通状况的基础。根据实际车流量信息可以设计交通管制方案，必要时设置单行线，以免大量车辆长时间拥堵。下面应用线性方程组理论来分析这类交通流问题。

二、问题的数学描述与分析

假设某个城市的交通网络包含 n 个交叉路口，某时段，第 i 个交叉路口的流入车流量记为 x_i^{in}，流出车流量记为 x_i^{out}，则

$$x_i^{\text{in}}=x_i^{\text{out}} \quad (i=1,2,\cdots,n) \tag{13-1}$$

另外，整个交通网络中车的总流入量 x^{in} 应等于总流出量 x^{out}，即

$$x^{\text{in}}=x^{\text{out}} \tag{13-2}$$

联立式(13-1)和式(13-2)得到包含 $n+1$ 个方程的线性方程组：

$$\begin{cases} x_1^{\text{in}}=x_1^{\text{out}} \\ x_2^{\text{in}}=x_2^{\text{out}} \\ \quad\vdots \\ x_n^{\text{in}}=x_n^{\text{out}} \\ x^{\text{in}}=x^{\text{out}} \end{cases} \tag{13-3}$$

当局部信息已知时，就可以通过解线性方程组(13-3)获取某时段任意路段或交叉路口的交通流量情况。

三、应用举例

例13-1　图13-1所示为某城市的一个街区在下午某时段的交通流(以每小时车辆数目计算)图，计算该时段该交通道路上的车流量。

解　根据图13-1，我们可以获得以下信息：

交叉路口 A：驶入车辆数为 $300+500$；驶出车辆数为 x_1+x_2。

交叉路口 B：驶入车辆数为 x_2+x_4；驶出车辆数为 $300+x_3$。

交叉路口 C：驶入车辆数为 $100+400$；驶出车辆数为 x_4+x_5。

交叉路口 D：驶入车辆数为 x_1+x_5；驶出车辆数为 600。

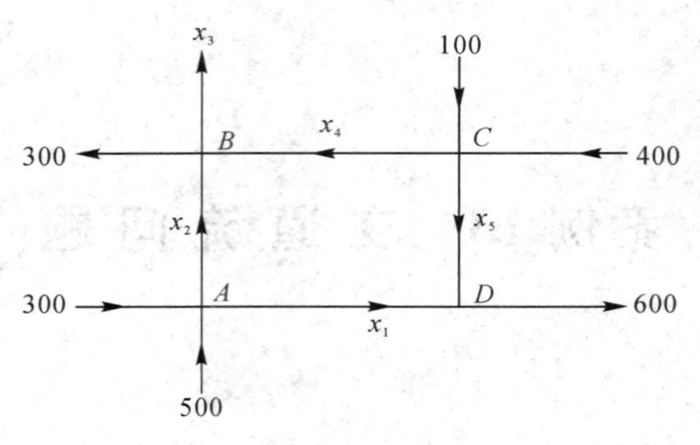

图 13-1

网络中车辆的总流入量为 300＋500＋100＋400；网络中车辆的总流出量为 300＋x_3＋600。

于是可建立如下方程组：

$$\begin{cases} x_1+x_2=800 \\ x_2-x_3+x_4=300 \\ x_4+x_5=500 \\ x_1+x_5=600 \\ x_3=400 \end{cases}$$

这是一个包含 5 个方程 5 个未知量的线性方程组，解方程组可得

$$\begin{cases} x_1=600-x_5 \\ x_2=200+x_5 \\ x_3=400 \\ x_4=500-x_5 \\ x_5=x_5\text{（自由未知量）} \end{cases}$$

如果交通流中某个分支出现了负流量，则模型中将显示方向相反的流量。而由于本问题中的道路是单行线，所以这里不允许有负值流量，因而这种情况应该对每个变量的取值增加相应的限制条件。比如因为 x_1，x_4 不能取负值，所以 $0\leqslant x_5\leqslant 500$。相应地，其他变量的约束条件为

$$100\leqslant x_1\leqslant 600，200\leqslant x_2\leqslant 700，0\leqslant x_4\leqslant 500$$

案例 14　化学反应中关键组分确定问题

一、背景描述

和许多工程问题可以通过数学知识进行建模解决一样，对化学反应中的反应生成物、关键反应方程等问题也可以利用矩阵及线性方程组的理论进行分析。

二、问题的数学描述与分析

假如在某化学反应中，有 n 个反应生成物(或消耗物)，设为 A_1，A_2，…，A_n，称为组分，例如反应产生的 CO_2、H_2O 等都是组分。这些组分里包含 L 个元素，比如组分 CO_2 中有 C 元素，O 元素。要表示一个反应中所有组分的元素构成，可以用一个矩阵的形式表达。例如某化学反应中的反应物(组分)有 CO_2，H_2O，H_2，CH_4，CO，它们包含 C、H、O 三种元素，要反映这些组分的元素构成，可用如下矩阵 $\boldsymbol{W}$ 表示：

$$\begin{array}{c} \\ \boldsymbol{W}=(\beta_{ji})= \end{array}\begin{array}{c} \begin{matrix} CO_2 & H_2O & H_2 & CH_4 & CO \end{matrix} \\ \begin{pmatrix} 0 & 2 & 2 & 4 & 0 \\ 1 & 0 & 0 & 1 & 1 \\ 2 & 1 & 0 & 0 & 1 \end{pmatrix} \end{array}\begin{array}{c} \\ H \\ C \\ O \end{array}$$

我们将其称为原子矩阵，它代表以各种元素组成的分子混合物的组成。β_{ji} 为组分 A_i 的分子式中第 j 种元素的个数。

假设 N_{i0} 为反应初始时组分 A_i 的摩尔数，整个反应混合物中各元素的摩尔总数为 b_{10}，b_{20}，…，b_{j0}，…，b_{L0}，则有

$$\begin{cases} b_{10}=\beta_{11}N_{10}+\beta_{12}N_{20}+\cdots+\beta_{1i}N_{i0}+\cdots+\beta_{1n}N_{n0} \\ b_{20}=\beta_{21}N_{10}+\beta_{22}N_{20}+\cdots+\beta_{2i}N_{i0}+\cdots+\beta_{2n}N_{n0} \\ \qquad\vdots \\ b_{j0}=\beta_{j1}N_{10}+\beta_{j2}N_{20}+\cdots+\beta_{ji}N_{i0}+\cdots+\beta_{jn}N_{n0} \\ \qquad\vdots \\ b_{L0}=\beta_{L1}N_{10}+\beta_{L2}N_{20}+\cdots+\beta_{Li}N_{i0}+\cdots+\beta_{Ln}N_{n0} \end{cases}$$

将其写成矩阵相乘形式：

$$\begin{pmatrix} b_{10} \\ b_{20} \\ \vdots \\ b_{j0} \\ \vdots \\ b_{L0} \end{pmatrix}=\begin{pmatrix} \beta_{11} & \beta_{12} & \cdots & \beta_{1i} & \cdots & \beta_{1n} \\ \beta_{21} & \beta_{22} & \cdots & \beta_{2i} & \cdots & \beta_{2n} \\ \vdots & \vdots & & \vdots & & \vdots \\ \beta_{j1} & \beta_{j2} & \cdots & \beta_{ji} & \cdots & \beta_{jn} \\ \vdots & \vdots & & \vdots & & \vdots \\ \beta_{L1} & \beta_{L2} & \cdots & \beta_{Li} & \cdots & \beta_{Ln} \end{pmatrix}\begin{pmatrix} N_{10} \\ N_{20} \\ \vdots \\ N_{i0} \\ \vdots \\ N_{n0} \end{pmatrix}$$

即

$$b_{j0}=\sum_{i=1}^{n}\beta_{ji}N_{i0}\quad(j=1,2,\cdots,L)$$

当发生化学反应后，组分A_i的摩尔数变为N_i，则反应前后组分A_i的摩尔数变化量为$\Delta N_i=N_i-N_{i0}$，根据反应前后元素的摩尔数守恒，有

$$b_j-b_{j0}=\sum_{i=1}^{n}\beta_{ji}N_i-\sum_{i=1}^{n}\beta_{ji}N_{i0}=0\quad(j=1,2,\cdots,L)$$

假如所有参与化学反应的组分A_i的分子式已知，则有确定的β_{ji}，上式变为

$$\sum_{i=1}^{n}\beta_{ji}\Delta N_i=0\quad(j=1,2,\cdots,L)$$

上式即为具有$L\times n$个系数β_{ji}、n个未知数ΔN_i的齐次线性方程组：

$$\begin{pmatrix}\beta_{11} & \beta_{12} & \cdots & \beta_{1i} & \cdots & \beta_{1n}\\ \beta_{21} & \beta_{22} & \cdots & \beta_{2i} & \cdots & \beta_{2n}\\ \vdots & \vdots & & \vdots & & \vdots\\ \beta_{j1} & \beta_{j2} & \cdots & \beta_{ji} & \cdots & \beta_{jn}\\ \vdots & \vdots & & \vdots & & \vdots\\ \beta_{L1} & \beta_{L2} & \cdots & \beta_{Li} & \cdots & \beta_{Ln}\end{pmatrix}\begin{pmatrix}\Delta N_{10}\\ \Delta N_{20}\\ \vdots\\ \Delta N_{i0}\\ \vdots\\ \Delta N_{n0}\end{pmatrix}=\begin{pmatrix}0\\0\\ \vdots\\0\\ \vdots\\0\end{pmatrix}$$

若令原子矩阵$\boldsymbol{W}$的秩为s，则它表示反应混合物中独立的组分数，而$n-s$是线性方程组中自由变量的个数，也是关键组分和关键反应的个数。

根据线性代数的知识，对原子矩阵$\boldsymbol{W}=(\beta_{ji})_{L\times n}$，可将其进行初等行变换化为行最简形，即可得到$\boldsymbol{W}$的秩$s$，则$n-s$即为关键组分的个数。然后根据最大无关组的定义，可将每个关键组分用组分中的最大无关组进行表示，由此可得到化学反应方程式，即为关键反应方程式(具体参见应用举例)。

三、应用举例

例 14-1 设反应物系中包含下列反应组分：CH_4、H_2O、CO、CO_2、H_2，请确定关键组分和关键反应方程式。

解 容易看出组分中所包含的元素为C、H、O三种，按照原子矩阵的定义写出原子矩阵如下

$$\begin{array}{c}\\ \boldsymbol{W}=(\beta_{ji})=\end{array}\begin{array}{c}\begin{matrix}CO_2 & H_2O & H_2 & CH_4 & CO\end{matrix}\\ \begin{pmatrix}0 & 2 & 2 & 4 & 0\\ 1 & 0 & 0 & 1 & 1\\ 2 & 1 & 0 & 0 & 1\end{pmatrix}\end{array}\begin{array}{c}\\ H\\ C\\ O\end{array}$$

将$\boldsymbol{W}$进行初等行变换，可得

$$\boldsymbol{W}\sim\begin{array}{c}\begin{matrix}CO_2 & H_2O & H_2 & CH_4 & CO\end{matrix}\\ \begin{pmatrix}1 & 0 & 0 & 1 & 1\\ 0 & 1 & 0 & -2 & -1\\ 0 & 0 & 1 & 4 & 1\end{pmatrix}\end{array}$$

由此可知，原子矩阵 $\boldsymbol{W}$ 的秩为 3，而反应的组分数为 5，因此反应关键组分的个数为 $5-3=2$，故关键反应的个数也为 2。

若选择上述变换后的矩阵中右边的两列(第四、五列)所对应的组分 CH_4 及 CO 为关键组分。由线性代数最大无关组的定义，关键组分 CH_4 及 CO 均可由非关键组分 CO_2、H_2O、H_2 线性表示出来。

以非关键组分 CO_2、H_2O、H_2 分别与第四列中每一行上的数字一一对应相乘后并相加，并将此表达式等于第四列所对应的关键组分 CH_4，得

$$4H_2+CO_2-2H_2O \Leftrightarrow CH_4$$

以非关键组分 CO_2、H_2O、H_2 分别与第五列中每一行上的数字一一对应相乘后并相加，并将此表达式等于第五列所对应的关键组分 CO，得

$$H_2+CO_2-H_2O \Leftrightarrow CO$$

将两式进行变形后，则可得出该反应体系的关键反应方程式为

$$CH_4+2H_2O \Leftrightarrow 4H_2+CO_2$$

$$CO+H_2O \Leftrightarrow H_2+CO_2$$

因此，要求解化学反应中关键反应的化学反应方程式，可先将矩阵 $\boldsymbol{W}$ 进行初等行变换化为行最简形，即可得到系数矩阵 $\boldsymbol{W}$ 的秩 s，则 $n-s$ 即为关键反应的个数。然后根据最大无关组的定义，将关键组分用组分中的最大无关组进行表示，就可以得到关键反应方程式了。

四、应用拓展

根据质量守恒定律，化学反应方程组也可以表示为齐次线性方程组。对于 n 个组分间发生的每个化学反应方程式均可写成：

$$\sum_{i=1}^{n} v_{ji} A_i = 0$$

式中：v_{ji} 为每个反应方程式中组分 A_i 的化学计量系数(反应方程式中组分前面的系数)，规定对反应物取负值，对产物取正值。写成矩阵方程为

$$\boldsymbol{VA}=\begin{pmatrix} v_{11} & v_{12} & \cdots & v_{1n} \\ v_{21} & v_{22} & \cdots & v_{2n} \\ \vdots & \vdots & & \vdots \\ v_{n1} & v_{n2} & \cdots & v_{nn} \end{pmatrix}\begin{pmatrix} A_1 \\ A_2 \\ \vdots \\ A_n \end{pmatrix}=\boldsymbol{0}$$

例如，化学方程式

$$2KCLO_3=2KCL+3O_2$$

组分为 $KCLO_3$、KCL、O_2，矩阵 $\boldsymbol{V}$ 为

$$\boldsymbol{V}=(2 \quad -2 \quad -3)$$

故反应方程式可用矩阵表示为

$$\boldsymbol{VA}=(2 \quad -2 \quad -3)\begin{pmatrix} KCLO_3 \\ KCL \\ O_2 \end{pmatrix}=2KCLO_3-2KCL-3O_2=0$$

另外，在每个化学反应中，反应前后各个元素也都必须遵从质量守恒定律，则有

$$\sum_{i=1}^{n} v_{ji} \cdot \beta_{ij} = 0 \quad (j = 1, 2, \cdots, L)$$

即满足矩阵方程

$$\mathbf{VW} = \mathbf{0}$$

案例 15　简单理想状态下的振动问题

一、背景描述

振动问题是物理学中经常遇到的问题，准确而快速地求解振动问题状态方程，有助于我们更好地对振动问题进行分析和研究。利用线性代数中的特征值和特征向量理论可以实现对振动问题状态方程的快速求解。

二、问题的数学描述与分析

以如图 15－1 所示的一个简单的双质量振动系统(由 3 个弹簧及两个物体构成，系统被限制在仅能水平方向移动，不可上下平移)为例，进行分析。

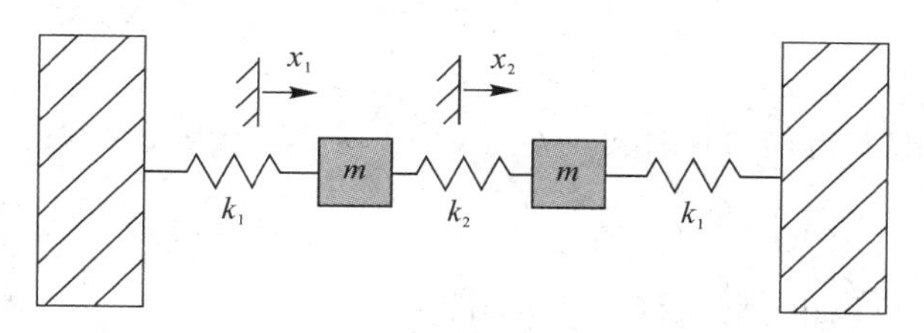

图 15－1

根据胡克定律和牛顿第二运动定律，可以得到如下的运动方程：

$$\begin{aligned} mx_1'' + (k_1 + k_2)x_1 - k_2x_2 &= 0 \\ mx_2'' + (k_2 + k_1)x_2 - k_2x_1 &= 0 \end{aligned} \tag{15-1}$$

即

$$\begin{aligned} -\frac{k_1 + k_2}{m}x_1 + \frac{k_2}{m}x_2 &= x_1'' \\ \frac{k_2}{m}x_1 - \frac{k_1 + k_2}{m}x_2 &= x_2'' \end{aligned} \tag{15-2}$$

将上面得到的运动方程重新改写为如下矩阵形式：

$$\begin{pmatrix} -\dfrac{k_1 + k_2}{m} & \dfrac{k_2}{m} \\ \dfrac{k_2}{m} & -\dfrac{k_1 + k_2}{m} \end{pmatrix} \begin{pmatrix} x_1 \\ x_2 \end{pmatrix} = \begin{pmatrix} x_1'' \\ x_2'' \end{pmatrix} \tag{15-3}$$

令 $\beta=\dfrac{k_1+k_2}{m}$，$\alpha=\dfrac{k_2}{m}$，$\boldsymbol{X}=(x_1, x_2)^{\mathrm{T}}$，$\boldsymbol{X}''=(x_1'', x_2'')^{\mathrm{T}}$，可得

$$\begin{pmatrix} -\beta & \alpha \\ \alpha & -\beta \end{pmatrix} \boldsymbol{X} = \boldsymbol{X}'' \tag{15-4}$$

现在一个简单的物理振动问题就转变成了一个矩阵问题。

假设解的形式(类似于微分方程)如下：

$$\boldsymbol{X}=v\mathrm{e}^{\mathrm{j}\omega t} \tag{15-5}$$

则 $\boldsymbol{X}''=-\omega^2\boldsymbol{v}\mathrm{e}^{\mathrm{j}\omega t}=-\omega^2\boldsymbol{X}$，可得

$$\begin{pmatrix}-\beta & \alpha\\ \alpha & -\beta\end{pmatrix}\boldsymbol{X}=-\omega^2\boldsymbol{X} \tag{15-6}$$

从上式可以看出，这是一个求特征值的问题 $\boldsymbol{AX}=\lambda\boldsymbol{X}$，$\lambda=-\omega^2$，由特征值和特征向量的知识，可得

$$|\boldsymbol{A}+\omega^2\boldsymbol{I}|=\begin{vmatrix}\omega^2-\beta & \alpha\\ \alpha & \omega^2-\beta\end{vmatrix}=0 \tag{15-7}$$

即

$$(\omega^2-\beta)^2-\alpha^2=\omega^4-2\beta\omega^2+(\beta^2-\alpha^2)=0$$

故

$$\omega^2=\frac{2\beta\pm\sqrt{4\beta^2-4(\beta^2-\alpha^2)}}{2}=\beta\pm\alpha \tag{15-8}$$

由此可看出，一般情况下存在两个不同的特征值。

三、应用举例

为了使式(15-8)变得简单，以 $k_1=k_2=m=1$ 为例，代入这些条件就可以得出

$$\omega_1^2=\beta+\alpha=\frac{k_1+2k_2}{m}=3，\omega_2^2=\beta-\alpha=k_1=1$$

然后求得特征值后，可以由 $(\boldsymbol{A}+\omega_1^2\boldsymbol{I})\boldsymbol{v}_1=\boldsymbol{0}$，即

$$\begin{pmatrix}1 & 1\\ 1 & 1\end{pmatrix}\begin{pmatrix}v_{11}\\ v_{12}\end{pmatrix}=\boldsymbol{0} \tag{15-9}$$

得出其对应的特征向量为 $\boldsymbol{v}_1=\begin{pmatrix}1\\ -1\end{pmatrix}$。

同理，由 $(\boldsymbol{A}+\omega_2^2\boldsymbol{I})\boldsymbol{v}_2=\boldsymbol{0}$，即

$$\begin{pmatrix}-1 & 1\\ 1 & -1\end{pmatrix}\begin{pmatrix}v_{21}\\ v_{22}\end{pmatrix}=\boldsymbol{0} \tag{15-10}$$

得出其对应的特征向量为 $\boldsymbol{v}_1=\begin{pmatrix}1\\ 1\end{pmatrix}$。

可以得出双质量运动系统的一般解形式为

$$\boldsymbol{x}(t)=c_1\boldsymbol{v}_1\mathrm{e}^{\mathrm{j}\omega_1 t}+c_2\boldsymbol{v}_1\mathrm{e}^{-\mathrm{j}\omega_1 t}+c_3\boldsymbol{v}_2\mathrm{e}^{\mathrm{j}\omega_2 t}+c_4\boldsymbol{v}_2\mathrm{e}^{-\mathrm{j}\omega_2 t} \tag{15-11}$$

即

$$\begin{pmatrix}x_1(t)\\ x_2(t)\end{pmatrix}=c_1\begin{pmatrix}1\\ -1\end{pmatrix}\mathrm{e}^{\mathrm{j}\sqrt{3}t}+c_2\begin{pmatrix}1\\ -1\end{pmatrix}\mathrm{e}^{-\mathrm{j}\sqrt{3}t}+c_3\begin{pmatrix}1\\ 1\end{pmatrix}\mathrm{e}^{\mathrm{j}t}+c_4\begin{pmatrix}1\\ 1\end{pmatrix}\mathrm{e}^{-\mathrm{j}t}$$

四、应用拓展

上述过程还可以扩展到理想状态下的 n 质量振动系统中，可按照类似上面讨论的思路

求解振动方程的解。

(1) 根据胡克定律和牛顿第二运动定律写出运动方程，得到一个 $n\times n$ 阶的矩阵微分方程 $\boldsymbol{X}''=\boldsymbol{A}\boldsymbol{X}$。

(2) 求矩阵 $\boldsymbol{A}$ 的特征值(振动频率)和特征向量。特征值为 λ_1，λ_2，λ_3，…，λ_n，特征向量为 $\boldsymbol{v}_1$，$\boldsymbol{v}_2$，$\boldsymbol{v}_3$，…，$\boldsymbol{v}_n$，频率为 $\omega_i=\sqrt{-\lambda_i}$ $(i=1, 2, \cdots, n)$。

(3) 得出运动系统的一般解形式为

$$\boldsymbol{x}(t)=c_{11}\boldsymbol{v}_1\mathrm{e}^{\mathrm{j}\omega_1 t}+c_{12}\boldsymbol{v}_1\mathrm{e}^{-\mathrm{j}\omega_1 t}+\cdots+c_{n1}\boldsymbol{v}_n\mathrm{e}^{\mathrm{j}\omega_n t}+c_{n2}\boldsymbol{v}_n\mathrm{e}^{-\mathrm{j}\omega_n t}$$

案例 16　材料力学的静不定问题

一、背景描述

静不定结构是材料力学中极其重要的一种结构形式，如何求解静不定问题也是学习材料力学的主要内容之一。下面运用矩阵的方法表示和求解静不定问题。

二、问题的数学描述与分析

图 16－1 为受力 $\boldsymbol{P}$ 的作用，由 n 根杆组成的桁架联结杆系受力示意图。

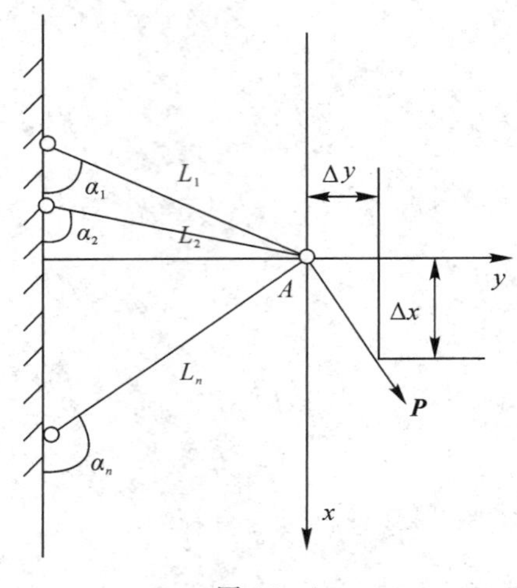

图 16－1

各杆截面面积为 A_i，材料弹性模量为 E，各杆的轴力为 N_i，设各杆均受拉力，A 点因各杆变形而引起的 x 方向位移 Δx，y 方向位移 Δy，由几何关系，得变形方程：

$$\Delta L_i = \frac{N_i L_i}{EA_i} = \Delta x\cos\alpha_i + \Delta y\sin\alpha_i \quad (i = 1,\ 2,\ \cdots,\ n) \tag{16-1}$$

即

$$\frac{N_i}{K_i} - \Delta x\cos\alpha_i - \Delta y\sin\alpha_i = 0$$

其中 $K_i = \dfrac{EA_i}{L_i}$ 为杆 i 的刚度系数。再加上两个力平衡方程：

$$\begin{aligned} \sum_{i=1}^{n} N_i\cos\alpha_i &= P\cos\alpha \\ \sum_{i=1}^{n} N_i\sin\alpha_i &= P\sin\alpha \end{aligned} \tag{16-2}$$

共有 $n+2$ 个方程，其中包含 n 个未知力 N_i 和两个待求位移 Δx 和 Δy，该线性方程组可以写成

$$\boldsymbol{DX}=\boldsymbol{B} \tag{16-3}$$

其中

$$\boldsymbol{D}=\begin{pmatrix} \frac{1}{K_1} & 0 & \cdots & 0 & -\cos\alpha_1 & -\sin\alpha_1 \\ 0 & \frac{1}{K_2} & \cdots & 0 & -\cos\alpha_2 & -\sin\alpha_2 \\ \vdots & \vdots & & \vdots & \vdots & \vdots \\ 0 & 0 & \cdots & \frac{1}{K_n} & -\cos\alpha_n & -\sin\alpha_n \\ \cos\alpha_1 & \cos\alpha_2 & \cdots & \cos\alpha_n & 0 & 0 \\ \sin\alpha_1 & \sin\alpha_2 & \cdots & \sin\alpha_n & 0 & 0 \end{pmatrix}$$

$$\boldsymbol{X}=\begin{pmatrix} N_1 \\ N_2 \\ \vdots \\ N_n \\ \Delta x \\ \Delta y \end{pmatrix}, \quad \boldsymbol{B}=\begin{pmatrix} 0 \\ 0 \\ \vdots \\ 0 \\ P\cos\alpha \\ P\sin\alpha \end{pmatrix}$$

一般情况下矩阵 $\boldsymbol{D}$ 可逆，故求解即得

$$\boldsymbol{X}=\boldsymbol{D}^{-1}\boldsymbol{B} \tag{16-4}$$

从而求得各杆的轴力 N_i 和节点 A 的位移。

三、应用举例

例 16-1 设三根杆组成的桁架如图 16-2 所示，挂一重物为 $P=3000$，且设 $L=2$ m，各杆的截面积分别为 $A_1=200e-6$，$A_2=300e-6$，$A_3=400e-6$，材料的弹性模量为 $E=200e-9$，e 为绝对粗糙度。求各杆受力的大小。

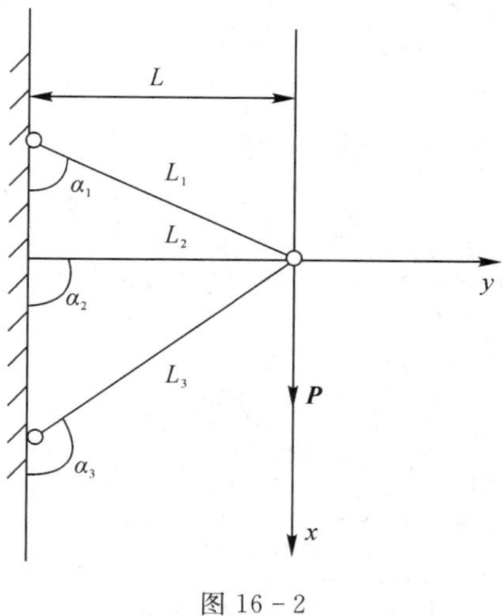

图 16-2

解 此时应有两个平衡方程和三个位移协调方程：

$$\begin{cases} -N_1\cos(a_1)-N_2-N_3\cos(a_3)=0 \\ N_1\sin(a_1)-N_3\sin(a_3)=P \\ \dfrac{N_1}{K_1}=d_1=d_x\cos(a_1)+d_y\sin(a_1) \\ \dfrac{N_2}{K_2}=d_2=d_x \\ \dfrac{N_3}{K_3}=d_3=d_x\cos(a_3)-d_y\sin(a_3) \end{cases}$$

令 $\boldsymbol{X}=(N_1, N_2, N_3, d_x, d_y)^{\mathrm{T}}$，把上述五个线性方程组表示成 $\boldsymbol{DX}=\boldsymbol{B}$，由式(16-4)解得各杆的轴力和节点的位移为

$$\boldsymbol{X}=\begin{pmatrix} 1763.406\ 070\ 655\ 91 \\ 591.142\ 510\ 296\ 34 \\ -2995.724\ 296\ 572\ 97 \\ 0.000\ 169\ 490\ 97 \\ 0.000\ 019\ 704\ 75 \end{pmatrix}$$

在学会求解静不定结构中的各杆受力和节点位移的基础上，我们还可以改变杆的刚度系数，来分析其对各杆力分布的影响。

案例 17　摄像机投影矩阵的求解问题

一、背景描述

摄像机投影矩阵确定了三维空间点到二维图像点之间的映射关系，计算摄像机投影矩阵是标定摄像机内外参数的重要环节。摄像机的内外参数在视觉监控、虚拟现实、视觉测量、三维重建等许多计算机视觉应用中扮演着至关重要的角色。本节在齐次坐标系统下，根据三维空间点到二维图像点之间的映射关系建立了投影矩阵(3×4)中 12 个元素的线性方程组，通过求解线性方程组即可获得投影矩阵。

二、问题的数学描述与分析

1. 齐次坐标

平面上的直线方程可以表示为

$$ax + by + c = 0 \tag{17-1}$$

给方程(17-1)两端同乘任一非零常数 t，得方程：

$$axt + byt + ct = 0 \tag{17-2}$$

方程(17-2)与方程(17-1)具有相同的几何意义，它们表示同一直线。令

$$\boldsymbol{M} = (xt, yt, t)^{\mathrm{T}}, \boldsymbol{l} = (a, b, c)^{\mathrm{T}}$$

则方程(17-2)可改写为

$$\boldsymbol{l}^{\mathrm{T}}\boldsymbol{M} = 0 \tag{17-3}$$

其中 $\boldsymbol{M}$ 是变量，表示直线上的点；$\boldsymbol{l}$ 是固定的向量，表示该直线。一般地，称 $\boldsymbol{M}=(xt, yt, t)^{\mathrm{T}}$ 为点的齐次坐标，点的齐次坐标可相差一个非零因子，因此通常取 $\boldsymbol{M}=(x, y, 1)^{\mathrm{T}}$ 表示点的齐次坐标，$\tilde{\boldsymbol{M}}=(x, y)^{\mathrm{T}}$ 表示点的非齐次坐标。$\boldsymbol{l}=(a, b, c)^{\mathrm{T}}$ 称为直线的齐次坐标，直线的齐次坐标亦可相差一个非零因子。

2. 摄像机模型

摄像机的基本成像模型称为针孔模型，由三维空间到平面的中心投影变换给出。摄像机针孔模型如图 17-1(a)所示，令空间点 O_c 为投影中心，它到平面 π 的距离为 f_e。空间点 M 在平面 π 上的投影 m 是以点 O_c 为端点并经过点 M 的射线与平面 π 的交点。平面 π 称为摄像机的像平面，点 O_c 称为摄像机中心(或光心)，f_e 称为摄像机的有效焦距，以点 O_c 为端点且垂直于像平面的射线称为光轴或主轴，主轴与像平面的交点 p 称为摄像机的主点。

如图 17-1(b)所示，记世界坐标系 $O_w-x_w y_w z_w$ 与摄像机坐标系 $O_c-x_c y_c z_c$ 之间的旋转矩阵为 $\boldsymbol{R}$，平移向量 $\boldsymbol{t}$，则称矩阵 $\boldsymbol{W}=(\boldsymbol{R}, \boldsymbol{t})$ 为摄像机的外参数矩阵。设空间点 M 在世界坐标系 $O_w-x_w y_w z_w$ 下的齐次坐标为 $(x_w, y_w, z_w, 1)^{\mathrm{T}}$，$M$ 对应的图像点 m 在的图像坐

标系 $O-uv$ 下的齐次坐标为$(u, v, 1)^{\mathrm{T}}$，则有

$$\lambda m=\boldsymbol{KWM} \tag{17-4}$$

其中，$\boldsymbol{K}=\begin{pmatrix} rf_e & s & u_0 \\ 0 & f_e & v_0 \\ 0 & 0 & 1 \end{pmatrix}$称为摄像机的内参数矩阵，$r$ 是纵横比，f_e 是有效焦距，s 是倾斜因子，$(u_0, v_0, 1)^{\mathrm{T}}$ 是主点 p 的齐次坐标。记矩阵 $\boldsymbol{P}=\boldsymbol{KW}$，则称 $\boldsymbol{P}$ 为摄像机的投影矩阵，于是式(17-4)可写为

$$\lambda m = \boldsymbol{PM} \tag{17-5}$$

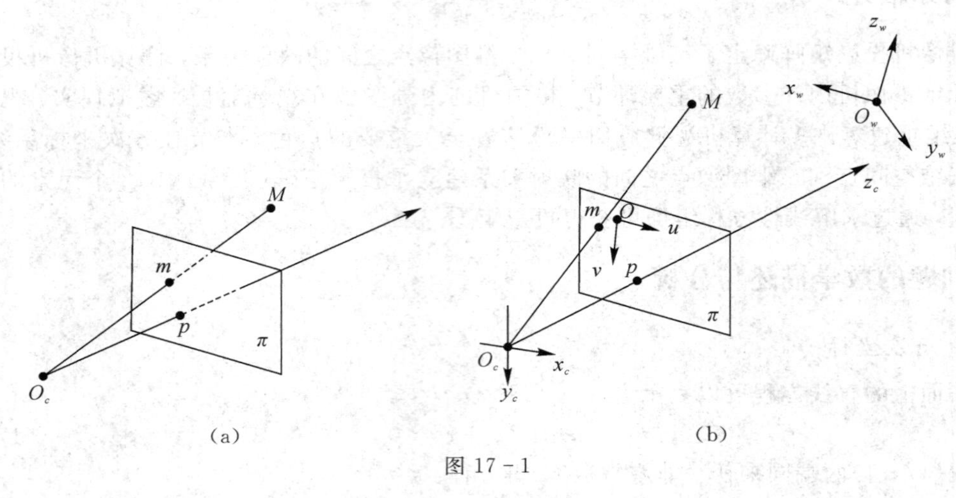

图 17-1

3. 利用直接线性变换法(DLT)求摄像机的投影矩阵

设空间点 M_i 在世界坐标系 $O_w-x_wy_wz_w$ 下的齐次坐标为$(x_{ui}, y_{ui}, z_{ui}, 1)^{\mathrm{T}}$，$M_i$ 对应的像点 m_i 的齐次坐标为$(u_i, v_i, 1)^{\mathrm{T}}$，根据式(17-5)有

$$\lambda_i m_i = \boldsymbol{PM}_i \quad (i=1, 2, \cdots, n) \tag{17-6}$$

记摄像机投影矩阵为

$$\boldsymbol{P} = \begin{pmatrix} p_{11} & p_{12} & p_{13} & p_{14} \\ p_{21} & p_{22} & p_{23} & p_{24} \\ p_{31} & p_{32} & p_{33} & p_{34} \end{pmatrix} \tag{17-7}$$

将式(17-7)代入式(17-6)，有

$$\begin{cases} \lambda_i u_i = p_{11}x_{ui} + p_{12}y_{ui} + p_{13}z_{ui} + p_{14} \\ \lambda_i v_i = p_{21}x_{ui} + p_{22}y_{ui} + p_{23}z_{ui} + p_{24} \\ \lambda_i = p_{31}x_{ui} + p_{32}y_{ui} + p_{33}z_{ui} + p_{34} \end{cases} \tag{17-8}$$

在式(17-8)中消去 λ_i，有

$$\begin{cases} p_{11}x_{ui} + p_{12}y_{ui} + p_{13}z_{ui} + p_{14} - p_{31}u_ix_{ui} - p_{32}u_iy_{ui} - p_{33}u_iz_{ui} - p_{34}u_i = 0 \\ p_{21}x_{ui} + p_{22}y_{ui} + p_{23}z_{ui} + p_{24} - p_{31}v_ix_{ui} - p_{32}v_iy_{ui} - p_{33}v_iz_{ui} - p_{34}v_i = 0 \end{cases} \tag{17-9}$$

记

$$\boldsymbol{\rho}=(p_{11}, p_{12}, p_{13}, p_{14}, p_{21}, p_{22}, p_{23}, p_{24}, p_{31}, p_{32}, p_{33}, p_{34})^{\mathrm{T}}$$

$$A_i=\begin{pmatrix} x_{wi} & y_{wi} & z_{wi} & 1 & 0 & 0 & 0 & 0 & -u_ix_{wi} & -u_iy_{wi} & -u_iz_{wi} & -u_i \\ 0 & 0 & 0 & 0 & x_{wi} & y_{wi} & z_{wi} & 1 & -v_ix_{wi} & -v_iy_{wi} & -v_iz_{wi} & -v_i \end{pmatrix}$$

则式(17－9)可简写为

$$A_i\boldsymbol{\rho}=\mathbf{0} \tag{17-10}$$

由$R(\boldsymbol{A}_i)=2$知，一个空间点和对应图像点可提供$\boldsymbol{\rho}$的两个约束，而$\boldsymbol{\rho}$有12个未知量，因此要求解$\boldsymbol{\rho}$至少需要6个空间点和对应图像点。设有$n(n\geqslant 6)$个空间点$\boldsymbol{M}_i=(x_{wi}, y_{wi}, z_{wi}, 1)^{\mathrm{T}}$，对应图像点为$\boldsymbol{m}_i=(u_i, v_i, 1)^{\mathrm{T}}(i=1, 2, \cdots, n)$，则有

$$\boldsymbol{A}=\begin{pmatrix}\boldsymbol{A}_1\\ \boldsymbol{A}_2\\ \vdots\\ \boldsymbol{A}_n\end{pmatrix}=\begin{pmatrix} x_{w1} & y_{w1} & z_{w1} & 1 & 0 & 0 & 0 & 0 & -u_1x_{w1} & -u_1y_{w1} & -u_1z_{w1} & -u_1 \\ 0 & 0 & 0 & 0 & x_{w1} & y_{w1} & z_{w1} & 1 & -v_1x_{w1} & -v_1y_{w1} & -v_1z_{w1} & -v_1 \\ \vdots & \vdots & \vdots & \vdots & \vdots & \vdots & \vdots & \vdots & \vdots & \vdots & \vdots & \vdots \\ x_{wn} & y_{wn} & z_{wn} & 1 & 0 & 0 & 0 & 0 & -u_nx_{wn} & -u_ny_{wn} & -u_nz_{wn} & -u_n \\ 0 & 0 & 0 & 0 & x_{wn} & y_{wn} & z_{wn} & 1 & -v_nx_{wn} & -v_ny_{wn} & -v_nz_{wn} & -v_n \end{pmatrix}_{2n\times 12}$$

于是可得齐次线性方程组

$$\boldsymbol{A\rho}=\mathbf{0} \tag{17-11}$$

解方程组(17－11)可获得$\boldsymbol{\rho}$，从而求得摄像机投影矩阵$\boldsymbol{P}$。特别地，当世界坐标系$O_w-x_wy_wz_w$与摄像机坐标系$O_c-x_cy_cz_c$重合时，摄像机的外参数矩阵为$\boldsymbol{W}=(\boldsymbol{E}, \mathbf{0})$，投影矩阵$\boldsymbol{P}=\boldsymbol{KW}=(\boldsymbol{K}, \mathbf{0})$，此时投影矩阵$\boldsymbol{P}$的前三列构成的矩阵即为摄像机内参数矩阵$\boldsymbol{K}$。

三、应用举例

例 17－1 在一个场景中，已知7个点在世界坐标系$O_w-x_wy_wz_w$下的齐次坐标依次为

$$\boldsymbol{M}_1=\begin{pmatrix}1\\0\\2\\1\end{pmatrix}, \boldsymbol{M}_2=\begin{pmatrix}0\\1\\1\\1\end{pmatrix}, \boldsymbol{M}_3=\begin{pmatrix}2\\1\\1\\1\end{pmatrix}, \boldsymbol{M}_4=\begin{pmatrix}3\\0\\1\\1\end{pmatrix}, \boldsymbol{M}_5=\begin{pmatrix}0\\0\\1\\1\end{pmatrix}, \boldsymbol{M}_6=\begin{pmatrix}2\\3\\0\\1\end{pmatrix}, \boldsymbol{M}_7=\begin{pmatrix}6\\3\\1\\1\end{pmatrix}$$

同时获得这些点在针孔摄像机下对应的图像点的齐次坐标依次为

$$\boldsymbol{m}_1=\begin{pmatrix}911\\-754\\1\end{pmatrix}, \boldsymbol{m}_2=\begin{pmatrix}2470\\-393\\1\end{pmatrix}, \boldsymbol{m}_3=\begin{pmatrix}-86\\1592\\1\end{pmatrix}, \boldsymbol{m}_4=\begin{pmatrix}367\\1846\\1\end{pmatrix}$$

$$\boldsymbol{m}_5=\begin{pmatrix}854\\131\\1\end{pmatrix}, \boldsymbol{m}_6=\begin{pmatrix}44\\749\\1\end{pmatrix}, \boldsymbol{m}_7=\begin{pmatrix}272\\103\\1\end{pmatrix}$$

求该摄像机的投影矩阵$\boldsymbol{P}$。

解 设摄像机投影矩阵为$\boldsymbol{P}=\begin{pmatrix}p_{11} & p_{12} & p_{13} & p_{14}\\ p_{21} & p_{22} & p_{23} & p_{24}\\ p_{31} & p_{32} & p_{33} & p_{34}\end{pmatrix}$，且记

$$\boldsymbol{\rho}=(p_{11}, p_{12}, p_{13}, p_{14}, p_{21}, p_{22}, p_{23}, p_{24}, p_{31}, p_{32}, p_{33}, p_{34})^{\mathrm{T}}$$

根据以上的讨论，可构建齐次线性方程组

$$\boldsymbol{A\rho} = \boldsymbol{0} \tag{17-12}$$

其中

$$\boldsymbol{A} = \begin{pmatrix} 1 & 0 & 2 & 1 & 0 & 0 & 0 & 0 & -911 & 0 & -1822 & -911 \\ 0 & 0 & 0 & 0 & 1 & 0 & 2 & 1 & 754 & 0 & 1508 & 754 \\ 0 & 1 & 1 & 1 & 0 & 0 & 0 & 0 & 0 & -2470 & -2470 & -2470 \\ 0 & 0 & 0 & 0 & 0 & 1 & 1 & 1 & 0 & 393 & 393 & 393 \\ 2 & 1 & 1 & 1 & 0 & 0 & 0 & 0 & 192 & 86 & 86 & 86 \\ 0 & 0 & 0 & 0 & 2 & 1 & 1 & 1 & -3184 & -1592 & -1592 & -1592 \\ 3 & 0 & 1 & 1 & 0 & 0 & 0 & 0 & -1101 & 0 & -367 & -367 \\ 0 & 0 & 0 & 0 & 3 & 0 & 1 & 1 & -5538 & 0 & -1846 & -1846 \\ 0 & 0 & 1 & 1 & 0 & 0 & 0 & 0 & 0 & 0 & -854 & -854 \\ 0 & 0 & 0 & 0 & 0 & 0 & 1 & 1 & 0 & 0 & -131 & -131 \\ 2 & 3 & 0 & 1 & 0 & 0 & 0 & 0 & -88 & -132 & 0 & -44 \\ 0 & 0 & 0 & 0 & 2 & 3 & 0 & 1 & -1498 & -2247 & 0 & -749 \\ 6 & 3 & 1 & 1 & 0 & 0 & 0 & 0 & -1632 & -816 & -272 & -272 \\ 0 & 0 & 0 & 0 & 6 & 3 & 1 & 1 & -6210 & -3150 & -1035 & -1035 \end{pmatrix}$$

解得 $\boldsymbol{\rho}$ 的一个最小二乘解为

$$\boldsymbol{\rho} = 10^{-4}(3661, -652, -3453, -4154, 6900, 2496, 509, -1703, 6, 5, -6, -3)^{\mathrm{T}}$$

于是

$$\boldsymbol{P} = \begin{pmatrix} 0.3661 & -0.0652 & -0.3453 & -0.4154 \\ 0.6900 & 0.2496 & 509 & -0.1703 \\ 0.0006 & 0.0005 & -0.0006 & -0.0003 \end{pmatrix}$$

直接线性变换法不仅可用于摄像机投影矩阵求解，亦可应用于物体的三维重建。更一般地，可用直接线性变换法将矩阵方程转化为线性方程组，达到简化问题的求解和拓展方法应用范围的目的。

案例 18　二次曲线与二次曲面的分类问题

一、背景描述

二次曲线与二次曲面分别是二维空间与三维空间中重要的几何实体，在许多重要的应用中都涉及它们的分类。这里主要利用方程系数矩阵的特征值与特征向量实现二次曲线与二次曲面的分类。

二、问题的数学描述与分析

1. 二次曲线的分类

在欧氏平面上，二次曲线的方程为

$$a_{11}x_1^2+2a_{12}x_1x_2+a_{22}x_2^2+b_1x_1+b_2x_2=d \tag{18-1}$$

其中，a_{11}、a_{12}、a_{22}不全为零。使用矩阵工具将式(18－1)改写为

$$\boldsymbol{x}^{\mathrm{T}}\boldsymbol{A}\boldsymbol{x}+\boldsymbol{b}^{\mathrm{T}}\boldsymbol{x}=d \tag{18-2}$$

其中，$\boldsymbol{x}=\begin{pmatrix}x_1\\x_2\end{pmatrix}$，$\boldsymbol{A}=\begin{pmatrix}a_{11}&a_{12}\\a_{12}&a_{22}\end{pmatrix}\neq\boldsymbol{O}$，$\boldsymbol{b}=\begin{pmatrix}b_1\\b_2\end{pmatrix}$。因为实对称矩阵能够正交对角化，所以存在正交矩阵 $\boldsymbol{P}=\begin{pmatrix}p_{11}&p_{12}\\p_{21}&p_{22}\end{pmatrix}$，使

$$\boldsymbol{P}^{\mathrm{T}}\boldsymbol{A}\boldsymbol{P}=\begin{pmatrix}\lambda_1&0\\0&\lambda_2\end{pmatrix}\overset{\mathrm{def}}{=\!=}\boldsymbol{\Lambda} \tag{18-3}$$

其中，λ_1、λ_2 为 $\boldsymbol{A}$ 的两个特征值(可以相同)，它们对应的特征向量分别为 $\boldsymbol{p}_1=(p_{11},\ p_{21})^{\mathrm{T}}$，$\boldsymbol{p}_2=(p_{12},\ p_{22})^{\mathrm{T}}$。在欧氏空间中，正交变换保持图形的形状和几何尺度不变，因此对式(18－2)上的点 $\boldsymbol{x}$ 作正交变换，令

$$\boldsymbol{x}=\boldsymbol{P}\boldsymbol{y} \tag{18-4}$$

其中，$\boldsymbol{y}=(y_1,\ y_2)^{\mathrm{T}}$。将式(18－4)代入式(18－2)，有

$$\boldsymbol{y}^{\mathrm{T}}\boldsymbol{P}^{\mathrm{T}}\boldsymbol{A}\boldsymbol{P}\boldsymbol{y}+\boldsymbol{b}^{\mathrm{T}}\boldsymbol{P}\boldsymbol{y}=d \tag{18-5}$$

将式(18－3)代入式(18－5)，有

$$\lambda_1y_1^2+\lambda_2y_2^2+\boldsymbol{b}^{\mathrm{T}}\boldsymbol{p}_1y_1+\boldsymbol{b}^{\mathrm{T}}\boldsymbol{p}_2y_2=d \tag{18-6}$$

下面讨论 λ_1、λ_2 取不同值时，式(18－6)所表示的曲线类型。

情况一：当 λ_1、λ_2 不为零时，式(18－6)可化为

$$\lambda_1\left(y_1+\frac{\boldsymbol{b}^{\mathrm{T}}\boldsymbol{p}_1}{2\lambda_1}\right)^2+\lambda_2\left(y_2+\frac{\boldsymbol{b}^{\mathrm{T}}\boldsymbol{p}_2}{2\lambda_2}\right)^2=\sigma \tag{18-7}$$

其中，$\sigma=\dfrac{(\boldsymbol{b}^{\mathrm{T}}\boldsymbol{p}_1)^2}{4\lambda_1}+\dfrac{(\boldsymbol{b}^{\mathrm{T}}p_2)^2}{4\lambda_2}+d$。在欧氏平面上，平移变换也保持图形的形状和几何尺度不变，因此对式(18－7)上的点 $\boldsymbol{y}$ 作平移变换，令

$$\boldsymbol{y}=\boldsymbol{z}+\boldsymbol{C}_0 \tag{18-8}$$

其中，$\boldsymbol{z}=\begin{pmatrix}z_1\\z_2\end{pmatrix}$，$\boldsymbol{C}_0=\begin{pmatrix}-\dfrac{\boldsymbol{b}^{\mathrm{T}}\boldsymbol{p}_1}{2\lambda_1}\\-\dfrac{\boldsymbol{b}^{\mathrm{T}}\boldsymbol{p}_2}{2\lambda 2}\end{pmatrix}$，则式(18－7)可化为

$$\lambda_1 z_1^2+\lambda_2 z_2^2=\sigma \tag{18-9}$$

(1) 当 $\lambda_1\lambda_2>0$ 且 $\lambda_1\sigma>0$ 时，式(18－9)可化为

$$\frac{z_1^2}{(\sqrt{\sigma/\lambda_1})^2}+\frac{z_2^2}{(\sqrt{\sigma/\lambda_2})^2}=1 \tag{18-10}$$

式(18－10)表示的二次曲线为椭圆。

(2) 当 $\lambda_1\lambda_2>0$ 且 $\lambda_1\sigma<0$ 时，式(18－9)可化为

$$\frac{z_1^2}{(\sqrt{\sigma/\lambda_1})^2}+\frac{z_2^2}{(\sqrt{\sigma/\lambda_2})^2}=-1 \tag{18-11}$$

式(18－11)表示的二次曲线为虚椭圆。

(3) 当 $\lambda_1\lambda_2>0$ 且 $\sigma=0$ 时，不妨设 λ_1、λ_2 均大于零，则式(18－9)可化为

$$\frac{z_1^2}{(\sqrt{1/\lambda_1})^2}+\frac{z_2^2}{(\sqrt{1/\lambda_2})^2}=0 \tag{18-12}$$

式(18－12)表示的二次曲线退化为一点或相交于实点的共轭虚直线。

(4) 当 $\lambda_1\lambda_2<0$ 且 $\sigma\neq 0$ 时，$\dfrac{\sigma}{\lambda_1}$与$\dfrac{\sigma}{\lambda_2}$异号，不妨取$\dfrac{\sigma}{\lambda_1}>0$，则式(18－9)可化为

$$\frac{z_1^2}{(\sqrt{\sigma/\lambda_1})^2}-\frac{z_2^2}{(\sqrt{-\sigma/\lambda_2})^2}=1 \tag{18-13}$$

式(18－13)表示的二次曲线为双曲线。

(5) 当 $\lambda_1\lambda_2<0$ 且 $\sigma=0$ 时，不妨设 $\lambda_1>0$，则式(18－9)可化为

$$\frac{z_1^2}{(\sqrt{1/\lambda_1})^2}-\frac{z_2^2}{(\sqrt{-1/\lambda_2})^2}=0 \tag{18-14}$$

式(18－14)表示的二次曲线退化为两条相交实直线。

情况二：当 λ_1、λ_2 有一个为零时，不妨设 $\lambda_2=0$，则式(18－6)可化为

$$\lambda_1\left(y_1+\frac{\boldsymbol{b}^{\mathrm{T}}\boldsymbol{p}_1}{2\lambda_1}\right)^2+\boldsymbol{b}^{\mathrm{T}}\boldsymbol{p}_2 y_2=\tau \tag{18-15}$$

其中，$\tau=\dfrac{(\boldsymbol{b}^{\mathrm{T}}\boldsymbol{p}_1)^2}{4\lambda_1}+d$。

(1) 当 $\boldsymbol{b}^{\mathrm{T}}\boldsymbol{p}_2\neq 0$ 时，对式(18－15)上的点 $\boldsymbol{y}$ 作平移变换，令

$$\boldsymbol{y}=\boldsymbol{z}+\boldsymbol{C}_1 \tag{18-16}$$

其中，$\boldsymbol{z}=\begin{pmatrix}z_1\\z_2\end{pmatrix}$，$\boldsymbol{C}_1=\begin{pmatrix}-\dfrac{\boldsymbol{b}^{\mathrm{T}}\boldsymbol{p}_1}{2\lambda_1}\\\dfrac{(\boldsymbol{b}^{\mathrm{T}}\boldsymbol{p}_1)^2+4\lambda_1 d}{4\lambda_1\boldsymbol{b}^{\mathrm{T}}\boldsymbol{p}_2}\end{pmatrix}$，则式(18－15)可化为

$$z_1^2 = -\frac{\boldsymbol{b}^{\mathrm{T}}\boldsymbol{p}_2}{\lambda_1}z_2 \tag{18-17}$$

式(18-17)表示的二次曲线为抛物线。

(2) 当 $\boldsymbol{b}^{\mathrm{T}}\boldsymbol{p}_2=0$ 时，对式(18-15)上的点 $\boldsymbol{y}$ 作平移变换，令

$$\boldsymbol{y} = \boldsymbol{z} + \boldsymbol{C}_2 \tag{18-18}$$

其中，$\boldsymbol{z}=\begin{pmatrix} z_1 \\ z_2 \end{pmatrix}$，$\boldsymbol{C}_2=\begin{pmatrix} -\dfrac{\boldsymbol{b}^{\mathrm{T}}\boldsymbol{p}_1}{2\lambda_1} \\ 0 \end{pmatrix}$，则式(18-15)可化为

$$z_1^2 = \frac{\tau}{\lambda_1} \tag{18-19}$$

① 当 λ_1、τ 同号时，式(18-19)表示的二次曲线退化为两条平行的实直线。

② 当 λ_1、τ 异号时，式(18-19)表示的二次曲线退化为两条平行的共轭虚直线。

③ 当 $\tau=0$ 时，式(18-19)可化为

$$z_1^2 = 0 \tag{18-20}$$

式(18-20)表示的二次曲线退化为两条重合的实直线。

由于正交变换和平移变换保持图形的形状和几何尺度不变，因此式(18-6)和式(18-2)表示的曲线类型相同，至此我们通过二次曲线系数矩阵的特征值与特征向量实现了式(18-2)所表示曲线的分类。

2. 二次曲面的分类

在欧氏平面上，二次曲面的方程为

$$a_{11}x_1^2 + 2a_{12}x_1x_2 + 2a_{13}x_1x_3 + a_{22}x_2^2 + 2a_{23}x_2x_3 + a_{33}x_3^2 + b_1x_1 + b_2x_2 + b_3x_3 = d \tag{18-21}$$

其中，a_{11}、a_{12}、a_{13}、a_{22}、a_{23}、a_{33} 不全为零。使用矩阵工具将式(18-21)改写为

$$\boldsymbol{x}^{\mathrm{T}}\boldsymbol{A}\boldsymbol{x} + \boldsymbol{b}^{\mathrm{T}}\boldsymbol{x} = d \tag{18-22}$$

其中，$\boldsymbol{x}=\begin{pmatrix} x_1 \\ x_2 \\ x_3 \end{pmatrix}$，$\boldsymbol{A}=\begin{pmatrix} a_{11} & a_{12} & a_{13} \\ a_{12} & a_{22} & a_{23} \\ a_{13} & a_{23} & a_{33} \end{pmatrix}\neq\boldsymbol{O}$，$\boldsymbol{b}=\begin{pmatrix} b_1 \\ b_2 \\ b_3 \end{pmatrix}$。因为实对称矩阵能够正交对角化，所以存在正交矩阵 $\boldsymbol{P}=\begin{pmatrix} p_{11} & p_{12} & p_{13} \\ p_{21} & p_{22} & p_{23} \\ p_{31} & p_{32} & p_{33} \end{pmatrix}$，使

$$\boldsymbol{P}^{\mathrm{T}}\boldsymbol{A}\boldsymbol{P} = \begin{pmatrix} \lambda_1 & 0 & 0 \\ 0 & \lambda_2 & 0 \\ 0 & 0 & \lambda_3 \end{pmatrix} \overset{\text{def}}{=} \boldsymbol{\Lambda} \tag{18-23}$$

其中，λ_1、λ_2、λ_3 为 $\boldsymbol{A}$ 的三个特征值(可以相同)，它们对应的特征向量分别为 $\boldsymbol{p}_1=(p_{11}, p_{21}, p_{31})^{\mathrm{T}}$，$\boldsymbol{p}_2=(p_{12}, p_{22}, p_{32})^{\mathrm{T}}$，$\boldsymbol{p}_3=(p_{13}, p_{23}, p_{33})^{\mathrm{T}}$。在欧氏空间中，正交变换保持图形的形状和几何尺度不变，因此对式(18-22)上的点 $\boldsymbol{x}$ 作正交变换，令

$$\boldsymbol{x} = \boldsymbol{P}\boldsymbol{y} \tag{18-24}$$

其中，$\boldsymbol{y}=(y_1, y_2, y_3)^{\mathrm{T}}$。将式(18-24)代入式(18-22)，有

$$\boldsymbol{y}^{\mathrm{T}}\boldsymbol{P}^{\mathrm{T}}\boldsymbol{A}\boldsymbol{P}\boldsymbol{y} + \boldsymbol{b}^{\mathrm{T}}\boldsymbol{P}\boldsymbol{y} = d \tag{18-25}$$

将式(18－23)代入式(18－25)，有

$$\lambda_1 y_1^2+\lambda_2 y_2^2+\lambda_3 y_3^2+\boldsymbol{b}^{\mathrm{T}}\boldsymbol{p}_1 y_1+\boldsymbol{b}^{\mathrm{T}}\boldsymbol{p}_2 y_2+\boldsymbol{b}^{\mathrm{T}}\boldsymbol{p}_3 y_3=d \tag{18-26}$$

下面讨论 λ_1、λ_2、λ_3 取不同值时，式(18－26)所表示的曲面类型。

情况一：当 λ_1、λ_2、λ_3 不为零时，式(18－26)可化为

$$\lambda_1\left(y_1+\frac{\boldsymbol{b}^{\mathrm{T}}\boldsymbol{p}_1}{2\lambda_1}\right)^2+\lambda_2\left(y_2+\frac{\boldsymbol{b}^{\mathrm{T}}\boldsymbol{p}_2}{2\lambda_2}\right)^2+\lambda_3\left(y_3+\frac{\boldsymbol{b}^{\mathrm{T}}\boldsymbol{p}_3}{2\lambda_3}\right)^2=\sigma \tag{18-27}$$

其中，$\sigma=\dfrac{(\boldsymbol{b}^{\mathrm{T}}\boldsymbol{p}_1)^2}{4\lambda_1}+\dfrac{(\boldsymbol{b}^{\mathrm{T}}\boldsymbol{p}_2)^2}{4\lambda_2}+\dfrac{(\boldsymbol{b}^{\mathrm{T}}\boldsymbol{p}_3)^2}{4\lambda_3}+d$。对式(18－27)上的点 $\boldsymbol{y}$ 作平移变换，令

$$\boldsymbol{y}=\boldsymbol{z}+\boldsymbol{C}_0 \tag{18-28}$$

其中，$\boldsymbol{z}=\begin{pmatrix}z_1\\z_2\\z_3\end{pmatrix}$，$\boldsymbol{C}_0=\begin{pmatrix}-\dfrac{\boldsymbol{b}^{\mathrm{T}}\boldsymbol{p}_1}{2\lambda_1}\\-\dfrac{\boldsymbol{b}^{\mathrm{T}}\boldsymbol{p}_2}{2\lambda_2}\\-\dfrac{\boldsymbol{b}^{\mathrm{T}}\boldsymbol{p}_3}{2\lambda_3}\end{pmatrix}$，则式(18－27)可化为

$$\lambda_1 z_1^2+\lambda_2 z_2^2+\lambda_3 z_3^2=\sigma \tag{18-29}$$

(1) 当 λ_1、λ_2、λ_3，σ 同号(同正或同负)时，式(18－29)可化为

$$\frac{z_1^2}{(\sqrt{\sigma/\lambda_1})^2}+\frac{z_2^2}{(\sqrt{\sigma/\lambda_2})^2}+\frac{z_3^2}{(\sqrt{\sigma/\lambda_3})^2}=1 \tag{18-30}$$

式(18－30)表示的二次曲面为椭球面。

(2) 当 λ_1、λ_2、λ_3 同号且 λ_1、σ 异号时，式(18－29)可化为

$$\frac{z_1^2}{(\sqrt{\sigma/\lambda_1})^2}+\frac{z_2^2}{(\sqrt{\sigma/\lambda_2})^2}+\frac{z_3^2}{(\sqrt{\sigma/\lambda_3})^2}=-1 \tag{18-31}$$

式(18－31)表示的二次曲面为虚椭球面。

(3) 当 λ_1、λ_2、λ_3 同号且 $\sigma=0$ 时，式(18－29)可化为

$$\frac{z_1^2}{(\sqrt{1/\lambda_1})^2}+\frac{z_2^2}{(\sqrt{1/\lambda_2})^2}+\frac{z_3^2}{(\sqrt{1/\lambda_3})^2}=0 \tag{18-32}$$

式(18－32)表示的二次曲面退化为一点或虚母线二次锥面。

(4) 当 λ_1、λ_2、λ_3 中有两个同号，另一个与它们异号时，不妨设 λ_1、λ_2 同号，λ_1、λ_3 异号，且 λ_1、σ 同号，则式(18－29)可化为

$$\frac{z_1^2}{(\sqrt{\sigma/\lambda_1})^2}+\frac{z_2^2}{(\sqrt{\sigma/\lambda_2})^2}-\frac{z_3^2}{(\sqrt{-\sigma/\lambda_3})^2}=1 \tag{18-33}$$

式(18－33)表示的二次曲面为单叶双曲面。

(5) 当 λ_1、λ_2、λ_3 中有两个同号，另一个与它们异号时，不妨设 λ_1、λ_2 同号，λ_1、λ_3 异号，且 λ_1、σ 异号，则式(18－29)可化为

$$\frac{z_1^2}{(\sqrt{-\sigma/\lambda_1})^2}+\frac{z_2^2}{(\sqrt{-\sigma/\lambda_2})^2}-\frac{z_3^2}{(\sqrt{\sigma/\lambda_3})^2}=-1 \tag{18-34}$$

式(18－34)表示的二次曲面为双叶双曲面。

(6) 当 λ_1、λ_2、λ_3 中有两个同号，另一个与它们异号时，不妨设 λ_1、λ_2 均大于零，λ_3 小

于零，且 $\sigma=0$，则式(18-29)可化为

$$\frac{z_1^2}{(\sqrt{1/\lambda_1})^2}+\frac{z_2^2}{(\sqrt{1/\lambda_2})^2}-\frac{z_3^2}{(\sqrt{-1/\lambda_3})^2}=0 \tag{18-35}$$

式(18-35)表示的二次曲面退化为二次锥面。

情况二：当 λ_1、λ_2、λ_3 有一个为零时，不妨设 $\lambda_3=0$，则式(18-26)可化为

$$\lambda_1\left(y_1+\frac{\boldsymbol{b}^{\mathrm{T}}\boldsymbol{p}_1}{2\lambda_1}\right)^2+\lambda_2\left(y_2+\frac{\boldsymbol{b}^{\mathrm{T}}\boldsymbol{p}_2}{2\lambda_2}\right)^2+\boldsymbol{b}^{\mathrm{T}}\boldsymbol{p}_3y_3=\tau \tag{18-36}$$

其中，$\tau=\dfrac{(\boldsymbol{b}^{\mathrm{T}}\boldsymbol{p}_1)^2}{4\lambda_1}+\dfrac{(\boldsymbol{b}^{\mathrm{T}}\boldsymbol{p}_2)^2}{4\lambda_2}+d$。

(1) 当 $\boldsymbol{b}^{\mathrm{T}}\boldsymbol{p}_3\neq0$ 时，对式(18-36)上的点 $\boldsymbol{y}$ 作平移变换，令

$$\boldsymbol{y}=\boldsymbol{z}+\boldsymbol{C}_1 \tag{18-37}$$

其中，$\boldsymbol{z}=\begin{pmatrix}z_1\\z_2\\z_3\end{pmatrix}$，$\boldsymbol{C}_1=\begin{pmatrix}-\dfrac{\boldsymbol{b}^{\mathrm{T}}\boldsymbol{p}_1}{2\lambda_1}\\-\dfrac{\boldsymbol{b}^{\mathrm{T}}\boldsymbol{p}_2}{2\lambda_2}\\\dfrac{\tau}{\boldsymbol{b}^{\mathrm{T}}\boldsymbol{p}_3}\end{pmatrix}$，则式(18-36)可化为

$$\lambda_1z_1^2+\lambda_2z_2^2+\boldsymbol{b}^{\mathrm{T}}\boldsymbol{p}_3z_3=0 \tag{18-38}$$

① 当 λ_1、λ_2、$\boldsymbol{b}^{\mathrm{T}}\boldsymbol{p}_3$ 同号时，式(18-38)可化为

$$\frac{z_1^2}{(\sqrt{\boldsymbol{b}^{\mathrm{T}}\boldsymbol{p}_3/2\lambda_1})^2}+\frac{z_2^2}{(\sqrt{\boldsymbol{b}^{\mathrm{T}}\boldsymbol{p}_3/2\lambda_2})^2}=-2z_3 \tag{18-39}$$

式(18-39)表示的二次曲面为焦点在 z_3 轴的负半轴上的椭圆抛物面。

② 当 $\lambda_1\lambda_2>0$ 且 $\lambda_1\boldsymbol{b}^{\mathrm{T}}\boldsymbol{p}_3<0$ 时，式(18-38)可化为

$$\frac{z_1^2}{(\sqrt{-\boldsymbol{b}^{\mathrm{T}}\boldsymbol{p}_3/2\lambda_1})^2}+\frac{z_2^2}{(\sqrt{-\boldsymbol{b}^{\mathrm{T}}\boldsymbol{p}_3/2\lambda_2})^2}=2z_3 \tag{18-40}$$

式(18-40)表示的二次曲面为焦点在 z_3 轴的正半轴上的椭圆抛物面。

③ 当 $\lambda_1\lambda_2<0$ 时，$\dfrac{\lambda_1}{\boldsymbol{b}^{\mathrm{T}}\boldsymbol{p}_3}$ 与 $\dfrac{\lambda_2}{\boldsymbol{b}^{\mathrm{T}}\boldsymbol{p}_3}$ 异号，不妨取 $\dfrac{\lambda_1}{\boldsymbol{b}^{\mathrm{T}}\boldsymbol{p}_3}<0$，则式(18-38)可化为

$$\frac{z_1^2}{(\sqrt{-\boldsymbol{b}^{\mathrm{T}}\boldsymbol{p}_3/2\lambda_1})^2}-\frac{z_2^2}{(\sqrt{\boldsymbol{b}^{\mathrm{T}}\boldsymbol{p}_3/2\lambda_2})^2}=2z_3 \tag{18-41}$$

式(18-41)表示的二次曲面为双曲抛物面。

(2) 当 $\boldsymbol{b}^{\mathrm{T}}\boldsymbol{p}_3=0$ 时，对式(18-36)上的点 $\boldsymbol{y}$ 作平移变换，令

$$\boldsymbol{y}=\boldsymbol{z}+\boldsymbol{C}_2 \tag{18-42}$$

其中，$\boldsymbol{z}=\begin{pmatrix}z_1\\z_2\\z_3\end{pmatrix}$，$\boldsymbol{C}_2=\begin{pmatrix}-\dfrac{\boldsymbol{b}^{\mathrm{T}}\boldsymbol{p}_1}{2\lambda_1}\\-\dfrac{\boldsymbol{b}^{\mathrm{T}}\boldsymbol{p}_2}{2\lambda_2}\\0\end{pmatrix}$，则式(18-36)可化为

$$\lambda_1z_1^2+\lambda_2z_2^2=\tau \tag{18-43}$$

① 当 λ_1、λ_2、τ 同号时，式(18-43)可化为

$$\frac{z_1^2}{(\sqrt{\tau/\lambda_1})^2}+\frac{z_2^2}{(\sqrt{\tau/\lambda_2})^2}=1 \tag{18-44}$$

式(18－44)表示的二次曲面为椭圆柱面。

② 当 $\lambda_1\lambda_2>0$ 且 $\lambda_1\tau<0$ 时，式(18－43)可化为

$$\frac{z_1^2}{(\sqrt{-\tau/\lambda_1})^2}+\frac{z_2^2}{(\sqrt{-\tau/\lambda_2})^2}=-1 \tag{18-45}$$

式(18－45)表示的二次曲面为虚椭圆柱面。

③ 当 $\lambda_1\lambda_2>0$ 且 $\tau=0$ 时，不妨设 λ_1、λ_2 均大于零，则式(18－43)可化为

$$\frac{z_1^2}{(\sqrt{1/\lambda_1})^2}+\frac{z_2^2}{(\sqrt{1/\lambda_2})^2}=0 \tag{18-46}$$

式(18－46)表示的二次曲面退化为交于一条实直线的一对共轭虚平面。

④ 当 $\lambda_1\lambda_2<0$ 且 $\tau\neq0$ 时，$\frac{\lambda_1}{\tau}$与$\frac{\lambda_2}{\tau}$异号，不妨取$\frac{\lambda_2}{\tau}<0$，则式(18－43)可化为

$$\frac{z_1^2}{(\sqrt{\tau/\lambda_1})^2}-\frac{z_2^2}{(\sqrt{-\tau/\lambda_2})^2}=1 \tag{18-47}$$

式(18－47)表示的二次曲面为双曲柱面。

⑤ 当 $\lambda_1\lambda_2<0$ 且 $\tau=0$ 时，不妨取 $\lambda_1>0$，则式(18－43)可化为

$$\frac{z_1^2}{(\sqrt{1/\lambda_1})^2}-\frac{z_2^2}{(\sqrt{-1/\lambda_2})^2}=0 \tag{18-48}$$

式(18－48)表示的二次曲面退化为两相交的实平面。

情况三：当 λ_1、λ_2、λ_3 有两个为零时，这里不妨设 $\lambda_1\neq0$，则式(18－26)可化为

$$\lambda_1\left(y_1+\frac{\boldsymbol{b}^{\mathrm{T}}\boldsymbol{p}_1}{2\lambda_1}\right)^2+\boldsymbol{b}^{\mathrm{T}}\boldsymbol{p}_2y_2+\boldsymbol{b}^{\mathrm{T}}\boldsymbol{p}_3y_3=\zeta \tag{18-49}$$

其中，$\zeta=\frac{(\boldsymbol{b}^{\mathrm{T}}\boldsymbol{p}_1)^2}{4\lambda_1}+d$。

(1) 当 $\boldsymbol{b}^{\mathrm{T}}\boldsymbol{p}_2$、$\boldsymbol{b}^{\mathrm{T}}\boldsymbol{p}_3$ 不全为零时，不妨设 $\boldsymbol{b}^{\mathrm{T}}\boldsymbol{p}_2\neq0$。先对式(18－49)上的点 $\boldsymbol{y}$ 作平移变换，令

$$\boldsymbol{y}=\tilde{\boldsymbol{y}}+\boldsymbol{C}_3 \tag{18-50}$$

其中，$\tilde{\boldsymbol{y}}=\begin{pmatrix}\tilde{y}_1\\\tilde{y}_2\\\tilde{y}_3\end{pmatrix}$，$\boldsymbol{C}_3=\begin{pmatrix}-\frac{\boldsymbol{b}^{\mathrm{T}}\boldsymbol{p}_1}{2\lambda_1}\\0\\0\end{pmatrix}$，则式(18－49)可化为

$$\lambda_1\tilde{y}_1^2+\boldsymbol{b}^{\mathrm{T}}\boldsymbol{p}_2\tilde{y}_2+\boldsymbol{b}^{\mathrm{T}}\boldsymbol{p}_3\tilde{y}_3=\zeta \tag{18-51}$$

再对式(18－51)上的点 $\tilde{\boldsymbol{y}}$ 作正交变换，令

$$\tilde{\boldsymbol{y}}=\tilde{\boldsymbol{P}}\boldsymbol{z} \tag{18-52}$$

其中，$\boldsymbol{z}=\begin{pmatrix}z_1\\z_2\\z_3\end{pmatrix}$，$\tilde{\boldsymbol{P}}=\begin{pmatrix}1&0&0\\0&\frac{\sqrt{2}}{2}&\frac{\sqrt{2}\boldsymbol{b}^{\mathrm{T}}\boldsymbol{p}_3}{2\boldsymbol{b}^{\mathrm{T}}\boldsymbol{p}_2}\\0&\frac{\sqrt{2}\boldsymbol{b}^{\mathrm{T}}\boldsymbol{p}_3}{2\boldsymbol{b}^{\mathrm{T}}\boldsymbol{p}_2}&-\frac{\sqrt{2}}{2}\end{pmatrix}$，则式(18－51)可化为

$$\lambda_1 z_1^2 + \rho z_2 = \zeta \tag{18-53}$$

其中，$\rho=\frac{\sqrt{2}\left[(\boldsymbol{b}^{\mathrm{T}}\boldsymbol{p}_2)^2+(\boldsymbol{b}^{\mathrm{T}}\boldsymbol{p}_3)^2\right]}{2\boldsymbol{b}^{\mathrm{T}}\boldsymbol{p}_2}$。最后，对式(18－53)上的点 $\boldsymbol{z}$ 作平移变换，令

$$\boldsymbol{z} = \tilde{\boldsymbol{z}} + \boldsymbol{C}_4 \tag{18-54}$$

其中，$\tilde{\boldsymbol{z}}=\begin{pmatrix}\tilde{z}_1\\ \tilde{z}_2\\ \tilde{z}_3\end{pmatrix}$，$\boldsymbol{C}_4=\begin{pmatrix}0\\ \frac{\zeta}{\rho}\\ 0\end{pmatrix}$，则式(18－53)可化为

$$\tilde{z}_1^2 = \frac{-\rho}{\lambda_1}\tilde{z}_2 \tag{18-55}$$

式(18－55)表示的二次曲面为抛物柱面。

(2) 当 $\boldsymbol{b}^{\mathrm{T}}\boldsymbol{p}_2$、$\boldsymbol{b}^{\mathrm{T}}\boldsymbol{p}_3$ 全为零时，对式(18－49)上的点 $\boldsymbol{y}$ 作平移变换，令

$$\boldsymbol{y} = \boldsymbol{z} + \boldsymbol{C}_5 \tag{18-56}$$

其中，$\boldsymbol{z}=\begin{pmatrix}z_1\\ z_2\\ z_3\end{pmatrix}$，$\boldsymbol{C}_5=\begin{pmatrix}-\frac{\boldsymbol{b}^{\mathrm{T}}\boldsymbol{p}_1}{2\lambda_1}\\ 0\\ 0\end{pmatrix}$，则式(18－49)可化为

$$z_1^2 = \frac{\zeta}{\lambda_1} \tag{18-57}$$

① 当 $\frac{\zeta}{\lambda_1}>0$ 时，式(18－57)表示一对实平行平面。

② 当 $\frac{\zeta}{\lambda_1}=0$ 时，式(18－57)表示一对实重合平面。

③ 当 $\frac{\zeta}{\lambda_1}<0$ 时，式(18－57)表示一对共轭虚平行平面。

由于正交变换和平移变换保持图形的形状和几何尺度不变，因此式(18－26)和式(18－22)表示的曲面类型相同，至此我们通过二次曲面系数矩阵的特征值与特征向量实现了式(18－22)所表示曲面的分类。

三、应用举例

二次曲线和二次曲面的分类思想方法基本相同，下面仅给出二次曲面分类的例题。

例 18－1 设二次曲面的一般方程为

$$5x_1^2 - 4x_1x_3 + 7x_2^2 - 4x_2x_3 + 6x_3^2 - 6x_1 - 10x_2 - 4x_3 + 7 = 0 \tag{18-58}$$

试将二次曲面化为标准形式并判断二次曲面的类型。

解 记 $\boldsymbol{x}=\begin{pmatrix}x_1\\ x_2\\ x_3\end{pmatrix}$，$\boldsymbol{A}=\begin{pmatrix}5 & 0 & -2\\ 0 & 7 & -2\\ -2 & -2 & 6\end{pmatrix}$，$\boldsymbol{b}=\begin{pmatrix}-6\\ -10\\ -4\end{pmatrix}$，则式(18－58)可表示为

$$\boldsymbol{x}^{\mathrm{T}}\boldsymbol{A}\boldsymbol{x} + \boldsymbol{b}^{\mathrm{T}}\boldsymbol{x} = -7 \tag{18-59}$$

由

$$f_A(\lambda)=|\boldsymbol{A}-\lambda\boldsymbol{E}|=\begin{vmatrix}5-\lambda & 0 & -2\\ 0 & 7-\lambda & -2\\ -2 & -2 & 6-\lambda\end{vmatrix}=-(\lambda-3)(\lambda-6)(\lambda-9)=0$$

可得矩阵 $\boldsymbol{A}$ 的特征值为

$$\lambda_1=3,\ \lambda_2=6,\ \lambda_3=9$$

当 $\lambda_1=3$ 时，求齐次线性方程组 $(\boldsymbol{A}-3\boldsymbol{E})\boldsymbol{x}=\boldsymbol{0}$ 的一个基础解系，得 $\boldsymbol{A}$ 对应于 $\lambda_1=3$ 的一个单位特征向量为 $\boldsymbol{p}_1=\dfrac{\sqrt{3}}{3}\begin{pmatrix}1\\1\\1\end{pmatrix}$；

当 $\lambda_2=6$ 时，求齐次线性方程组 $(\boldsymbol{A}-6\boldsymbol{E})\boldsymbol{x}=\boldsymbol{0}$ 的一个基础解系，得 $\boldsymbol{A}$ 对应于 $\lambda_2=6$ 的一个单位特征向量为 $\boldsymbol{p}_2=\dfrac{1}{3}\begin{pmatrix}-2\\2\\1\end{pmatrix}$；

当 $\lambda_3=9$ 时，求齐次线性方程组 $(\boldsymbol{A}-9\boldsymbol{E})\boldsymbol{x}=\boldsymbol{0}$ 的一个基础解系，得 $\boldsymbol{A}$ 对应于 $\lambda_3=9$ 的一个单位特征向量为 $\boldsymbol{p}_3=\dfrac{1}{3}\begin{pmatrix}1\\2\\-2\end{pmatrix}$。

于是计算得

$$\boldsymbol{bp}_1=-\frac{20\sqrt{3}}{3},\ \boldsymbol{bp}_2=-4,\ \boldsymbol{bp}_3=-6,\ \sigma=\frac{(\boldsymbol{bp}_1)^2}{4\lambda_1}+\frac{(\boldsymbol{bp}_2)^2}{4\lambda_2}+\frac{(\boldsymbol{bp}_3)^2}{4\lambda_3}-7=\frac{52}{9}$$

令 $\boldsymbol{P}=(\boldsymbol{p}_1,\ \boldsymbol{p}_1,\ \boldsymbol{p}_1)$，$\boldsymbol{C}_0=\left[-\dfrac{\boldsymbol{bp}_1}{2\lambda_1},\ -\dfrac{\boldsymbol{bp}_2}{2\lambda_2},\ -\dfrac{\boldsymbol{bp}_3}{2\lambda_3}\right]^{\mathrm{T}}=\left[\dfrac{10\sqrt{3}}{9},\ \dfrac{1}{3},\ \dfrac{1}{3}\right]^{\mathrm{T}}$，则 $\boldsymbol{P}$ 为正交矩阵，从而可通过变换 $\boldsymbol{x}=\boldsymbol{Py}+\boldsymbol{PC}_0$ 将式(18-58)化为标准方程，即

$$\frac{y_1^2}{(\sqrt{52/27})^2}+\frac{y_2^2}{(\sqrt{26/27})^2}+\frac{y_3^2}{(\sqrt{52/81})^2}=1 \tag{18-60}$$

根据以上的讨论，可得该曲面为椭球面。

四、应用拓展

上述思想方法亦可应用于 $n(n>3)$ 维二次曲面分类。由于一般 $n(n>3)$ 维二次曲面的类型复杂，这里仅给出与 $n(n>3)$ 维球面相关的结论，具体细节不再赘述。

在欧氏平面上，使用矩阵工具将 n 维二次曲面的方程写为

$$\boldsymbol{x}^{\mathrm{T}}\boldsymbol{Ax}+\boldsymbol{bx}=d \tag{18-61}$$

其中，

$$\boldsymbol{x}=\begin{pmatrix}x_1\\x_2\\\vdots\\x_n\end{pmatrix},\ \boldsymbol{A}=\begin{pmatrix}a_{11} & a_{12} & \cdots & a_{1n}\\ a_{12} & a_{22} & \cdots & a_{2n}\\ \vdots & \vdots & & \vdots\\ a_{1n} & a_{2n} & \cdots & a_{nn}\end{pmatrix}\neq\boldsymbol{O},\ \boldsymbol{b}=\begin{pmatrix}b_1\\b_2\\\vdots\\b_n\end{pmatrix}$$

因为实对称矩阵能够正交对角化，所以存在正交矩阵 $\boldsymbol{P}=\begin{pmatrix} p_{11} & p_{12} & \cdots & p_{1n} \\ p_{21} & p_{22} & \cdots & p_{2n} \\ \vdots & \vdots & & \vdots \\ p_{n1} & p_{n2} & \cdots & p_{nn} \end{pmatrix}$，使

$$\boldsymbol{P}^{\mathrm{T}}\boldsymbol{A}\boldsymbol{P}=\mathrm{diag}\{\lambda_1,\lambda_2,\cdots,\lambda_n\}\stackrel{\mathrm{def}}{=}\boldsymbol{\Lambda} \tag{18-62}$$

其中，$\lambda_i(i=1,2,\cdots,n)$ 为 $\boldsymbol{A}$ 的特征值（可以相同），其对应的特征向量为 $\boldsymbol{p}_i=(p_{1i},p_{2i},\cdots,p_{ni})^{\mathrm{T}}$。当 $\lambda_1\lambda_2\cdots\lambda_n\neq0$ 且 $\lambda_1,\lambda_2,\cdots,\lambda_n,\sigma=\sum\limits_{k=1}^{n}\dfrac{(\boldsymbol{b}\boldsymbol{p}_k)^2}{4\lambda_k}+d$ 同号时，可经正交变换和平移变换将式(18-61)化为

$$\frac{y_1^2}{(\sqrt{\sigma/\lambda_1})^2}+\frac{y_2^2}{(\sqrt{\sigma/\lambda_2})^2}+\cdots+\frac{y_n^2}{(\sqrt{\sigma/\lambda_n})^2}=1 \tag{18-63}$$

式(18-63)表示 n 维椭球面。由于正交变换和平移变换保持图形的形状和几何尺度不变，因此此情况下式(18-61)也表示 n 维椭球面。

案例 19　超定线性方程组的最小二乘解

一、背景描述

最小二乘法是估计理论的核心方法。该方法的本质是通过最小化误差的平方和寻找数据的最佳函数匹配。在许多实际应用中都会遇到超定线性方程组求解问题，理论上超定线性方程组无解，但实际应用中希望能获得它的近似解，最小二乘法提供了求解该问题的一种有效途径，通过最小二乘法获得的超定线性方程组的解称为最小二乘解。以超定线性方程组的最小二乘解为基础可以实现数据拟合与微分方程的初值问题求解等。

二、问题的数学描述与分析

1. 超定非齐次线性方程组的最小二乘解

设 $\boldsymbol{A}$ 是一个 $m\times n$ 矩阵，$\boldsymbol{b}$ 是一个 $m\times 1$ 矩阵。考虑非齐次线性方程组

$$\boldsymbol{A}\boldsymbol{x}=\boldsymbol{b} \tag{19-1}$$

当 $m>n$ 时，称式(19-1)为超定非齐次线性方程组。根据线性方程组解的情况及其判定定理，当 $R(\boldsymbol{A})<R(\boldsymbol{A},\boldsymbol{b})$ 时，方程组(19-1)无解。此时，系数矩阵 $\boldsymbol{A}$ 的秩有两种情形：

(1) $R(\boldsymbol{A})=n$，即 $\boldsymbol{A}$ 是列满秩矩阵，称对应方程组为列满秩方程组；

(2) $0<R(\boldsymbol{A})<n$，称对应方程组为降秩方程组。

这两种情形出现在许多实际应用中，由于实际问题的需要，此时希望获得方程组(19-1)的一个近似解 $\boldsymbol{x}^*$，使得残差向量 $\boldsymbol{A}\boldsymbol{x}^*-\boldsymbol{b}$ 满足

$$\|\boldsymbol{A}\boldsymbol{x}^*-\boldsymbol{b}\|^2=\min_{x\in\mathbf{R}^n}\|\boldsymbol{A}\boldsymbol{x}-\boldsymbol{b}\|^2 \tag{19-2}$$

称 $\boldsymbol{x}^*$ 为方程组(19-1)的最小二乘解。下面分列满秩方程组和降秩方程组两种情况讨论方程组(19-1)的最小二乘解。

1) 列满秩方程组

从一个简单的列满秩方程组 $\boldsymbol{A}\boldsymbol{x}=\boldsymbol{b}$ 出发讨论它的最小二乘解。设 $\boldsymbol{A}$ 是一个秩为 2 的 3×2 矩阵，记 $\boldsymbol{A}$ 的列向量为 $\boldsymbol{\alpha}_1$，$\boldsymbol{\alpha}_2$，这里 $\boldsymbol{\alpha}_1$，$\boldsymbol{\alpha}_2$ 均为 3 维列向量且线性无关。由于方程组 $\boldsymbol{A}\boldsymbol{x}=\boldsymbol{b}$ 无解，因此 $\boldsymbol{b}$ 不能由 $\boldsymbol{\alpha}_1$，$\boldsymbol{\alpha}_2$ 线性表示。同时，$\boldsymbol{\alpha}_1$，$\boldsymbol{\alpha}_2$ 生成的向量空间为三维空间中的一个平面，记为 π。$\boldsymbol{b}$ 在 π 上的正交投影如图 19-1 所示。若 $\boldsymbol{x}^*$ 为 $\boldsymbol{A}\boldsymbol{x}=\boldsymbol{b}$ 的最小二乘解，根据几何知识，向量 $\boldsymbol{A}\boldsymbol{x}^*$ 为 $\boldsymbol{b}$ 在 π 上的投影，则 $\boldsymbol{A}\boldsymbol{x}^*-\boldsymbol{b}$ 与 π 垂直，于是 $\boldsymbol{A}\boldsymbol{x}^*-\boldsymbol{b}$ 与 $\boldsymbol{\alpha}_1$，$\boldsymbol{\alpha}_2$ 垂直，那么

$$\begin{cases}\boldsymbol{\alpha}_1^{\mathrm{T}}(\boldsymbol{A}\boldsymbol{x}^*-\boldsymbol{b})=0\\ \boldsymbol{\alpha}_2^{\mathrm{T}}(\boldsymbol{A}\boldsymbol{x}^*-\boldsymbol{b})=0\end{cases} \tag{19-3}$$

式(19－3)可等价地写为

$$A^{T}(Ax^{*}-b)=0 \tag{19-4}$$

式(19－4)亦可改写为

$$A^{T}Ax^{*}=A^{T}b \tag{19-5}$$

此时 x^{*} 可通过求解方程组

$$A^{T}Ax=A^{T}b \tag{19-6}$$

获得，称方程组(19－6)为 $Ax=b$ 的正规方程组。又 A 是一个列满秩矩阵，因此 $R(A^{T}A)=2$，从而方程组(19－6)有唯一解。

上述结论可推广到一般情形：若方程组(19－1)为列满秩方程组，它的最小二乘解 x^{*} 为对应正规方程组 $A^{T}Ax=A^{T}b$ 的解，此时 x^{*} 唯一确定。

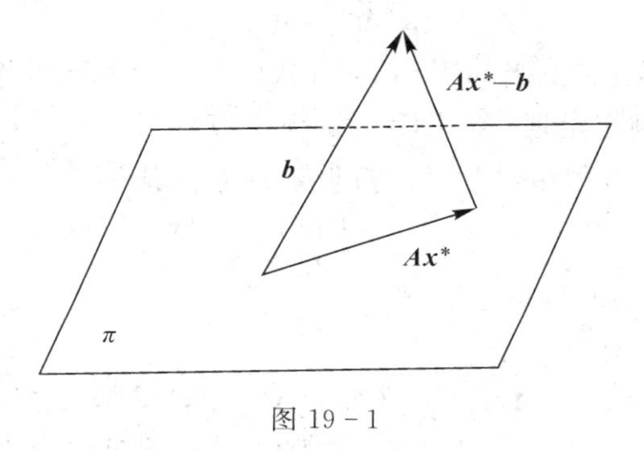

图 19－1

2）降秩方程组

从一个简单的降秩方程组 $Ax=b$ 出发讨论它的最小二乘解的计算。设 A 是一个秩为 1 的 3×2矩阵，记 A 的列向量为 α_1，α_2，这里 α_1，α_2 均为 3 维列向量。根据 $R(A)=1$，有 $\alpha_1=\lambda\alpha_2$，$\lambda\neq0$。再由方程组 $Ax=b$ 无解，可知 b 不能由 α_1，α_2 线性表示。同时，α_1，α_2 生成的向量空间为三维空间中的一条直线，记为 l。b 在 l 上的正交投影如图 19－2 所示。若 x^{*} 为 $Ax=b$ 的最小二乘解，根据几何知识，向量 Ax^{*} 为 b 在 l 上的投影，则 $Ax^{*}-b$ 与 l 垂直，于是 $Ax^{*}-b$ 与 α_1，α_2 垂直。类似于列满秩方程组，亦可构造正规方程组

$$A^{T}Ax=A^{T}b \tag{19-7}$$

此时 x^{*} 可通过求解方程组获得。由 $\alpha_1=\lambda\alpha_2$，$\lambda\neq0$，则方程组(19－7)的增广矩阵为

$$(A^{T}A\,|\,A^{T}b)=\left(\begin{array}{cc|c}\alpha_1^{T}\alpha_1 & \lambda\alpha_1^{T}\alpha_1 & \alpha_1^{T}b\\ \lambda\alpha_1^{T}\alpha_1 & \lambda^{2}\alpha_1^{T}\alpha_1 & \lambda\alpha_1^{T}b\end{array}\right) \tag{19-8}$$

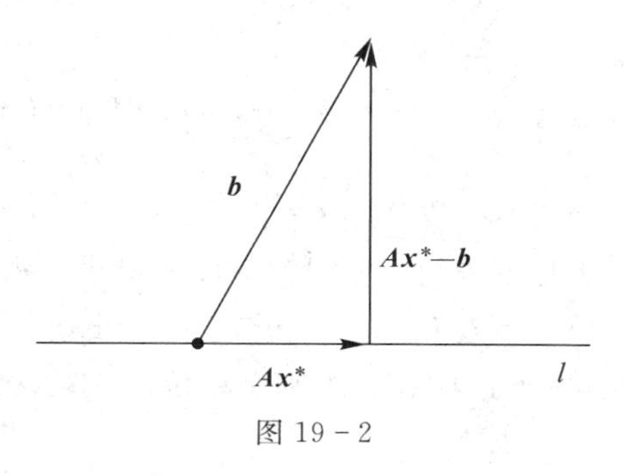

图 19－2

对$(\mathbf{A}^{\mathrm{T}}\mathbf{A}|\mathbf{A}^{\mathrm{T}}\boldsymbol{b})$做初等变换，有

$$(\mathbf{A}^{\mathrm{T}}\mathbf{A}|\mathbf{A}^{\mathrm{T}}\boldsymbol{b})=\left(\begin{array}{cc|c}\boldsymbol{\alpha}_1^{\mathrm{T}}\boldsymbol{\alpha}_1 & \lambda\boldsymbol{\alpha}_1^{\mathrm{T}}\boldsymbol{\alpha}_1 & \boldsymbol{\alpha}_1^{\mathrm{T}}\boldsymbol{b}\\ \lambda\boldsymbol{\alpha}_1^{\mathrm{T}}\boldsymbol{\alpha}_1 & \lambda^2\boldsymbol{\alpha}_1^{\mathrm{T}}\boldsymbol{\alpha}_1 & \lambda\boldsymbol{\alpha}_1^{\mathrm{T}}\boldsymbol{b}\end{array}\right)\overset{r}{\sim}\left(\begin{array}{cc|c}\boldsymbol{\alpha}_1^{\mathrm{T}}\boldsymbol{\alpha}_1 & \lambda\boldsymbol{\alpha}_1^{\mathrm{T}}\boldsymbol{\alpha}_1 & \boldsymbol{\alpha}_1^{\mathrm{T}}\boldsymbol{b}\\ 0 & 0 & 0\end{array}\right) \tag{19-9}$$

又$R(\mathbf{A})=1$，因此$\boldsymbol{\alpha}_1^{\mathrm{T}}\boldsymbol{\alpha}_1\neq 0$，从而$R(\mathbf{A}^{\mathrm{T}}\mathbf{A})=R(\mathbf{A}^{\mathrm{T}}\mathbf{A}|\mathbf{A}^{\mathrm{T}}\boldsymbol{b})=1<2$，根据线性方程组解的判定定理，方程组(19-7)有无穷多解。

上述结论可推广到一般情形：若方程组(19-1)为降秩方程组，它的最小二乘解$\boldsymbol{x}^*$为对应正规方程组$\mathbf{A}^{\mathrm{T}}\mathbf{A}\boldsymbol{x}=\mathbf{A}^{\mathrm{T}}\boldsymbol{b}$的解，此时$\boldsymbol{x}^*$有无穷多个。

2. 超定齐次线性方程组的最小二乘解

设$\mathbf{A}$是一个$m\times n$矩阵，考虑齐次线性方程组

$$\mathbf{A}\boldsymbol{x}=\mathbf{0} \tag{19-10}$$

其中$\mathbf{0}$是一个$m\times 1$的零矩阵，当$m>n$时，称式(19-10)为超定齐次线性方程组。根据线性方程组解的情况及其判定定理，当$R(\mathbf{A})=n$时，方程组(19-10)仅有零解。由于实际问题的需要，此时希望获得方程组(19-10)的非零解$\boldsymbol{x}^*$，使得

$$\|\mathbf{A}\boldsymbol{x}^*\|^2=\min_{\|\boldsymbol{x}\|^2=1}\|\mathbf{A}\boldsymbol{x}\|^2 \tag{19-11}$$

则称$\boldsymbol{x}^*$为方程组(19-10)的最小二乘解。

由向量范数的定义，有

$$\|\mathbf{A}\boldsymbol{x}\|^2=(\mathbf{A}\boldsymbol{x})^{\mathrm{T}}\mathbf{A}\boldsymbol{x}=\boldsymbol{x}^{\mathrm{T}}\mathbf{A}^{\mathrm{T}}\mathbf{A}\boldsymbol{x} \tag{19-12}$$

式(19-12)表示一个n元二次型，用f表示，则f对应的矩阵为$\mathbf{A}^{\mathrm{T}}\mathbf{A}$。由于所考虑的问题满足条件$R(\mathbf{A})=n$，因此$\mathbf{A}^{\mathrm{T}}\mathbf{A}$为正定矩阵。由主轴定理，存在正交变换$\boldsymbol{x}=\boldsymbol{Q}\boldsymbol{y}$，使二次型$f$化为标准形

$$f=\sum_{j=1}^{n}\lambda_j y_j^2 \tag{19-13}$$

其中：$\boldsymbol{y}=(y_1, y_2, \cdots, \lambda_n)^{\mathrm{T}}$，$\boldsymbol{Q}=(\boldsymbol{q}_1, \boldsymbol{q}_2, \cdots, \boldsymbol{q}_n)$，$\lambda_1, \lambda_2, \cdots, \lambda_n$为$\mathbf{A}^{\mathrm{T}}\mathbf{A}$的$n$个特征值，$\boldsymbol{q}_1, \boldsymbol{q}_2, \cdots, \boldsymbol{q}_n$为$\mathbf{A}^{\mathrm{T}}\mathbf{A}$的对应于特征值$\lambda_1, \lambda_2, \cdots, \lambda_n$的单位特征向量。由正定矩阵的性质可知，$\mathbf{A}^{\mathrm{T}}\mathbf{A}$的特征值均为正实数，不妨设$\lambda_n\geqslant\lambda_{n-1}\geqslant\cdots\geqslant\lambda_1>0$。由于正交变换具有保范性，因此

$$\min_{\|\boldsymbol{x}\|^2=1}\|\mathbf{A}\boldsymbol{x}\|^2=\min_{\|\boldsymbol{x}\|^2=1}\boldsymbol{x}^{\mathrm{T}}\mathbf{A}^{\mathrm{T}}\mathbf{A}\boldsymbol{x}=\min_{\|\boldsymbol{y}\|^2=1}\sum_{j=1}^{n}\lambda_j y_j^2 \tag{19-14}$$

又$\|\boldsymbol{y}\|^2=1$时，有

$$\sum_{j=1}^{n}\lambda_j y_j^2\geqslant\lambda_1\sum_{j=1}^{n}y_j^2=\lambda_1 \tag{19-15}$$

式(19-15)取等号等价于$y_1^2=1$，$y_j=0(j=2, \cdots, n)$，即$y=(\pm 1, 0, \cdots, 0)^{\mathrm{T}}$时，有

$$\min_{\|\boldsymbol{y}\|^2=1}\sum_{j=1}^{n}\lambda_j y_j^2=\lambda_1$$

这一论断的证明留给读者。于是方程组(19-10)对应的最小二乘解为

$$\boldsymbol{x}^*=\boldsymbol{Q}(\pm 1, 0, \cdots, 0)^{\mathrm{T}}=\pm\boldsymbol{q}_1 \tag{19-16}$$

式(19-16)表明$\mathbf{A}^{\mathrm{T}}\mathbf{A}$的最小特征值$\lambda_1$对应的所有单位向量均为方程组(19-10)对应的最小二乘解。

三、应用举例

下面考虑一个具体例子。

例 19－1 设有非齐次线性方程组

$$\begin{cases} x_1 - 2x_2 + 4x_3 = 12 \\ x_1 - x_2 + x_3 = 5 \\ x_1 = 3 \\ x_1 + x_2 + x_3 = 2 \\ x_1 + 2x_2 + 4x_3 = 5 \end{cases} \tag{19-17}$$

和齐次线性方程组

$$\begin{cases} x_1 - 2x_2 + 4x_3 = 0 \\ x_1 - x_2 + x_3 = 0 \\ x_1 = 0 \\ x_1 + x_2 + x_3 = 0 \\ x_1 + 2x_2 + 4x_3 = 0 \end{cases} \tag{19-18}$$

试求式(19－17)和式(19－18)的最小二乘解。

解 为了描述方便，记 $\boldsymbol{x}=\begin{pmatrix} x_1 \\ x_2 \\ x_3 \end{pmatrix}$，$\boldsymbol{A}=\begin{pmatrix} 1 & -2 & 4 \\ 1 & -1 & 1 \\ 1 & 0 & 0 \\ 1 & 1 & 1 \\ 1 & 2 & 4 \end{pmatrix}$，$\boldsymbol{b}=\begin{pmatrix} 12 \\ 5 \\ 3 \\ 2 \\ 5 \end{pmatrix}$，则式(19－17)可表示为

$$\boldsymbol{Ax} = \boldsymbol{b} \tag{19-19}$$

而式(19－18)可表示为

$$\boldsymbol{Ax} = \boldsymbol{0} \tag{19-20}$$

又 $R(\boldsymbol{A})=3<R(\boldsymbol{A},\boldsymbol{b})=4$，因此方程组(19－19)是一个列满秩超定方程组，无解。这里需要求方程组(19－19)的最小二乘解 $\boldsymbol{x}^*$，可通过求解其正规方程组

$$\boldsymbol{A}^{\mathrm{T}}\boldsymbol{Ax} = \boldsymbol{A}^{\mathrm{T}}\boldsymbol{b} \tag{19-21}$$

获得。在方程组(19－21)中，代入矩阵 $\boldsymbol{A}$ 和向量 $\boldsymbol{b}$，有

$$\begin{pmatrix} 5 & 0 & 10 \\ 0 & 10 & 0 \\ 10 & 0 & 34 \end{pmatrix}\begin{pmatrix} a_0 \\ a_1 \\ a_2 \end{pmatrix} = \begin{pmatrix} 26 \\ -19 \\ 71 \end{pmatrix} \tag{19-22}$$

解得

$$\boldsymbol{x}^* = \left[\frac{87}{35}, \frac{-19}{10}, \frac{19}{14}\right]^{\mathrm{T}}$$

即为方程组(19－17)的最小二乘解。

同时，可求得矩阵 $\boldsymbol{A}^{\mathrm{T}}\boldsymbol{A}=\begin{pmatrix} 5 & 0 & 10 \\ 0 & 10 & 0 \\ 10 & 0 & 34 \end{pmatrix}$ 的最小特征值为 $\lambda^* \approx 1.8861$，对应的单位特

征向量为 $\boldsymbol{q}^* = \pm(0.9548, 0, -0.2973)^{\mathrm{T}}$，即方程组(19-18)的最小二乘解为 $\boldsymbol{x}^* = \pm(0.9548, 0, -0.2973)^{\mathrm{T}}$。

四、应用拓展

超定线性方程组的最小二乘思想可应用于微分方程初值问题的求解。考虑关于 x 的函数

$$y = a_0 \mathrm{e}^{t_0 x} + a_1 \mathrm{e}^{t_1 x} + \cdots + a_n \mathrm{e}^{t_n x} \tag{19-23}$$

该函数满足约束

$$y(x_0) = y_0,\ y'(x_0) = y_1,\ \cdots,\ y^{(m)}(x_0) = y_m \quad (m > n) \tag{19-24}$$

这里 $t_0, t_1, \cdots, t_n$ 为 $n+1$ 个互不相同的数，x_0 为 x 的初始值，试确定该函数。计算式(19-23)关于 x 的 $k(k=0, 1, 2, \cdots, m)$ 阶导数，有

$$\begin{cases} y = a_0 \mathrm{e}^{t_0 x} + a_1 \mathrm{e}^{t_1 x} + \cdots + a_n \mathrm{e}^{t_n x} \\ y' = a_0 t_0 \mathrm{e}^{t_0 x} + a_1 t_1 \mathrm{e}^{t_1 x} + \cdots + a_n t_n \mathrm{e}^{t_n x} \\ y'' = a_0 t_0^2 \mathrm{e}^{t_0 x} + a_1 t_1^2 \mathrm{e}^{t_1 x} + \cdots + a_n t_n^2 \mathrm{e}^{t_n x} \\ \quad\vdots \\ y^{(m)} = a_0 t_0^m \mathrm{e}^{t_0 x} + a_1 t_1^m \mathrm{e}^{t_1 x} + \cdots + a_n t_n^m \mathrm{e}^{t_n x} \end{cases} \tag{19-25}$$

将式(19-24)代入式(19-25)中，有

$$\begin{cases} a_0 \mathrm{e}^{t_0 x_0} + a_1 \mathrm{e}^{t_1 x_0} + \cdots + a_n \mathrm{e}^{t_n x_0} = y_0 \\ a_0 t_0 \mathrm{e}^{t_0 x_0} + a_1 t_1 \mathrm{e}^{t_1 x_0} + \cdots + a_n t_n \mathrm{e}^{t_n x_0} = y_1 \\ a_0 t_0^2 \mathrm{e}^{t_0 x_0} + a_1 t_1^2 \mathrm{e}^{t_1 x_0} + \cdots + a_n t_n^2 \mathrm{e}^{t_n x_0} = y_2 \\ \quad\vdots \\ a_0 t_0^m \mathrm{e}^{t_0 x_0} + a_1 t_1^m \mathrm{e}^{t_1 x_0} + \cdots + a_n t_n^m \mathrm{e}^{t_n x_0} = y_m \end{cases} \tag{19-26}$$

记 $\boldsymbol{z} = \begin{pmatrix} a_0 \\ a_1 \\ a_2 \\ \vdots \\ a_n \end{pmatrix}$，$\boldsymbol{A} = \begin{pmatrix} \mathrm{e}^{t_0 x_0} & \mathrm{e}^{t_1 x_0} & \mathrm{e}^{t_2 x_0} & \cdots & \mathrm{e}^{t_n x_0} \\ t_0 \mathrm{e}^{t_0 x_0} & t_1 \mathrm{e}^{t_1 x_0} & t_2 \mathrm{e}^{t_2 x_0} & \cdots & t_n \mathrm{e}^{t_n x_0} \\ t_0^2 \mathrm{e}^{t_0 x_0} & t_1^2 \mathrm{e}^{t_1 x_0} & t_2^2 \mathrm{e}^{t_2 x_0} & \cdots & t_n^2 \mathrm{e}^{t_n x_0} \\ \vdots & \vdots & \vdots & & \vdots \\ t_0^m \mathrm{e}^{t_0 x_0} & t_1^m \mathrm{e}^{t_1 x_0} & t_2^m \mathrm{e}^{t_2 x_0} & \cdots & t_n^m \mathrm{e}^{t_n x_0} \end{pmatrix}$，$\boldsymbol{b} = \begin{pmatrix} y_0 \\ y_1 \\ y_2 \\ \vdots \\ y_m \end{pmatrix}$，则式(19-26)可表示为

$$\boldsymbol{A}\boldsymbol{z} = \boldsymbol{b} \tag{19-27}$$

一般地，在实际问题中有 $R(\boldsymbol{A}, \boldsymbol{b}) > n+1$，即式(19-27)是一个超定方程组，此时不存在满足式(19-24)的具有形式式(19-23)的函数，这里希望获得一个近似解，即求 a_0，a_1，$\cdots$，a_n 使得拟合优度

$$\begin{aligned} Q(a_0, a_1, \cdots, a_n) &= \| \boldsymbol{A}\boldsymbol{z} - \boldsymbol{b} \|^2 \\ &= \sum_{i=0}^{m} [(a_i + a_1 x_i + a_2 x_i^2 + \cdots + a_n x_i^n) - y_i]^2 \end{aligned} \tag{19-28}$$

最小。根据以上讨论，方程组(19-27)的最小二乘解 $\boldsymbol{z}^*$ 即为所求，可通过解正规方程组 $\boldsymbol{A}^{\mathrm{T}}\boldsymbol{A}\boldsymbol{z} = \boldsymbol{A}^{\mathrm{T}}\boldsymbol{b}$ 获得。

案例20　军事评价中各指标重要性的确定问题

一、背景描述

在军事领域中，经常会遇到需要做出判断和决定的决策(评价)问题。决策者需要对若干个备选方案进行筛选，从中选择一个相对最优的方案。而备选方案往往具有多个指标，且各指标的重要程度不同，因此需要引入权这一概念。权是指标重要性的度量，即衡量指标重要性的手段。通过权，决策者就可以对各指标重要性进行量化。在军事评价中对各指标重要性进行量化与确定的问题，实际上就是权的确定问题。此问题的解决需要用到线性代数中的矩阵、特征值、特征向量等知识。

二、问题的数学描述与分析

如前所述，权是指标重要性的数量化表示，但在指标较多时，决策者往往难以直接确定每个指标的权重。因此，通常的做法是让决策者首先把各指标成对比较，用“同等重要”“稍微重要”“明显重要”“十分重要”“极其重要”等定性语言，说明其中一个指标比另一个指标对总体而言的重要程度。Saaty(1980)建议，将这些定性语言定量化，引入对总体而言指标 u_i 比指标 u_j 的重要性标度，根据一般人的认知习惯和判断能力给出了指标间相对重要性等级表，也就是1～9标度，见表20-1。

表20-1　标度的含义

标度	含　义
1	表示两个元素相比，具有同样重要性
3	表示两个元素相比，前者比后者稍重要
5	表示两个元素相比，前者比后者明显重要
7	表示两个元素相比，前者比后者强烈重要
9	表示两个元素相比，前者比后者极端重要
2，4，6，8	表示上述相邻判断的中间值

例如，决策者认为 u_i 比 u_j 明显重要，则 $a_{ij}=5$，这样由决策者的定性判断转换为定量表示。1～9比率标度方法的引入，使得决策者判断思维数学化，这种将判断思维数学化的方法大大简化了问题的分析，使非常复杂的社会、经济、科学管理领域、军事领域等问题定量分析成为可能。

但是，这种比较可能不准确或不一致。例如，决策者虽然认为第一个指标的重要性是第二个指标重要性的 3 倍，第二个指标的重要性是第三个指标重要性的 2 倍，但他并不认为第一个指标的重要性是第三个指标重要性的 6 倍，因此，需要一定的方法把指标间的成对比较结果聚合起来确定一组权。

那么，如何把指标间的成对比较结果聚合？如何由此确定权重？这就需要工程数学中的矩阵理论知识，下面给出常用方法——特征向量法。具体如下：

1. 比较判断矩阵

首先，由决策者把指标的重要性做成对比较，得到比较判断矩阵。

设 n 个指标的权向量为 $\boldsymbol{w}=(w_1, w_2, \cdots, w_n)^{\mathrm{T}}$（待求）。对于 n 个指标 $u_1, u_2, \cdots u_n$，则需要比较 $C_n^2=\frac{1}{2}n(n-1)$ 次。把第 i 个指标 u_i 对第 j 个指标 u_j 的相对重要性记为 a_{ij}（其值可以由 1～9 标度确定），并认为，这就是指标 u_i 的权 w_i 与指标 u_j 的权 w_j 之比的近似值，$a_{ij}\approx\frac{w_i}{w_j}$，$n$ 个指标成对比较的结果为矩阵 $\boldsymbol{A}$，$\boldsymbol{B}$ 是两两比较判断矩阵，简称为判断矩阵。

$$\boldsymbol{A}=\begin{pmatrix} a_{11} & a_{12} & \cdots & a_{1n} \\ a_{21} & a_{22} & \cdots & a_{2n} \\ \vdots & \vdots & & \vdots \\ a_{n1} & a_{n2} & \cdots & a_{nn} \end{pmatrix}\approx\begin{pmatrix} \frac{w_1}{w_1} & \frac{w_1}{w_2} & \cdots & \frac{w_1}{w_n} \\ \frac{w_2}{w_1} & \frac{w_2}{w_2} & \cdots & \frac{w_2}{w_n} \\ \vdots & \vdots & & \vdots \\ \frac{w_n}{w_1} & \frac{w_n}{w_2} & \cdots & \frac{w_n}{w_n} \end{pmatrix} \tag{20-1}$$

其中，$\boldsymbol{A}$ 中元素满足 $a_{ij}>0$，$a_{ji}=1/a_{ij}$，$a_{ii}=1$，也称之为正互反矩阵。

例如共有 3 个指标，决策者认为指标 u_1 与 u_2 相比，重要性介于同样重要和稍微重要之间，u_3 比 u_1 稍重要，u_3 比 u_2 强烈重要，得比较判断矩阵为

$$\boldsymbol{A}=\begin{pmatrix} 1 & 2 & \frac{1}{3} \\ \frac{1}{2} & 1 & \frac{1}{7} \\ 3 & 7 & 1 \end{pmatrix}$$

2. 权重的计算

情形一：若决策者能够准确估计 a_{ij}，也就是判断矩阵 $\boldsymbol{A}$ 中的元素满足：

$$a_{ij}a_{jk}=a_{ik} \quad (i, j, k=1,2,\cdots,n)$$

若一个 n 阶正互反矩阵 $\boldsymbol{A}$ 的元素满足上述条件，则称矩阵 $\boldsymbol{A}$ 为一致性矩阵，简称一致阵。

对于一致阵，则式(20-1)中的等号成立，即式(20-1)中的近似就变成了完全相等，即

$$\boldsymbol{A}=\begin{pmatrix} a_{11} & a_{12} & \cdots & a_{1n} \\ a_{21} & a_{22} & \cdots & a_{2n} \\ \vdots & \vdots & & \vdots \\ a_{n1} & a_{n2} & \cdots & a_{nn} \end{pmatrix}=\begin{pmatrix} \frac{w_1}{w_1} & \frac{w_1}{w_2} & \cdots & \frac{w_1}{w_n} \\ \frac{w_2}{w_1} & \frac{w_2}{w_2} & \cdots & \frac{w_2}{w_n} \\ \vdots & \vdots & & \vdots \\ \frac{w_n}{w_1} & \frac{w_n}{w_2} & \cdots & \frac{w_n}{w_n} \end{pmatrix}$$

用向量 $\boldsymbol{w}=(w_1, w_2, \cdots, w_n)^{\mathrm{T}}(\sum_{i=1}^{n} w_i=1)$ 右乘 $\boldsymbol{A}$，得

$$\boldsymbol{A w}=\begin{pmatrix} \frac{w_1}{w_1} & \frac{w_1}{w_2} & \cdots & \frac{w_1}{w_n} \\ \frac{w_2}{w_1} & \frac{w_2}{w_2} & \cdots & \frac{w_2}{w_n} \\ \vdots & \vdots & & \vdots \\ \frac{w_n}{w_1} & \frac{w_n}{w_2} & \cdots & \frac{w_n}{w_n} \end{pmatrix}\begin{pmatrix} w_1 \\ w_2 \\ \vdots \\ w_n \end{pmatrix}=\begin{pmatrix} n w_1 \\ n w_2 \\ \vdots \\ n w_n \end{pmatrix}=n \boldsymbol{w} \tag{20-2}$$

根据特征值、特征向量的定义：若 $\boldsymbol{A x}=\lambda \boldsymbol{x}$（$\boldsymbol{x}$ 为非零向量），称 λ 为方阵 $\boldsymbol{A}$ 的特征值，$\boldsymbol{x}$ 称为对应特征值 λ 的特征向量。由式(20－2)可知，向量 $\boldsymbol{w}$ 满足特征向量的定义，可见，n 就是矩阵 $\boldsymbol{A}$ 的特征值，权重 $\boldsymbol{w}=(w_1, w_2, \cdots, w_n)^{\mathrm{T}}$ 就是 $\boldsymbol{A}$ 的对应特征值 n 的归一化的特征向量。又根据矩阵理论，若判断矩阵 $\boldsymbol{A}$ 满足完全一致性，则 $\boldsymbol{A}$ 具有唯一非零、最大的特征值 n，且除 n 外，其余特征值均为零。因此，权重的计算就归结为计算判断矩阵的最大特征值及其特征向量的问题。

情形二：若决策者不能够准确估计 a_{ij}，也就是，在一般决策问题中，决策者不可能给出精确的 $\frac{w_i}{w_j}$ 度量，只能对它们进行估计判断。这样，实际给出的 a_{ij} 判断与理想的 $\frac{w_i}{w_j}$ 有偏差，不能保证判断矩阵具有完全的一致性。

根据矩阵理论，那么相应于判断矩阵 $\boldsymbol{A}$ 的特征值也将发生变化，新的问题即归结为

$$\boldsymbol{A W}'=\lambda_{\max} \boldsymbol{W}' \tag{20-3}$$

其中：$\lambda_{\max}$ 为判断矩阵 $\boldsymbol{A}$ 的最大特征值，$\boldsymbol{W}'$ 为对应 $\lambda_{\max}$ 的归一化的特征向量。也就是说，如果 $\boldsymbol{A}$ 不一致，在不一致程度容许范围内，把对应 $\lambda_{\max}$ 的归一化的特征向量 $\boldsymbol{W}'$ 作为权向量，这就是特征向量法。

由于判断矩阵会存在误差，为了判断误差的大小以及最后得到的结果是否合理，我们就需要进行一致性的检验。对于具有一致性的比较矩阵，最大特征值为 n；如果一个比较矩阵的最大特征值为 n，则一定具有一致性。估计误差的存在破坏了一致性，必然导致特征向量及特征值也有偏差。我们用 $\lambda_{\max}$ 表示带有偏差的最大特征值，则 $\lambda_{\max}$ 与 n 之差的大小反映了不一致的程度。考虑到因素个数的影响 Saaty 将 $\mathrm{CI}=(\lambda_{\max}-n)/(n-1)$ 定义为一致性指标，当 $\mathrm{CI}=0$ 时，比较矩阵完全一致，否则就存在不一致；CI 值越大，不一致的程度也就越大。为了确定不一致程度的允许范围，Saaty 又定义了一个一致性比率 CR，当 $\mathrm{CR}=\mathrm{CI}/\mathrm{RI}<0.1$ 时，认为其不一致性可以被接受，不会影响排序的定性结果，具体 RI 值见表 20－2.

表 20－2　RI 值

1	2	3	4	5	6	7	8	9
0.00	0.00	0.58	0.90	1.12	1.24	1.32	1.41	1.45

三、应用举例

反坦克导弹阵地应具备优良的条件，然而影响阵地选择的因素较多。下面以反坦克阵

地选择为例，主要因素从以下 6 个方面考虑：

(1) 是否便于发扬火力，视界、射界是否良好；

(2) 是否地幅适中，有良好遮蔽度，能疏散隐蔽地配置人员和装备，便于展开作业；

(3) 是否便于占领和撤出，有隐蔽方便的进出路；

(4) 是否便于构筑工事和伪装；

(5) 是否便于班(组)长的指挥；

(6) 能否避开独立明显物体。

例 20-1　记 B_1：便于发扬火力，视界、射界良好；B_2：地幅适中有良好遮蔽度，能疏散隐蔽地配置人员和装备，便于展开作业；B_3：便于占领和撤出，有隐蔽方便的进出路；B_4：便于构筑工事和伪装；B_5：便于班(组)长的指挥；B_6：避开独立明显物体。

根据表 20-1 的定量化尺度，建立判断矩阵，计算 6 个因素的权重。

解　(1) 建立比较判断矩阵：

$$\boldsymbol{A}=\begin{bmatrix} 1 & 2 & 3 & 5 & 7 & 8 \\ \frac{1}{2} & 1 & 2 & 4 & 5 & 6 \\ \frac{1}{3} & \frac{1}{2} & 1 & 3 & 4 & 5 \\ \frac{1}{5} & \frac{1}{4} & \frac{1}{3} & 1 & 2 & 3 \\ \frac{1}{7} & \frac{1}{5} & \frac{1}{4} & \frac{1}{2} & 1 & 2 \\ \frac{1}{8} & \frac{1}{6} & \frac{1}{5} & \frac{1}{3} & \frac{1}{2} & 1 \end{bmatrix}$$

(2) 计算权重。

计算得出最大特征值 $\lambda_{\max}$ 和特征向量 $\boldsymbol{W}=(w_1, w_2, \cdots, w_n)^{\mathrm{T}}$，元素 w_i 值表示各个因素相对重要性权值，得到

$$\boldsymbol{W}=(0.42, 0.257, 0.172, 0.0819, 0.0524, 0.0355)^{\mathrm{T}}$$

所以，6 个因素的权重分别为 0.42，0.26，0.17，0.08，0.05，0.04。

概 率 统 计 篇

案例21　目标检测问题

一、背景描述

对是否有来袭目标进行检测在军事领域有非常重要的作用。利用传感器(比如雷达)来检测目标，实质上就是通过传感器的观测数据判断是否有目标存在，因此对目标的检测本质就是一个判决问题，可以运用概率和统计的方法来对该问题进行研究。

二、问题的数学描述与分析

1. 基本问题建模

判断目标存在与否可以建模为一个假设检验模型，即

H_0：目标不存在

H_1：目标存在

通过观测的数据来判断 H_0，H_1 哪一个结论成立，从而作出决策，其决策结果一般定义为

$$u=\begin{cases}0, & \text{接受 } H_0\text{(判定为无目标)}\\ 1, & \text{拒绝 } H_0\text{(判定为有目标)}\end{cases}$$

传感器的判断结果会受到许多因素的影响和干扰，因此判断结果可能正确，也可能错误。这种判断有4种可能性：

(1) H_0 为真，$u=0$；

(2) H_0 为真，$u=1$；

(3) H_1 为真，$u=0$；

(4) H_1 为真，$u=1$。

其中：(1)和(4)是正确的决策，而(2)和(3)就犯了错误。(2)称为第一类错误，即虚警(没有目标判断为有目标)，(3)称为第二类错误，即漏检(有目标但判断为无目标)。

在目标检测中，常用虚警概率、漏检概率来表示犯这两类错误的概率大小，即

虚警概率：$p_f=p\{u=1|H_0\text{ 为真}\}$

漏检概率：$p_m=p\{u=0|H_1\text{ 为真}\}$

而 $p\{u=1|H_1\text{ 为真}\}$ 称为检测概率，记为 p_d，显然有 $p_d=1-p_m$。

目标检测就是使对目标的检测概率尽可能高(漏检概率尽可能低)，虚警概率尽可能低，实际中可转化为：在假定虚警概率不超过某个上限的前提下，使检测概率最大。

2. 基于最大后验概率的检测

基于最大后验概率的检测方法是指由观测数据计算假设成立的后验概率，以最大后验

概率对应的假设作出决策结论。

设 H_0、H_1 的先验概率分别为 $p(H_0)$、$p(H_1)$（$p(H_0)+p(H_1)=1$），观测数据为 w，由贝叶斯公式有

$$p(H_0|w)=\frac{p(H_0)p(w|H_0)}{p(w)}$$

$$p(H_1|w)=\frac{p(H_1)p(w|H_1)}{p(w)}$$

因此可以根据比较 $p(H_0|w)$ 与 $p(H_1|w)$ 的大小来作出决策，即

若 $p(H_1|w)>p(H_0|w)$，则判断目标存在；

若 $p(H_0|w)>p(H_1|w)$，则判断目标不存在。

上述规则可写为

$$\frac{p(H_1|w)}{p(H_0|w)}\begin{cases}>1, & \text{目标存在}\\<1, & \text{目标不存在}\end{cases}$$

而

$$\frac{p(H_1|w)}{p(H_0|w)}=\frac{p(w|H_1)p(H_1)}{p(w|H_0)p(H_0)}$$

故判决准则为

$$\begin{cases}\dfrac{p(w|H_1)}{p(w|H_0)}>\dfrac{p(H_0)}{p(H_1)}, & \text{则假设 } H_1 \text{ 成立，即目标存在}\\[2ex]\dfrac{p(w|H_1)}{p(w|H_0)}<\dfrac{p(H_0)}{p(H_1)}, & \text{则假设 } H_0 \text{ 成立，即目标不存在}\end{cases} \tag{21-1}$$

其中，$\dfrac{p(H_0)}{p(H_1)}$ 称为先验比。

三、应用举例

假设目标存在与否的先验概率是相等的，即 $p(H_0)=p(H_1)=\frac{1}{2}$。对某个雷达传感器，在有真实目标的情形下，该传感器因物理信号数据超过检测门限值而收到目标信号数据的概率为 $\frac{2}{3}$，即 $p(w|H_1)=\frac{2}{3}$；在无真实目标的情形下传感器收到目标信号数据的概率为 $\frac{1}{5}$，即 $p(w|H_0)=\frac{1}{5}$。于是 $\dfrac{p(w|H_1)}{p(w|H_0)}=\dfrac{10}{3}>\dfrac{p(H_0)}{p(H_1)}=1$，故应判决为目标存在。

四、应用拓展

更一般地，判决准则也可用概率密度来表示，即假设观测变量在 H_1 成立时的概率密度为 $f_1(x)$，在 H_0 成立时的概率密度为 $f_0(x)$，设传感器观测的数据为 w，则有判决准则为

$$\begin{cases}\dfrac{f_1(w)}{f_0(w)}>\dfrac{p(H_0)}{p(H_1)}, & \text{则假设 } H_1 \text{ 成立，即目标存在}\\[2ex]\dfrac{f_1(w)}{f_0(w)}<\dfrac{p(H_0)}{p(H_1)}, & \text{则假设 } H_0 \text{ 成立，即目标不存在}\end{cases} \tag{21-2}$$

其中，$\frac{f_1(w)}{f_0(w)}$为似然比，$\frac{p(H_0)}{p(H_1)}$为先验比。

例如，若传感器有噪声，假设噪声 $n(t)$服从零均值的正态分布 $N(0, \sigma^2)$，其分布密度为

$$f_n(x)=\frac{1}{\sqrt{2\pi}\sigma}e^{-\frac{x^2}{2\sigma^2}}$$

若有真实目标，假设目标信号 $x(t)$叠加在噪声上，这时观测值 $y(t)=x(t)+n(t)$。进一步假设真实目标信号是振幅为 μ 的脉冲，则传感器接到信号的概率密度为

$$f(x)=\frac{1}{\sqrt{2\pi}\sigma}e^{-\frac{(x-\mu)^2}{2\sigma^2}}$$

因此，对一次观测来说，传感器接收到物理信号数据 w 的概率密度为

$$f_1(w)=\frac{1}{\sqrt{2\pi}\sigma}e^{-\frac{(w-\mu)^2}{2\sigma^2}}$$

若没有真实目标，传感器接收到物理信号数据 w 的概率密度则为

$$f_0(w)=\frac{1}{\sqrt{2\pi}\sigma}e^{-\frac{w^2}{2\sigma^2}}$$

于是

$$\frac{f_1(w)}{f_0(w)}=\frac{\frac{1}{\sqrt{2\pi}\sigma}e^{-\frac{(w-\mu)^2}{2\sigma^2}}}{\frac{1}{\sqrt{2\pi}\sigma}e^{-\frac{w^2}{2\sigma^2}}}=e^{\frac{\mu}{\sigma^2}w-\frac{\mu^2}{2\sigma^2}}$$

若

$$e^{\frac{\mu}{\sigma^2}w-\frac{\mu^2}{2\sigma^2}}>\frac{p(H_0)}{p(H_1)} \tag{21-3}$$

则判决为 H_1 成立，即目标存在。式(21-3)两端取对数，得

$$\frac{\mu}{\sigma^2}w-\frac{\mu^2}{2\sigma^2}>\ln\frac{p(H_0)}{p(H_1)}$$

进一步整理得

当 $\mu>0$ 时，有

$$w>\frac{\mu}{2}+\frac{\sigma^2}{\mu}\ln\frac{p(H_0)}{p(H_1)} \tag{21-4}$$

当 $\mu<0$ 时，有

$$w<\frac{\mu}{2}+\frac{\sigma^2}{\mu}\ln\frac{p(H_0)}{p(H_1)} \tag{21-5}$$

式(21-4)、式(21-5)给出了由观测值 w 表达的检验统计量。若该检验统计量满足式(21-4)、式(21-5)，则拒绝 H_0，认为目标存在。

若 $p(H_0)=p(H_1)=\frac{1}{2}$，则式(21-4)、式(21-5)简化为

当$\mu>0$时，有

$$w>\frac{\mu}{2} \tag{21-6}$$

当$\mu<0$时，有

$$w<\frac{\mu}{2} \tag{21-7}$$

案例22　轧钢中的浪费问题

一、背景描述

在轧钢厂，把粗大的钢坯变成合格的钢材(如钢筋、钢板)通常要经过两道工序，第一道是粗轧(热轧)，形成钢材的雏形；第二道是精轧(冷轧)，得到规定长度的成品材。粗轧时由于设备、环境等方面因素的影响，得到的钢材的长度是随机的，大体上呈正态分布，其均值可以在轧制过程中由轧机调整，而均方差则是由设备的精度决定的，不能随意改变。如果粗轧后的钢材长度大于规定长度，精轧时把多出的部分切掉，造成浪费(精轧设备的精度很高，轧出的成品材可以认为是完全符合规定长度要求的)；如果粗轧后的钢材已经比规定长度短，则整根报废，造成更大的浪费。综合考虑这两种情况，分析研究如何确定粗轧后钢材长度的均值，减小轧钢浪费问题就具有重要的实际应用价值。

二、问题的数学描述与分析

经分析，上面的问题可叙述为：已知成品材的规定长度 l 和粗轧后钢材长度的均方差 σ，确定粗轧后钢材长度的均值 m，使得当轧机调整到 m 进行粗轧，再通过精轧以得到成品材时总的浪费最少。

1. 确定目标函数

粗轧后钢材长度记作 X，X 是均值为 m、均方差为 σ 的正态随机变量，x 为随机变量 X 的测量值，X 的概率密度记作 $p(x)$，其中 σ 已知，m 待定。当成品材的规定长度 l 给定后，记 $X\geqslant l$ 的概率为 P，即 $P=P\{X\geqslant l\}$。

轧制过程中的浪费由两部分构成。一是当 $x\geqslant l$ 时，精轧时要切掉长 $x-l$ 的钢材；二是当 $x<l$ 时，长为 x 的整根钢材报废。

根据服从正态分布的随机变量的性质可知，m 变大时概率 P 增加，第一部分的浪费随之增加，而第二部分的浪费将减少；反之，当 m 变小时概率 P 减小，虽然被切掉的部分减少了，但是整根报废的可能性将增加。于是必然存在一个最佳的 m，使得两部分的浪费综合起来最小。

这是一个优化模型，建模的关键是选择合适的目标函数，利用已知的和待确定的量 l、σ、m 把目标函数表示出来。一种很自然的想法是直接写出上面分析的两部分浪费，以二者之和作为目标函数。于是容易得到总的浪费长度为

$$W=\int_{l}^{\infty}(x-l)p(x)\mathrm{d}x+\int_{-\infty}^{l}xp(x)\mathrm{d}x \tag{22-1}$$

(实际上，钢材长度 x 不可能取负值，式中积分下限取 $-\infty$ 是为了下面表示和计算的方便)

利用$\int_{-\infty}^{\infty} p(x)\mathrm{d}x = 1$，$\int_{-\infty}^{\infty} xp(x)\mathrm{d}x = m$和$\int_{l}^{\infty} p(x)\mathrm{d}x = P$，式(22-1)可化简为

$$W = m - lP \tag{22-2}$$

问题在于以W为目标并不合适，由于轧钢的最终产品是成品材，如果粗轧车间追求的是效益而不是产量，那么浪费的多少不应以每粗轧一根钢材的平均浪费量为标准，因此应该以每得到一根成品材所浪费钢材的平均长度为目标函数。当粗轧N根钢材时浪费的总长度是$mN - lPN$，而只得到PN根成品材，于是目标函数为$\frac{mN - lPN}{PN} = \frac{m}{P} - l$。鉴于$l$是已知常数，目标函数可等价地只取上式右端第一项，记作

$$J(m) = \frac{m}{P(m)} \tag{22-3}$$

式中，$P(m)$表示P是m的函数。实际上，$J(m)$恰好是平均每得到一根成品材所需钢材的长度。以此作为目标函数较为合理，下面分析如何求得$J(m)$最小值点。

2. 求解最优均值

由于

$$P(m) = \int_{l}^{\infty} \frac{1}{\sqrt{2\pi}\sigma}\mathrm{e}^{-\frac{(x-m)^2}{2\sigma^2}}\mathrm{d}x = \int_{\frac{l-m}{\sigma}}^{\infty}\varphi(t)\mathrm{d}t = 1 - \Phi\left(\frac{l-m}{\sigma}\right) \tag{22-4}$$

其中$\varphi(x)$和$\Phi(x)$分别为标准正态分布的密度函数和分布函数。

令$z=\frac{l-m}{\sigma}$，结合式(22-3)和式(22-4)，将问题的目标函数转换为关于z的函数$J(z)$，即转化为如下最优化问题

$$\min J(z)=\frac{l-\sigma z}{1-\Phi(z)} \tag{22-5}$$

由$\frac{\mathrm{d}J(z)}{\mathrm{d}z}=0$，易得问题(22-5)的最优解$z^*$满足

$$\frac{1-\Phi(z)}{\varphi(z)}=\frac{l}{\sigma}-z \tag{22-6}$$

为了方便求解，记$F(z)=\frac{1-\Phi(z)}{\varphi(z)}$，并且可以根据标准正态分布的密度函数值$\varphi(z)$和分布函数值$\Phi(z)$制成表格(见表22-1)。由表可以得到方程(22-6)的根z^*，再代回$z=\frac{l-m}{\sigma}$，得到m的最优值m^*。

表22-1　$F(z)=(1-\Phi(z))/\varphi(z)$简表

z	−3.0	−2.5	−2.0	−1.5	−1.0	−0.5
$F(z)$	227.0	56.79	18.10	7.206	3.477	1.680
z	0	0.5	1.0	1.5	2.0	2.5
$F(z)$	1.253	0.876	0.656	0.516	0.420	0.355

三、应用举例

例 22－1 要轧制长 $l=2$ m 的成品钢材，由粗轧设备等因素决定的粗轧冷却后钢材长度的均方差 $\sigma=0.2$，问这时钢材长度的均值 m 应调整到多少才使浪费最少？

解 结合式(22－6)易得，最优值 z^* 应满足 $F(z)+z=\frac{l}{\sigma}=10$，通过查表可得当 $z=-1.8$时，满足 $F(-1.8)+(-1.8)=10$，即得 $z^*=-1.8$，从而 $m^*=l-\sigma z^*=2.36$，即最佳钢材长度的均值应调整为 2.36 m。

同时，可以计算得 $p(m^*)=0.9625$，从而得到一根成品材浪费钢材的平均长度为 $\frac{m^*}{P(m^*)}-l=0.45$ m，浪费较大，为了减小浪费，应该设法提高粗轧设备的精度，即减小 σ。

四、应用拓展

在本案例中，用到了正态分布相关理论计算并解决实际问题，其中涉及变量代换等处理方法。案例中假设当粗轧后钢材长度 x 小于规定长度 l 时就整根报废，实际上这种钢材还能轧成较小规格如 $l_1(l_1<l)$的成品材。只有当 $x<l_1$ 时才报废或者当 $x<l$ 时可以降级使用，这些情形下的模型及求解就比较复杂了。

案例 23　生产车间传送系统的效率问题

一、背景描述

在机械化生产车间里常常可以看到这样的情景：排列整齐的工作台旁工人们紧张地生产同一种产品，工作台上方一条传送带在运转，传送带上设置着若干挂钩，工人们将产品挂在经过他上方的挂钩上带走。传送系统示意图如图 23－1 所示。

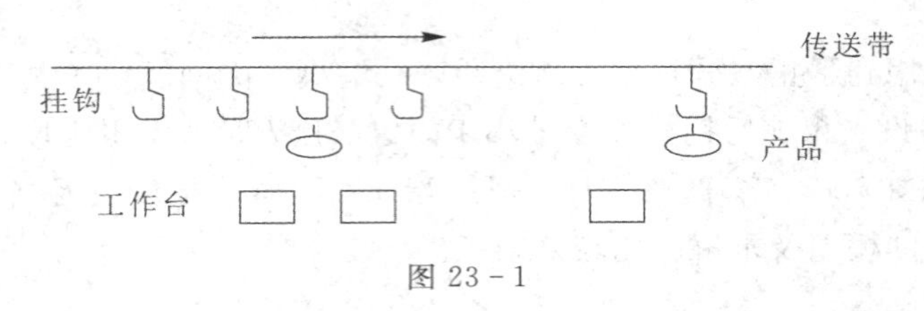

图 23－1

衡量这种传送系统的效率可以通过看它能否及时地把工人们生产的产品带走。显然在工人数目不变的情况下传送带速度越快，带上钩子越多，效率会越高。分析研究影响传送系统效率的因素并给出合理的方案提高传送效率具有重要的实际应用价值。

二、问题的数学描述与分析

我们利用概率的方法，构造一个衡量传送系统效率的指标，并在一些简化假设下建立一个模型来描述这个指标与工人数目、挂钩的数量等参数的关系。

1. 合理分析及假设

问题可以归结为考察工人生产出来的被挂钩带走的产品数量与总的产品数量之比。为了便于模型的建立，在不影响问题本质的前提下，有必要做出一定的假设来使问题得到简化。

根据实际经验，熟练工人在进入状态后生产周期应该没有太大差别，因此不妨假设生产进入稳定状态后，每个工人生产一件产品所需时间是相同的。对于生产周期起始点不同的问题，我们可以这样来考虑：将问题聚焦于生产过程进入稳态后的长度为一个产品生产周期的时间段，考虑在此时间段内工人生产的产品能够被及时带走的情况。由于各种随机因素的干扰，即使初始情况是同时开工的，经过相当长时间后，他们在某一给定时间段内生产完一件产品的时刻是不会一致的，可以认为是随机的，并且可以进一步认为在一个产品生产周期内任一时刻完成生产的可能性是相等的，注意，这一假设在很大程度上是合理的，并且将使问题得到很大的简化。

问题是要通过考察传送带及时带走的产品数量来表示传送系统的效率，因此需要考虑工人完成一件产品的生产时其上方是否有空挂钩的情况。一种情形是工人在生产出一件产品后，恰好有空挂钩经过他的工作台，使他可以将产品挂上带走；另一种情形是没有空挂钩经过，这时候他应该采取的措施要么是等下一个挂钩使得产品能被带走，要么是把产品放在一边并立即投入下一件产品的生产，以保持生产效率。如果工人采取的是第二种措施，则整个传送系统的效率问题将考虑因为空挂钩不能及时到达所损失的生产时间等因素，使得考虑的因素比较复杂，因此不妨假设工人采取的是第一种措施，即生产出一件产品时，若有空挂钩，则成功及时传送，否则放一边，及时传送失败。

综上分析，传送系统运转的效率等价于一个产品生产周期内的效率，而一个产品生产周期内的效率可以用它在一个产品生产周期内能带走的产品数与一个产品生产周期内生产的全部产品数之比来描述。

为了将问题简化到能用简单的概率方法来解决，我们做出如下的假设：

(1) 有 n 个工人，他们的生产是相互独立的，生产周期是常数，n 个工作台均匀排列。

(2) 生产已进入稳态，每个工人生产出一件产品的时间在一个产品生产周期内是等可能的。

(3) 在一周期内有 m 个挂钩通过每一工作台上方，挂钩均匀排列，每个工人在任何时刻都能且只能接触到一只挂钩，于是在他生产出一件产品的瞬间，如果他能接触到的那只挂钩是空的，则可将这件产品挂上带走，及时传送成功；如果那只挂钩非空(已被他前面的工人挂上了产品)，则及时传送失败。

将传送系统效率定义为一个产品生产周期内及时带走的产品数与生产出来的全部产品数之比，记作 D。设带走的产品数为 s，生产的全部产品数显然为 n，则有 $D=s/n$。由于 n 为常数，因此只需要分析 s 的大小。

2. 确定概率模型

如果从工人的角度考虑，分析每个工人能将自己生产的产品挂上挂钩的可能性，那么这个可能性显然与工人所在的位置有关(如第一个工人一定可以挂上)，这样就使问题复杂化。可以换一种思路从挂钩的角度考虑，在稳态下不妨假设挂钩没有次序，处于同等的地位。若能对一周期内的 m 只挂钩求出每只挂钩非空(即挂上产品)的概率 p，则 $s=mp$。

基于以上的假设，可以这样来计算 p(在一个产品生产周期内)：

(1) 由于在一个产品生产周期内，每一个工人都会完成一件产品的生产，都会需要一只空挂钩，而在此过程中，有 m 只挂钩经过其上方，而工人生产完一件产品的时刻是随机的，因此任一只挂钩被一名工人触到的概率是 $\frac{1}{m}$。

(2) 任一只挂钩不被一名工人触到的概率是 $1-\frac{1}{m}$。

(3) 由于工人生产的独立性，任一只挂钩不被 n 个工人中任何一个挂上产品的概率，即任一只挂钩为空的概率是 $\left(1-\frac{1}{m}\right)^n$。

(4) 任一只挂钩非空的概率是 $p=1-\left(1-\frac{1}{m}\right)^n$。

(5) 传送系统效率指标为

$$D=\frac{mp}{n}=\frac{m}{n}\left[1-\left(1-\frac{1}{m}\right)^n\right] \tag{23-1}$$

三、应用举例

例 23－1 一个传送系统有钩子数量 $m=40$，工作台有工人数量 $n=10$，请分析研究此传送系统的传送效率情况。

解 按照前面确定的传送系统传送效率模型，其传送效率与系统钩子数目 m 和工人数量 n 之间关系为

$$D=\frac{mp}{n}=\frac{m}{n}\left[1-\left(1-\frac{1}{m}\right)^{n}\right]$$

由于 $n=10$，$m=40$ 时，为了得到比较简单的结果，明显钩子数 m 相对于工人数 n 较大，即 $\frac{n}{m}$ 较小的情况下，可以考虑将多项式 $\left(1-\frac{1}{m}\right)^{n}$ 展开后只取前 3 项，则有

$$D\approx\frac{m}{n}\left[1-\left(1-\frac{n}{m}+\frac{n(n-1)}{2m^{2}}\right)\right]=1-\frac{n-1}{2m}$$

因此，上式给出传送系统传送效率 $D=88.75\%$，其精确结果为 $D=89.4\%$。

四、应用拓展

如果直接分析工人生产产品并进行传送的整个流程，这个模型将要考虑的因素将非常复杂，难以用简洁的方式建立模型。在这里，首先给出一些必要的假设，如每个工人的生产周期相等、在给定长度为一个产品生产周期的时间段内工人完成一件产品生产的时间的可能性是等可能的、未及时传送的产品退出传送系统等，这些假设可能是不现实的，但是对模型的建立却是必要的，这样可以将问题转化为一个标准化周期内进行考察。在进一步计算一个产品生产周期内产品被及时传送的概率时，转换考虑问题的角度，在稳态条件下考虑一个产品生产周期内钩子被及时挂上产品的概率，这样就抛开了工人沿传送带的排列顺序等因素，使得问题大大简化。

模型虽然是基于一系列假设得出的，这些假设并不完全符合实际情况，但是这样得到的模型还是有意义的。其意义在于，一方面利用基本合理的假设将问题简化到能够建模的程度，并用很简单的方法得到结果；另一方面所得到的简化结果(23－3)具有非常简明的意义：指标 $E=1-D$(可理解为相反意义的“效率”)与 n 成正比，与 m 成反比。通常工人数目 n 是固定的，一周期内通过的钩子数 m 增加 1 倍，可使“效率”E(未被带走的产品数与全部产品数之比)降低 1 倍。

案例24　排 队 问 题

一、背景描述

排队是一种经常遇见的非常熟悉的现象。排队问题共同的特点就是各种对象(如病人、旅客等)到达的随机性。当某一时刻要求服务的对象超过服务设施的容量时，就会出现排队等待的现象。若服务设施太少，则很容易引起排队，且排队等待时间也较长，这不仅给顾客带来不便，也会给服务部门造成不利影响。若增加服务设施，固然可以减少排队，但要增加投资并可能造成在许多时间内服务设施的闲置和浪费。因此，管理人员要考虑如何在这两者之间取得平衡，以便提高服务质量，降低服务费用。排队论，就是为了解决上述问题而发展起来的一门科学，它也是运筹学的重要分支之一。

二、问题的数学描述与分析

1. 排队系统的结构

排队是一种与时间密切相关的延续现象，因此它是一个过程。一个排队系统由输入、队列、服务机构和输出四个部分构成，如图 24 - 1 所示。

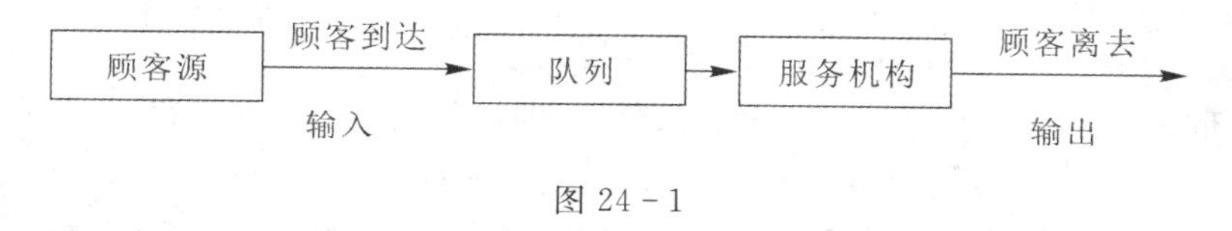

图 24 - 1

2. 排队系统的分类描述法

根据排队系统的基本构成，肯达尔(Kendall)于 1953 年提出了排队系统的分类描述法，即通过斜线分割开的 6 项代码来表示一个特定的排队模型。6 项代码的格式是 $A/B/X/m/n/p$，其中 A 表示顾客到来间隔时间的概率分布类型，B 表示服务时间的概率分布类型，X、m、n 三项可以是数字型代码，分别表示服务台数目、系统的容量和顾客总量，p 表示排队规则，即顾客接受服务的顺序。此记法的前三项为必选项，必须明确写出，而后三项为选择项，在系统容量无限、顾客总量无限和先到先服务的情况下，它们可以被省略。参数 A、B 的具体记号及含义如下：

M 代表指数分布，D 代表定常分布，E_k 代表 k 阶爱尔朗分布，H_k 代表 k 阶超指数分布，ph 代表位相型分布，G 代表作为服务时间的一般分布，GI 代表作为顾客到来间隔时间的一般分布。

例如：$M/M/2/3/4$ 代表顾客到来间隔时间和服务时间都服从指数分布，有 2 个服务员，系统容量为 3，顾客源的个体数为 4 的排队模型；$\mathrm{GI}/M/n/m/m$ 代表顾客到来间隔时间服从任意给定的分布，服务时间服从指数分布，有 n 个服务员，系统容量为 m，顾客源的个体数为 m 的排队模型；$E_k/G/n/m/m$ 代表顾客到来间隔时间服从 k 阶爱尔朗分布，服务时间服从任意给定的分布，有 n 个服务员，系统容量为 m，顾客源的个体数为 m 的排队模型。

3. 指数分布与泊松输入

1）指数分布

若随机变量 η 的概率密度为

$$f(x)=\begin{cases}\lambda e^{-\lambda x}, & x>0\\ 0, & x\leqslant 0\end{cases}\quad(\lambda>0)$$

则称 η 服从参数为 λ 的指数分布(或称负指数分布)，其概率分布函数是

$$F(x)=\begin{cases}1-e^{-\lambda x}, & x>0\\ 0, & x\leqslant 0\end{cases}$$

因为

$$E(t)=\int_0^{+\infty}tf(t)\mathrm{d}t=\int_0^{+\infty}t\lambda e^{-\lambda t}\mathrm{d}t=-\int_0^{+\infty}t\mathrm{d}(e^{-\lambda t})$$
$$=-\frac{1}{\lambda}\int_0^{+\infty}e^{-\lambda t}\mathrm{d}(-\lambda t)=\frac{1}{\lambda}$$

所以，对于每一顾客的平均服务时间为$\dfrac{1}{\lambda}$，而 λ 则代表服务率。

又因为

$$P\{\eta>s+t\mid\eta>s\}=\frac{P\{\eta>s+t,\eta>s\}}{P\{\eta>s\}}=\frac{P\{\eta>s+t\}}{P\{\eta>s\}}=\frac{e^{-\lambda(s+t)}}{e^{-\lambda s}}$$
$$=e^{-\lambda t}=P\{\eta>t\}$$

所以指数分布有一个重要特性 ——“无后效性”，即对任意 s，$t>0$，有

$$P\{\eta>s+t\mid\eta>s\}=P\{\eta>t\}$$

指数分布的无后效性又称作无记忆性。可以证明，对于连续型随机变量，只有指数分布才具有无后效性。

2）泊松输入

泊松输入即满足以下 4 个条件的输入。

① 平稳性：在某一时间区间内到达的顾客数的概率只与这段时间的长度和顾客数有关。

② 无后效性：不相交的时间区间内到达的顾客数是相互独立的。

③ 普通性：在同一时间点上最多到达 1 个顾客，不存在同时到达 2 个以上顾客的情况。

④ 有限性：在任意有限的时间区间内不能恒无顾客到达。

泊松输入有以下两个重要性质：

性质 1 设 $N(t)$ 表示具有泊松输入的排队系统在 t 这段时间内到达的顾客数，则 $N(t)$ 服从泊松分布，即在 t 这段时间内到达 n 个顾客的概率为

$$P_n(t)=P\{N(t)=n\}=\frac{(\lambda t)^n}{n!}e^{-\lambda t}$$

单位时间内到达系统的顾客平均数 $\lambda = \frac{E[N(t)]}{t}$。

性质 2 设排队系统具有泊松输入，则相继顾客的到达间隔时间 $T_1, T_2, \cdots, T_n, \cdots$ 相互独立，且均服从参数为 λ 的指数分布，概率密度和概率分布函数分别为

$$f_{T_n}(t) = \begin{cases} \lambda e^{-\lambda t}, & t > 0 \\ 0, & t \leqslant 0 \end{cases}$$

$$F_{T_n}(t) = \begin{cases} 1 - e^{-\lambda t}, & t > 0 \\ 0, & t \leqslant 0 \end{cases} \quad (n = 1,2,\cdots;\lambda > 0)$$

反之，如果顾客的到达间隔时间相互独立，且同为上述参数为 λ 的指数分布，则输入也必为泊松输入。

4. 典型排队模型的一些理论结果

下面给出系统容量无限、顾客总量无限和先到先服务情况下的一些常见模型，即只列前三项，这里给出的都是稳态解，后面不再一一注明。

1）$M/M/1$ 模型

记 $\rho = \frac{\lambda}{\mu}$，系统稳定的条件是 $\rho < 1$。系统中有 j 个顾客的概率为

$$P_j = (1-\rho)\rho^j \quad (j = 0,1,2,\cdots)$$

系统中的平均顾客数为

$$Q = \sum_{j=0}^{\infty} jP_j = \frac{\rho}{1-\rho}$$

队中的平均顾客数为

$$Q_q = \sum_{j=1}^{\infty} jP_{j+1} = \frac{\rho^2}{1-\rho}$$

系统中顾客数的方差为

$$\sigma^2 = \sum_{j=0}^{\infty} (j-Q)^2 P_j = \frac{\rho}{(1-\rho)^2}$$

顾客不须等待的概率为 ρ。

2）$M/M/\infty$ 模型

这种模型总是稳定的。系统中有 j 个顾客，即有 j 个服务员被占的概率为

$$P_j = \frac{1}{j!}\left(\frac{\lambda}{\mu}\right)^j e^{-\frac{\lambda}{\mu}} \quad (j = 1,2,\cdots)$$

系统中的平均顾客数为

$$Q = \sum_{j=0}^{\infty} jP_j = \frac{\lambda}{\mu}$$

3）$M/M/n$ 模型

记 $\rho = \frac{\lambda}{n\mu}$，系统稳定的条件是 $\rho < 1$。系统中有 j 个顾客的概率为

$$P_j = \begin{cases} P_0 \frac{1}{j!}(n\rho)^j & j = 1,2,\cdots,n-1 \\ P_0 \frac{1}{n!}n^n\rho^j & j = n, n+1,\cdots \end{cases}, \quad P_0 = \left[\sum_{j=0}^{n-1} \frac{(n\rho)^j}{j!} + \frac{(n\rho)^n}{n!} \cdot \frac{1}{1-\rho}\right]^{-1}$$

系统中的平均顾客数为

$$Q=\sum_{j=0}^{\infty}jP_j=\left[\sum_{j=1}^{n-1}\frac{(n\rho)^j}{(j-1)!}+\frac{(n\rho)^n}{n!}\cdot\frac{\rho+n(1-\rho)}{(1-\rho)^2}\right]P_0$$

队中的平均顾客数为

$$Q_q=\sum_{j=1}^{\infty}jP_{j+n}=\frac{\rho\cdot(n\rho)^n}{n!(1-\rho)^2}P_0$$

平均等待时间 W 的概率分布为

$$P\{W>x\}=\frac{p_0}{1-\rho}\cdot\frac{(n\rho)^n}{n!}\mathrm{e}^{-(n\mu-\lambda)x}\quad(x>0)$$

$$P\{W>0\}=\frac{p_0}{1-\rho}\cdot\frac{(n\rho)^n}{n!}$$

平均等待时间为

$$E(W)=\frac{p_0}{(1-\rho)^2}\cdot\frac{\rho(n\rho)^n}{\lambda n!}=\frac{1}{\lambda}Q_q$$

三、应用举例

例 24-1 某繁忙高速公路旁有一汽车维修店，同一时间只能维修 1 辆车，维修时间服从指数分布，每辆车平均需要 12 分钟。车辆按泊松分布到达，平均每小时到达 4 辆车。

(1) 请对排队情况进行分析。

(2) 为了使车辆平均逗留时间不超过半小时，平均服务时间应减小多少？

(3) 若维修店希望来修理等候的车辆 90%以上能有停车位，问至少应安置多少个停车位？

解 (1) 对此排队系统分析如下：

① 确定参数值。由题意知

$$\lambda=4\text{（辆/小时）}$$

$$\mu=\frac{60}{12}=5\text{（辆/小时）}$$

则服务强度为

$$\rho=\frac{\lambda}{\mu}=\frac{4}{5}=0.8$$

② 计算状态概率。维修店空闲的概率为

$$\rho_0=1-\rho=1-0.8=0.2$$

这也是车辆不必等待立即就能维修的概率。而车辆需要等待的概率为

$$P\{W_q>0\}=1-\rho_0=\rho=0.8$$

这也是维修店繁忙的概率。

③ 计算系统主要工作指标。维修店内外逗留的车辆平均数为

$$L=\frac{\lambda}{\mu-\lambda}=\frac{4}{5-4}=4\text{（辆）}$$

维修店外排队等待维修的车辆平均数为

$$L_q=L\rho=4\times0.8=3.2\text{（辆）}$$

车辆在维修店内外平均逗留时间为

$$W=\frac{1}{\mu-\lambda}=\frac{1}{5-4}=1\ (\text{小时})$$

车辆平均等候时间为

$$W_q=W\rho=1\times 0.8=0.8\ (\text{小时})=48\ (\text{分钟})$$

(2) 先由

$$W=\frac{1}{\mu-\lambda}\leqslant\frac{1}{2}$$

确定 μ 的值。

已知 $\lambda=4$，代入上式得

$$W=\frac{1}{\mu-4}\leqslant\frac{1}{2}$$

由此可得

$$\mu-4\geqslant 2，\text{即 } \mu\geqslant 6$$

则平均服务时间为

$$\frac{1}{\mu}\leqslant\frac{1}{6}(\text{小时})=10\ (\text{分钟})$$

故平均服务时间应减少

$$\Delta\left(\frac{1}{\mu}\right)\geqslant 12-10=2\ (\text{分钟})$$

即至少应减少 2 分钟。

(3) 设应安置 c 个停车位，则加上维修店中的 1 个停车位，共有 $c+1$ 个停车位。要使 90%以上的车有停车位，相当于使“来修理的车辆数不多于 $c+1$ 个”的概率大于 90%，即

$$P\{n\leqslant c+1\}=1-P\{n>c+1\}\geqslant 0.9$$
$$P\{n>c+1\}=\rho^{(c+1)+1}=\rho^{c+2}$$

即

$$1-\rho^{c+2}\geqslant 0.9$$

亦即

$$\rho^{c+2}\leqslant 0.1$$

两边取对数，得

$$(c+2)\lg\rho\leqslant\lg 0.1$$

因 $\rho<1$，故

$$(c+2)\geqslant\frac{\lg 0.1}{\lg\rho}=\frac{-1}{\lg 0.8}=10.31$$

解得

$$c\geqslant 9$$

即至少应安置 9 个停车位，才能使 90%以上来修理的车辆都有停车位。

例 24－2 某繁忙高速公路旁有一汽车维修店，同一时间能维修 6 辆车，维修时间服从指数分布，每辆车平均需要 12 分钟。车辆按泊松分布到达，平均每小时到达 4 辆车。请对排队情况进行分析。

解 对此排队系统分析如下：

① 确定参数值。由题意知

$$n=7$$

$$\lambda=4\ (\text{辆/小时})$$

$$\mu=\frac{60}{12}=5\ (\text{辆/小时})$$

则服务强度为

$$\rho=\frac{\lambda}{\mu}=\frac{4}{5}=0.8$$

② 计算状态概率。维修店空闲的概率为

$$\rho_0=\frac{1-0.8}{1-0.8^8}=0.24$$

③ 计算系统主要工作指标。维修店内外逗留的车辆平均数为

$$L=\frac{0.8}{1-0.8}-\frac{8\times0.8^8}{1-0.8^8}=2.39\ (\text{辆})$$

维修店外排队等待维修的车辆平均数为

$$L_q=L-(1-\rho_0)=2.39-(1-0.24)=1.63\ (\text{辆})$$

车辆平均等候时间为

$$\lambda_e=\mu(1-\rho_0)=5\times(1-0.24)=3.8\ (\text{辆/小时})$$

$$W_q=\frac{L_q}{\lambda_e}=\frac{1.63}{3.8}=0.43\ (\text{小时})=25.7\ (\text{分钟})$$

在可能到达的车辆中不等待就离去的概率为

$$P_7=\rho^7\rho_0=0.8^7\times0.24=5.03\%$$

案例25　军事指挥网络的可靠度

一、背景描述

军事指挥网络是军队军事行动的神经中枢，是有效实施作战的核心和关键。随着联合作战模式的不断推进，对军事指挥网络的可靠度提出了更高的要求。因此，如何准确计算实际场景下军事指挥网络的可靠度，对于作战效果的评估、作战方案的拟定与作战决策的制定等，具有重要的军事意义。

二、问题的数学描述与分析

考虑一个实际的军事指挥网络。假设某作战部队为完成某项作战任务，按图25-1实现指挥机关和下属各单位的区域布置，其中A、C两点代表两个相对独立的指挥所(A指挥所可通过C指挥所进行指挥，反之不可)，B、D两点分别代表A、C两个指挥所直接指挥的作战单元，E点代表两个指挥所的中间单元，即A或C两个指挥所可分别通过E指挥所实现对B或D作战单元的指挥。根据作战任务的要求，A指挥所要能实现对B作战单元的连续指挥。同时C指挥所要能实现对D作战单元的连续指挥。指挥所对作战单元的指挥关系可通过一个链路图表示，如图25-1所示。指挥所A与作战单元B之间可通过图中实线实现连接，指挥所C与作战单元D之间可通过图中虚线实现连接。试计算该军事指挥网络能实现联通的可靠度，即计算该指挥网络能联通的概率大小。

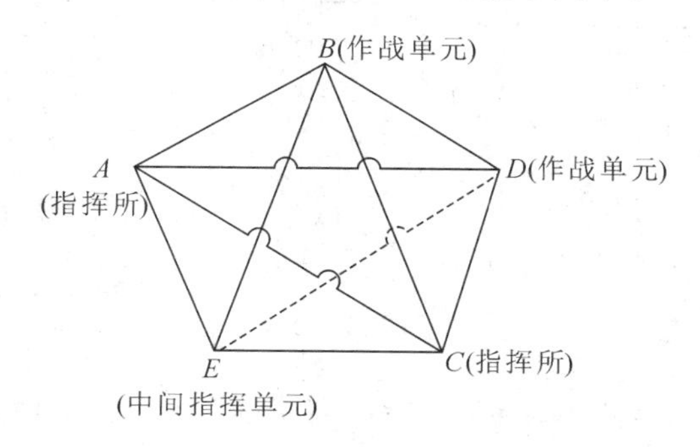

图25-1

为计算以上军事指挥网络能联通的概率大小(常称作军事指挥网络的可靠度)，需首先给出结构函数的定义。令$\boldsymbol{X}$为n个元件组成的系统状态向量，即$\boldsymbol{X}=(X_1, X_2, \cdots, X_n)$，其中

$$X_i=\begin{cases}1, & 元件\ i\ 正常\\ 0, & 元件\ i\ 失效\end{cases} \tag{25-1}$$

第 i 个元件的可靠度(即元件正常工作的概率大小)可以写作

$$R_{X_i}=P\{X_i=1\}=1-P\{X_i=0\} \tag{25-2}$$

整个系统 $\boldsymbol{X}$ 的结构函数 $\Psi(\boldsymbol{X})$ 定义为

$$\Psi(\boldsymbol{X})=\begin{cases}1，系统正常\\0，系统失效\end{cases} \tag{25-3}$$

根据系统结构函数的定义，系统的可靠度(即系统正常工作的概率大小)为

$$R=P\{\Psi(\boldsymbol{X})=1\}=1-P\{\Psi(\boldsymbol{X})=0\} \tag{25-4}$$

下面对图 25-1 所示的军事指挥网络进行分析。根据军事任务的要求，如果节点对 AB 和 CD 都连接正常(直接连接，或者通过备用线路连接)，则军事指挥网络是联通的。所计算问题为实现该军事指挥网络联通的概率大小，即指挥网络联通的可靠度 R。AB、CD 两条作战指挥线路联通的情况如下：

(1) AB 指挥线路：$A\rightarrow B$，$A\rightarrow C\rightarrow B$，$A\rightarrow D\rightarrow B$，$A\rightarrow E\rightarrow B$；

(2) CD 指挥线路：$C\rightarrow D$，$C\rightarrow E\rightarrow D$。

假设各条链路的失效相互独立，可建立该军事指挥网络的故障树模型。军事指挥网络的故障树模型如图 25-2 所示。

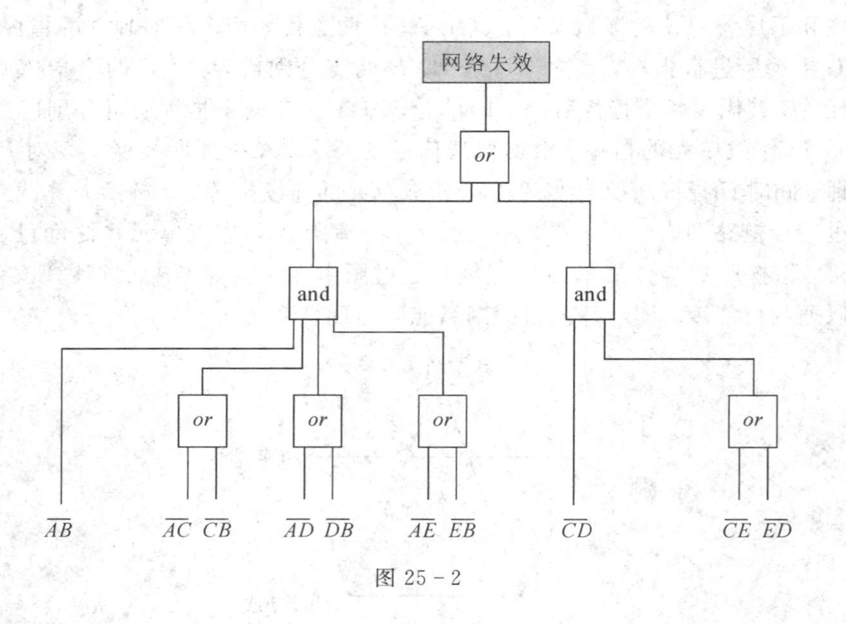

图 25-2

根据故障树模型的运算法则，在图 25-2 所示的故障树中，输入到一个或门的可靠度与输入到一个与门的不可靠度(不可靠度定义为 1－可靠度)都可以通过概率中的乘法公式进行计算。由此可得到本案例中的军事网络系统的可靠度为

$$\begin{aligned}P\{\Psi(\boldsymbol{X})=1\}=&[1-(1-P\{X_{AB}=1\})(1-P\{X_{AC}=1\}P\{X_{CB}=1\})\times\\&(1-P\{X_{AD}=1\}P\{X_{DB}=1\})(1-P\{X_{AE}=1\}P\{X_{EB}=1\})]\times\\&[(1-P\{X_{CD}=1\})(1-P\{X_{CE}=1\}P\{X_{ED}=1\})]\end{aligned} \tag{25-5}$$

将式(25-2)、式(25-4) 中可靠度的表示式代入式(25-5)，可得

$$
\begin{aligned}
R_{\text{network}} &= P(\boldsymbol{\Psi}(\boldsymbol{X})=1) \\
&= [1-(1-R_{AB})(1-R_{AC}R_{CB})(1-R_{AD}R_{DB})(1-R_{AE}R_{EB})] \times [1-(1-R_{CD})(1-R_{CE}R_{ED})]
\end{aligned} \tag{25-6}
$$

三、应用举例

例 25-1 假设图 25-1 所示各条线路间的可靠度如表 25-1 所示，试求该军事指挥网络能够完成既定任务的可靠度。

表 25-1 各线路可靠度数据

线路	AB	AC	CB	AD	AE	EB	CD	CE	DB	ED
可靠度	R_{AB}	R_{AC}	R_{CB}	R_{AD}	R_{AE}	R_{EB}	R_{CD}	R_{CE}	R_{DB}	R_{ED}
可靠度大小	0.9	0.8	0.7	0.75	0.7	0.85	0.9	0.8	0.85	0.95

解 将表 25-1 中的数据代入式 25-6 可得图 25-1 所示的军事指挥链路的可靠度大小约为 0.9697，即该指挥网络有 96.97%的概率完成军事任务的指挥工作。

案例 26　导弹测试过程所需时间计算

一、背景描述

导弹测试过程是确保导弹性能状态正常，顺利完成发射任务，并最终命中目标的重要技术过程。导弹测试过程可大致分为单元测试过程和综合测试过程。综合测试过程需在各单元测试均完成的前提下进行，各单元测试过程之间通常是相互独立的。如何在考虑各测试过程时间的随机性和测试过程间相互关系的情况下，测算整个测试流程所需的时间，对于导弹测试与发射过程的总体时间分配和任务规划具有重要意义。

二、问题的数学描述与分析

假定某型导弹的测试流程可近似分解为两个单元测试过程和一个综合测试过程，两个单元测试过程之间互不干扰，且能够并行执行，综合测试过程需要等到两个单元测试过程都完成后才能开始。测试流程图如图 26-1 所示。

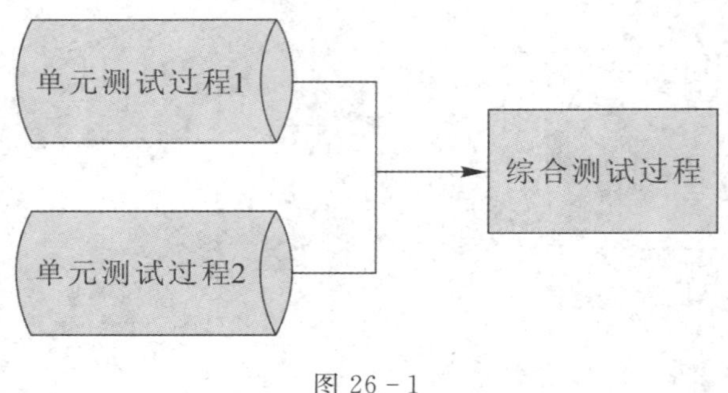

图 26-1

下面，将该问题利用数学语言进行描述。

令 T_1、T_2、T_3 分别表示单元测试过程 1、单元测试过程 2 和综合测试过程所需要的时间，T 表示整个测试流程所需时间，它们均为随机变量。显然，这几个随机变量之间满足如下函数关系：

$$T=\max\{T_1, T_2\}+T_3$$

令 M 表示 $\max\{T_1, T_2\}$，则上式简化为

$$T=M+T_3$$

若已知 T_1、T_2 和 T_3 的概率密度函数与分布函数分别为 $f_{T_1}(t)$、$F_{T_1}(t)$，$f_{T_2}(t)$、$F_{T_2}(t)$，$f_{T_3}(t)$、$F_{T_3}(t)$，下面计算整个测试流程所需时间 T 的概率分布($f_T(t)$、$F_T(t)$)。

假设三个任务 T_1、T_2 和 T_3 之间是相互独立的，则基于 $M=\max\{T_1, T_2\}$的分布函数计算公式，可得 M 的分布函数 $F_M(m)$为

$$
\begin{aligned}
F_M(m) &= P\{M \leqslant m\} \\
&= P\{\max\{T_1, T_2\} \leqslant m\} \\
&= P\{T_1 \leqslant m, T_2 \leqslant m\} \\
&= P\{T_1 \leqslant m\} P\{T_2 \leqslant m\} \\
&= F_{T_1}(m) F_{T_2}(m)
\end{aligned} \tag{26-1}
$$

进一步可得到 M 的概率密度函数 $f_M(m)$ 为

$$f_M(m) = \frac{\mathrm{d}F_M(m)}{\mathrm{d}m}$$

考虑 M 与 T_3 的相互独立性，利用随机变量和的概率密度函数计算公式(卷积公式)可得 T 的概率密度函数为

$$f_T(t) = \int_{-\infty}^{\infty} f_M(m) f_{T_3}(t-m)\mathrm{d}m \tag{26-2}$$

进一步可得到 T 的分布函数为

$$F_T(t) = \int_{-\infty}^{t} f_T(\tau)\mathrm{d}\tau \tag{26-3}$$

三、应用举例

例 26-1 已知 T_1 和 T_2 均是服从区间(t_1-t_0, t_1+t_0)上均匀分布的随机变量，T_3 是服从区间(t_3-t_0, t_3+t_0)上均匀分布的随机变量，且 T_1、T_2 和 T_3 之间是相互独立的，计算总测试流程时间 $T>t_1+t_3$ 的概率。已知某导弹测试活动的统计数据(单位：分钟)为$t_0=10$，$t_1=60$，$t_3=80$，计算 $P\{T>140\}$。

解 根据题意，有

$$f_{T_1}(t) = f_{T_2}(t) = \begin{cases} \dfrac{1}{20}, & 50<t<70 \\ 0, & \text{其他} \end{cases} \tag{26-4}$$

且

$$f_{T_3}(t) = \begin{cases} \dfrac{1}{20}, & 70<t<90 \\ 0, & \text{其他} \end{cases} \tag{26-5}$$

由式(26-4)可得 T_1 和 T_2 的分布函数为

$$F_{T_1}(t) = F_{T_2}(t) = \begin{cases} 0, & t<50 \\ \dfrac{t-50}{20}, & 50 \leqslant t<70 \\ 1, & t \geqslant 70 \end{cases} \tag{26-6}$$

将式(26-6)代入式(26-1)，得

$$F_M(m) = \begin{cases} 0, & m<50 \\ \dfrac{(m-50)^2}{400}, & 50 \leqslant m<70 \\ 1, & m \geqslant 70 \end{cases} \tag{26-7}$$

利用概率密度函数和分布函数的关系，即 $f_M(m) = \dfrac{\mathrm{d}F_M(m)}{\mathrm{d}m}$，可以得到

$$f_M(m)=\begin{cases}\dfrac{m-50}{200}, & 50<m<70\\ 0, & \text{其他}\end{cases} \tag{26-8}$$

由于 M 和 T_3 之间是相互独立的，因此 M 和 T_3 之间的联合概率密度函数可通过下式计算：

$$f_{(M,T_3)}(m,t)=f_M(m)f_{T_3}(t) \tag{26-9}$$

从而所求概率为

$$\begin{aligned}P\{T>140\}&=\iint_A f_{(M,T_3)}(m,t)\mathrm{d}m\mathrm{d}t\\&=\iint_A f_M(m)f_{T_3}(t)\mathrm{d}m\mathrm{d}t\end{aligned} \tag{26-10}$$

其中，积分区域 A 如图 26-2 中阴影部分所示。

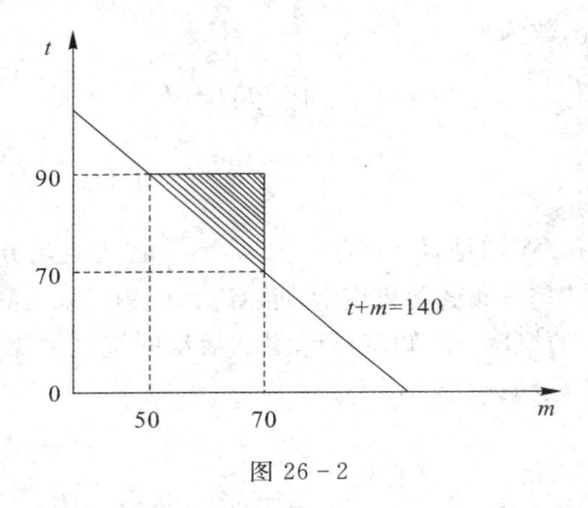

图 26-2

考虑 M 和 T_3 之间是相互独立的以及图 26-2 所示的积分区域，式(26-10)可化为

$$P\{T>140\}=\int_{50}^{70}\left[\int_{140-m}^{90}\frac{m-50}{4000}\mathrm{d}t\right]\mathrm{d}m=\frac{2}{3} \tag{26-11}$$

即导弹总测试时间 T 大于 140 分钟的概率为$\dfrac{2}{3}$。

案例 27　二进制通信信号的传输

一、背景描述

通信信号的传输是指由一地向另一地进行信号的传输与交换，其目的是传输信号。一个二进制的通信信道通过 0 和 1 两种数字信号传输数据。由于噪声的影响，传输的 0 信号可能收到为 1，传输的 1 信号可能收到为 0。对于一个二进制通信信道，当一个信号(0 或 1)发出时，所关心的问题通常包括：收到 1 信号的概率；收到 0 信号的概率；输出 1 信号且收到 1 信号的概率；输出 0 信号且收到 0 信号的概率；传输错误的概率等。准确地计算信号接收的概率和信号传输错误的概率对于通信质量的评定和有效决策具有重要的意义。

二、问题的数学描述与分析

定义事件 T_0 表示“发出 0 信号”，事件 R_0 表示“收到 0 信号”。再令 $T_1=\overline{T}_0$ 表示“发出 1 信号”，$R_1=\overline{R}_0$ 表示“收到 1 信号”，那么，R_1、R_0、$\{T_1|R_1\}$、$\{T_0|R_0\}$分别表示“收到 1 信号”“收到 0 信号”“发出 1 信号且收到 1 信号”“发出 0 信号且收到 0 信号”的事件。传输信号发生错误的概率是两个互斥事件 $\{T_1\cap R_0\}$和 $\{T_0\cap R_1\}$的概率和。一个二进制的通信信道传输过程可以由图 27－1 所示的信道图表示。

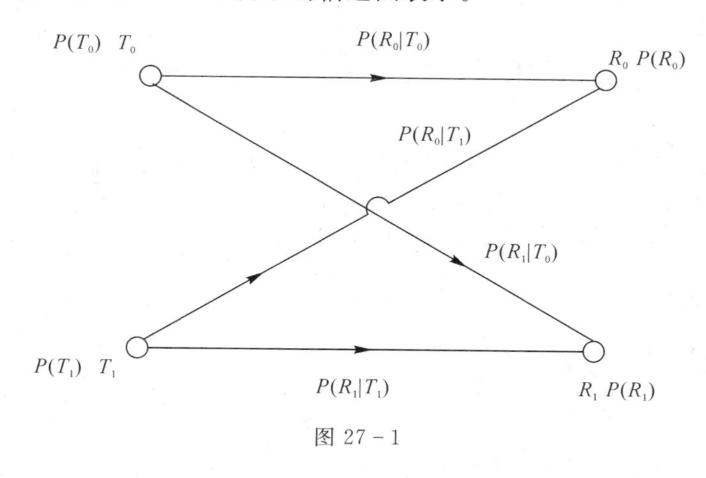

图 27－1

根据概率的定义和性质，有

$$
\begin{aligned}
&P(R_1\mid T_0)=P(\overline{R}_0\mid T_0)=1-P(R_0\mid T_0)\\
&P(R_0\mid T_1)=P(\overline{R}_1\mid T_1)=1-P(R_1\mid T_1)\\
&P(T_1)=P(\overline{T}_0)=1-P(T_0)
\end{aligned}
\tag{27-1}
$$

由全概率公式可得

$$\begin{cases}P(R_0)=P(R_0|T_0)P(T_0)+P(R_0|T_1)P(T_1)\\P(R_1)=P(\overline{R}_0)=1-P(R_0)\end{cases}\tag{27-2}$$

利用贝叶斯公式可得

$$\begin{cases}P(T_1|R_1)=\dfrac{P(R_1|T_1)P(T_1)}{P(R_1)}\\[2ex]P(T_0|R_0)=\dfrac{P(R_0|T_0)P(T_0)}{P(R_0)}\end{cases}\tag{27-3}$$

进而有

$$P(T_1|R_0)=P(\overline{T}_0|R_0)=1-P(T_0|R_0)$$

$$P(T_0|R_1)=P(\overline{T}_1|R_1)=1-P(T_1|R_1)$$

$$\begin{aligned}P(\text{“传输错误”})&=P(T_1\cap R_0)+P(T_0\cap R_1)\\&=P(T_1|R_0)P(R_0)+P(T_0|R_1)P(R_1)\end{aligned}$$

三、应用举例

例 27-1 已知 $P(R_0|T_0)=0.94$，$P(R_1|T_1)=0.91$，$P(T_0)=0.45$，计算信号接收的概率和传输错误的概率。

解 由公式(27-1)可得

$$P(R_1|T_0)=0.06,\ P(R_0|T_1)=0.09,\ P(T_1)=0.55$$

由全概率公式(27-2)可得

$$P(R_0)=0.4725,\ P(R_1)=0.5275$$

进一步，利用贝叶斯公式(27-3)，可得

$$P(T_1|R_1)=\frac{0.91\times0.55}{0.5275}=0.9488$$

$$P(T_0|R_0)=\frac{0.94\times0.45}{0.4725}=0.8952$$

进而得到

$$P(T_1|R_0)=0.1048$$

$$P(T_0|R_1)=0.0512$$

$$P(\text{“传输错误”})=0.0765$$

案例 28　目标毁伤概率问题

一、背景描述

目标毁伤概率是衡量武器系统射击效能的重要指标之一。针对目标的数量，射击方式的类型可以利用相关数学知识求出目标毁伤的概率。

二、问题的数学描述与分析

射击单个目标的目的就是击毁这个目标，而射击的毁伤率就是目标被击毁的概率。即 $W=P(A)$，式中，W 表示射击毁伤概率，A 表示"目标被击毁"这一事件。

假设对目标进行了 n 次独立射击，有 m 发命中，$G(m)$为命中毁伤率，$P_{n,m}$为射击的 n 发命中 m 发的概率。根据全概率公式，可得目标击毁的概率为

$$W=\sum_{m=1}^{n}P_{n,m}G(m)$$

（1）当命中一个就足以毁伤目标时，即 0－1 毁伤率，有

$$G(m)=\begin{cases}1, & m\geqslant 1\\ 0, & m=0\end{cases}$$

如果单发命中概率都是 p，此时 $P_{n,m}=\mathrm{C}_n^m p^m(1-p)^{n-m}$，可知目标击毁概率等于至少命中一发的概率，即 $W=\sum\limits_{m=1}^{n}\mathrm{C}_n^m p^m(1-p)^{n-m}=1-(1-p)^n$。

（2）$G(m)$为指数毁伤率。

若导弹击中目标是相互独立的事件且没有损伤积累，则 m 发命中目标的毁伤率为 $G(m)\approx 1-(1-r)^m$，式中，r 表示一发命中目标时的毁伤概率。若 n 次独立射击目标毁伤概率是指在 n 次发射至少有一发击中目标的毁伤概率，则 $W=1-(1-pr)^n$，其中 p 为单发命中概率。

三、应用举例

例 28－1　某型号导弹单发命中的概率为 0.6，至多同时向来犯敌机发射 4 枚导弹，命中一枚即击毁，问击毁来犯敌机的概率是多少？

解　通过对问题的分析可知，目标被击毁的概率就是至少命中一枚的概率。记 A 表示"目标被击毁"，则

$$P(A)=\sum_{m=1}^{n}\mathrm{C}_n^m p^m(1-p)^{n-m}=1-(1-p)^n=1-0.4^4=0.9744$$

四、应用拓展

上述问题是对单个目标的毁伤概率的计算问题，而在实际中，还经常面临射击集群目标的问题。射击集群目标的目的就是尽可能地击毁大量目标，其基本的效能指标就是目标群被击毁的数学期望。

若各发导弹击中目标是相互独立的事件且没有损伤积累，设 M 是平均毁伤目标数，则 X 是目标群中毁伤的目标数。若 X_i 表示第 i 个目标的毁伤状态，且假设目标毁伤，则 $X_i=1$；若未毁伤，则 $X_i=0$。故 $X=\sum_{i=1}^{N}X_i$。

根据数学期望的加法定理可得

$$E(X)=\sum_{i=1}^{N}E(X_i)$$

令 W_i 表示整个射击过程第 i 个目标的毁伤概率，则

$$E(X_i)=W_i\times 1+(1-W_i)\times 0=W_i$$

因此有

$$M=E(X)=\sum_{i=1}^{N}W_i$$

说明目标群中的平均毁伤目标数等于目标群中个目标的毁伤概率之和。

案例 29　目标搜索问题

一、背景描述

随着科学技术的飞速发展，世界各国之间的经济贸易、交流往来、旅游观光等越来越普遍，空中、海上和陆地的旅行变得越来越频繁，于是，就不可避免地有一些飞机或舰船发生失事。发生这些事故的概率虽然很低，但事故的搜索救援工作却相当复杂，如何搜索救援成为关注的主要问题。下面利用贝叶斯公式来分析如何解决这一问题。

二、问题的数学描述与分析

在某区域发生一起空难，但是确切位置未知，如何利用数学知识找到飞机失事的确切地点？其中有一种方法就是利用贝叶斯理论。

首先将事故区域划分为很多个小网格区域 A_1，A_2，⋯，A_n；其次通过综合专家意见，确定每个小网格处发生飞机失事的可能性大小，构成先验概率分布，如图 29 - 1 所示，飞机落在区域 A_i 内的概率为 $P(A_i)(i=1, 2, \cdots, n)$；然后设 B 表示找到失事地点这一事件，通过综合专家意见，确定如果飞机落在区域 A_i 内时能够被找到的条件概率为 $P(B|A_i)$。(事实上，由于地形和搜索能力问题，当飞机落在区域 A_i 内时也不一定能够找到。)搜索 $\max\{P(A_1), P(A_2), \cdots, P(A_n)\}$ 中对应最大的区域，若找到，则搜索结束，否则利用贝叶斯公式计算 $P(A_j|\overline{B})$，即利用先验概率 $P(A_j)$ 计算后验概率

$$P(A_j \mid \overline{B}) = \frac{[1-P(B \mid A_j)]P(A_j)}{1-\sum_{i=1}^{n} P(B \mid A_i)P(A_i)}$$

更新每个 $P(A_j)$ $(j=1, 2, \cdots, n)$，见图 29 - 2，作为下次搜索的先验概率，直到搜索到目标为止。

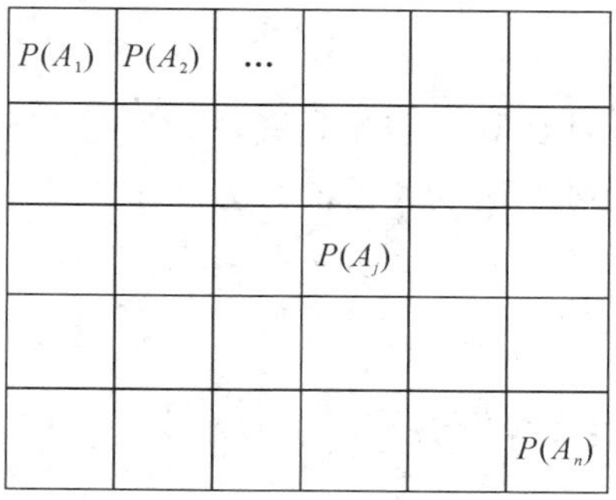

$P(A_1)$	$P(A_2)$	…			
			$P(A_j)$		
					$P(A_n)$

图 29 - 1

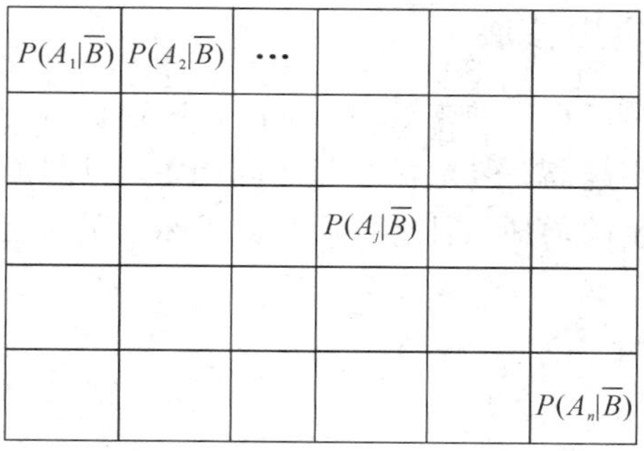

$P(A_1 \vert \overline{B})$	$P(A_2 \vert \overline{B})$	…			
			$P(A_j \vert \overline{B})$		
					$P(A_n \vert \overline{B})$

图 29 - 2

三、应用举例

例 29-1 飞机坠落在甲、乙、丙、丁四个区域之一，搜救部门判断其概率分别为0.3、0.2、0.4、0.1，现打算逐个搜索四个区域。若飞机坠落在甲、乙、丙、丁四个区域内，被搜救部门发现的概率分别为0.8、0.7、0.75、0.9。问：首先应该搜索哪个区域？若搜索此区域后，未发现飞机，则此时飞机落入四个区域的概率又是多少呢？

解 设

$$A_1=\{\text{飞机落入甲区域}\}$$
$$A_2=\{\text{飞机落入乙区域}\}$$
$$A_3=\{\text{飞机落入丙区域}\}$$
$$A_4=\{\text{飞机落入丁区域}\}$$

(1) 因为 $P(A_4)<P(A_2)<P(A_1)<P(A_3)$，所以首先应该搜索丙区域。

(2) 设 $B=\{\text{首次搜索在丙区域发现飞机}\}$，由于事件$\overline{B}$已经发生，因而飞机落入四个区域的概率为

$$P(A_1\mid\overline{B})=\frac{P(A_1)P(\overline{B}\mid A_1)}{\sum_{i=1}^{4}P(A_i)P(\overline{B}\mid A_i)}=\frac{0.3\times1}{0.3\times1+0.2\times1+0.4\times0.25+0.1\times1}=\frac{3}{7}$$

$$P(A_2\mid\overline{B})=\frac{P(A_2)P(\overline{B}\mid A_2)}{\sum_{i=1}^{4}P(A_i)P(\overline{B}\mid A_i)}=\frac{0.2\times1}{0.3\times1+0.2\times1+0.4\times0.25+0.1\times1}=\frac{2}{7}$$

$$P(A_3\mid\overline{B})=\frac{P(A_3)P(\overline{B}\mid A_3)}{\sum_{i=1}^{4}P(A_i)P(\overline{B}\mid A_i)}=\frac{0.4\times0.25}{0.3\times1+0.2\times1+0.4\times0.25+0.1\times1}=\frac{1}{7}$$

$$P(A_4\mid\overline{B})=\frac{P(A_4)P(\overline{B}\mid A_4)}{\sum_{i=1}^{4}P(A_i)P(\overline{B}\mid A_i)}=\frac{0.1\times1}{0.3\times1+0.2\times1+0.4\times0.25+0.1\times1}=\frac{1}{7}$$

此时将飞机落入4个区域的概率修正为

$$P(A_1)=\frac{3}{7},\ P(A_2)=\frac{2}{7},\ P(A_3)=\frac{1}{7},\ P(A_4)=\frac{1}{7}$$

第二次应该搜索甲区域，如果甲区域还没有发现飞机，重复上述过程，直到找到飞机。

四、应用拓展

为了提高搜索效率，可以将区域数划分更多。区域数划分越细，概率分布越精确，搜索效率越高，但是在实际的问题中，过多的区域数量必然造成大量的人力和物力消耗以及计算量的增加，因此必须根据实际情况对区域进行划分。

案例30　贝叶斯定理在风险型决策上的应用

一、背景描述

在军事决策问题研究中，完全信息的情形很难遇到，而为了提高决策的正确性，人们通常会通过抽样检验、专家估计等方法采集一些非完全信息，将其作为有用的补充信息，以修正原有认识。通常情况下，修正后得到的概率(后验概率)要比原来的概率(先验概率)准确可靠，故常以修正后的概率作为决策者进行决策分析的依据。这种概率修正主要是根据概率论中的贝叶斯定理，实际上这就是决策中的贝叶斯决策。

二、问题的数学描述与分析

1. 先验概率分布与后验概率分布

做决策分析时，最先确定的各种自然状态的概率分布一般称为先验概率分布，它是在做任何试验或调查以前就确定了的。若根据试验或调查所获得的信息，对先前确定的先验概率分布加以修正，而得到关于自然状态下的新的概率分布，则称之为后验概率分布。

对上述两种信息都使用的决策问题，称为贝叶斯决策问题。下面给出贝叶斯定理及其相应的数学理论知识。

2. 贝叶斯定理

贝叶斯定理是概率论中的一个基本定理，它与随机变量的条件概率有关。贝叶斯定理告诉我们如何利用新信息修正已有的先验概率，进而形成更为客观的后验概率。贝叶斯定理是贝叶斯决策理论的基础。

1) 事件形式的贝叶斯定理

设试验E的样本空间为Ω，A为E的事件，$B_1,B_2,\cdots,B_n$为样本空间Ω的一个划分，且$P(A)>0$，$P(B_i)>0(i=1,2,\cdots,n)$，则

$$P(B_i\mid A)=\frac{P(A\mid B_i)P(B_i)}{\sum_{i=1}^{n}P(A\mid B_i)P(B_i)}\quad(i=1,2,\cdots,n)\tag{30-1}$$

式(30-1)称为事件形式的贝叶斯公式。

2) 分布密度形式的贝叶斯定理

设自然状态$\theta=\{\theta_1,\theta_2,\cdots,\theta_k\}$，$P(\theta_i)$表示自然状态$\theta_i$发生的先验概率分布，$x$表示调查得到的结果，$P(x|\theta_i)$表示在状态$\theta_i$条件下调查结果刚好为$x$的条件概率。通过调查得到结果$x$，这样的结果包含有关自然状态$\theta$的信息，利用这些信息可对自然状态$\theta_i(i=1,2,\cdots,k)$发生的概率重新认识，并加以修正。修正后的概率为

$$P(\theta_i \mid x)=\frac{P(x \mid \theta_i)P(\theta_i)}{\sum_{i=1}^{k}P(x \mid \theta_i)P(\theta_i)} \quad (i=1,2,\cdots,k) \tag{30-2}$$

式(30-2)称为分布密度形式的贝叶斯公式。

一般来讲，对于各种自然状态 $\theta_i(i=1,2,\cdots,k)$发生的概率做出的估计 $P(\theta_i|x)(i=1,2,\cdots,k)$比先验概率分布 $P(\theta_i)$ $(i=1,2,\cdots,k)$更为准确。我们称 $P(\theta_i|x)(i=1,2,\cdots,k)$为 θ_i 发生的后验概率。

3. 基于后验概率分布的决策(后验决策)

在先验概率分布基础上做出的决策称为先验决策，利用后验概率分布做出的决策称为后验决策。理论上已证明，任何后验补充信息都不会给决策带来坏处。由于后验概率分布正是由先验分布经过补充一些信息后而产生的，因此基于后验概率分布而做出的后验决策总是优于先验决策。

三、应用举例

例 30-1 某军工厂决策层拟增加投资用于改进设备，以提高产品优质率，预计改进全部设备需投资 90 万。基层认为改进设备后优质品率可提升到 90%，管理层认为可提升到 70%。根据经验，决策层认为前者的可信度为 40%，后者的可信度为 60%。据测算，如果优质品率提升到 90%，则可增加收益 20 万元/年；如果优质品率提升到 70%，则可增加收益 10 万元/年。改进后的设备至少可以有效运转 6 年。为慎重起见，决策层先试验性地改进一套设备试制了 5 个产品，结果全是优质产品，问应如何决策？

解 设 θ_3 代表优质品率为 90%，θ_4 代表优质品率为 70%，A_2 代表 5 个产品均为优质品。

由题意知 $P(\theta_3)=0.4$，$P(\theta_4)=0.6$，这是决策层根据经验对两种意见的看法，是先验概率。

下面求条件概率 $P(A_2|\theta_3)$和 $P(A_2|\theta_4)$。

利用二项分布公式 $P(X=k)=C_n^k p^k(1-p)^{n-k}(k=1,2,\cdots,n)$分别计算，得到

$$P(A_2|\theta_3)=0.9^5=0.59,\ P(A_2|\theta_4)=0.7^5=0.168$$

应用贝叶斯公式计算 θ_3、θ_4 的后验概率：

$$P(\theta_3|A_2)=\frac{P(\theta_3)P(A_2|\theta_3)}{P(\theta_3)P(A_2|\theta_3)+P(\theta_4)P(A_2|\theta_4)}$$

$$=\frac{0.4\times0.59}{0.43\times0.59+0.6\times0.168}=0.7$$

$$P(\theta_4|A_2)=\frac{P(\theta_4)P(A_2|\theta_4)}{P(\theta_3)P(A_2|\theta_3)+P(\theta_4)P(A_2|\theta_4)}$$

$$=\frac{0.6\times0.168}{0.4\times0.59+0.6\times0.168}=0.3$$

由以上计算可以看出，试验后决策层对两种意见的可信度变为 0.7 和 0.3。现在分别以先验概率和后验概率计算期望值，并用期望值法进行决策。

试验前、后的期望收益值分别为

$$E_{前}=(0.4\times20+0.6\times10)\times6=84$$

$$E_{后}=(0.7\times20+0.3\times10)\times6=102$$

显然 $E_{后}>90>E_{前}$，即以先验概率计算的期望收益值小于投资额，结论是不可投资；以后验概率计算的期望收益值则大于投资额，表明投资是可行的。这正是贝叶斯定理充分运用"新信息"(后验概率)进行决策的意义所在，这将大大提高决策层的投资信心。经进一步的分析，军工厂通过投资将全部设备改进后，随着优质品率的提升，在直接增加经济效益的同时也将提升其知名度。

案例31　目标探测中的间歇搜索问题

一、背景描述

在国防系统分析中，将目标探测方式分为间歇搜索目标和连续搜索目标两种探测类型，搜索目标的主要目的是使探测概率尽量大。

二、问题的数学描述与分析

间歇式搜索(或间歇式扫视)是一种间断探测特定目标的方式，如图31-1所示，地空导弹点正在跟踪一架灵敏的轰炸机。

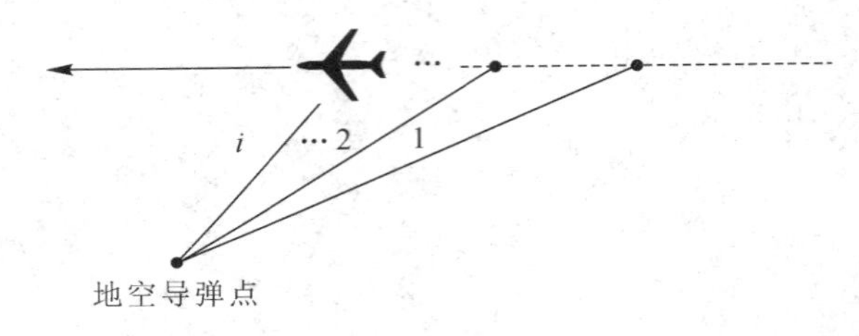

图31-1

间歇式搜索这一过程最主要的特征参数为扫视概率。设 g_i 表示在第 i 次扫视时发现目标的概率，它受探测范围、速度、照明和气候等因素的影响。如果 g_i 已知，则目标探测及跟踪系统的效率可以用目标发现概率 $P(n)$ 和发现目标所需的扫视次数 $E(N)$ 来描述。

对于一个具体的搜索，一个接连扫视从搜索开始就进行计数。第 i 次扫视时发现目标的概率 g_i。假设目标之前没有被探测到，也可以假设 N 次扫视后看见目标，即 N 表示看见目标时所需扫视的次数，因此 $g_N=1$，前 n 次扫视到目标的概率 $P(n)$ 为

$$\begin{aligned}P(n) &= 1-P\{\text{每次最初的 } n \text{ 个扫视没有发现}\}\\ &= 1-(1-g_1)(1-g_2)\cdots(1-g_n)\\ &= 1-\prod_{i=1}^{n}(1-g_i)\end{aligned}\tag{31-1}$$

第 n 次扫视到目标的概率 $p(n)$ 为

$$\begin{aligned}p(n) &= P\{\text{每次最初的 } n-1 \text{ 个扫视没有发现}\}\times P\{\text{第 } n \text{ 次扫视发现}\}\\ &= (1-g_1)(1-g_2)\cdots(1-g_{n-1})g_n\\ &= \begin{cases} g_n\prod_{i=1}^{n-1}(1-g_i), & n>1\\ g_1, & n=1\end{cases}\end{aligned}\tag{31-2}$$

前 n 次扫视到目标的概率为 $P(n)$ 和第 n 次扫视到目标的概率为 $p(n)$ 之间的关系为

$$p(n) = p(1) + p(2) + \cdots + p(n) = \sum_{i=1}^{n} p(i)$$

发现目标所需的扫视次数概率 $E(N)$ 可以通过计算 N 的期望得到，N 表示发现目标所需的扫视次数，其中 $p(1) + p(2) + \cdots + p(N) = 1$。

$$E(N) = \sum_{n=1}^{N} np(n) \tag{31-3}$$

因此，$P(n)$ 或 $E(N)$ 可作为目标获取系统的效能度量。

三、应用举例

例 31-1 假设拦截飞机和轰炸机之间的距离减少时，仅有 4 个离散的扫视，因此探测概率 g_i 增大。探测概率 g_i 的数值假设如表 31-1 所示，其含义是目标是在第 4 次扫视时被探测到($g_4=1$)。

表 31-1 对灵敏的轰炸机的探测概率

扫视序号 i	1	2	3	4
概率值 g_i	$\frac{1}{4}$	$\frac{2}{4}$	$\frac{3}{4}$	$\frac{4}{4}$

请根据表 31-1 所给出的数据，计算前 i 次扫视中探测到轰炸机的概率，以及拦截飞机扫视发现轰炸机的期望值。

解 根据表 31-1 中的概率值 g_i，第 n 次扫视到目标的概率 $p(n)$ 可以通过式(31-2)计算得到

$$p(1) = g_1 = \frac{1}{4}$$

$$p(2) = (1-g_1)g_2 = \left(1-\frac{1}{4}\right)\frac{2}{4} = \frac{3}{8}$$

$$p(3) = (1-g_1)(1-g_2)g_3 = \left(1-\frac{1}{4}\right)\left(1-\frac{2}{4}\right)\frac{3}{4} = \frac{9}{32}$$

$$p(4) = (1-g_1)(1-g_2)(1-g_3)g_4 = \left(1-\frac{1}{4}\right)\left(1-\frac{2}{4}\right)\left(1-\frac{3}{4}\right)\frac{4}{4} = \frac{2}{32}$$

且前 n 次扫视到目标的概率 $P(n)$ 可由式(31-1)计算得到

$$P(1) = 1-(1-g_1) = 1-\left(1-\frac{1}{4}\right) = \frac{1}{4}$$

$$P(2) = 1-(1-g_1)(1-g_2) = 1-\left(1-\frac{1}{4}\right)\left(1-\frac{2}{4}\right) = \frac{5}{8}$$

$$P(3) = 1-(1-g_1)(1-g_2)(1-g_3) = 1-\left(1-\frac{1}{4}\right)\left(1-\frac{2}{4}\right)\left(1-\frac{3}{4}\right) = \frac{9}{32}$$

$$\begin{aligned} P(4) &= 1-(1-g_1)(1-g_2)(1-g_3)(1-g_4) \\ &= 1-\left(1-\frac{1}{4}\right)\left(1-\frac{2}{4}\right)\left(1-\frac{3}{4}\right)\left(1-\frac{4}{4}\right) = 1 \end{aligned}$$

计算结果见表 31－2。

表 31－2　探测到灵敏的轰炸机的概率

扫视次数 n	1	2	3	4
第 n 次扫视首次探到目标 $p(n)$	$\frac{1}{4}$	$\frac{3}{8}$	$\frac{9}{32}$	$\frac{3}{32}$
n 次扫视探到目标 $P(n)$	$\frac{1}{4}$	$\frac{5}{8}$	$\frac{29}{32}$	1

最后，由式(31－3) 计算出 N 的期望值

$$E(N)=\sum_{n=1}^{4}np(n)=1\times\frac{1}{4}+2\times\frac{3}{8}+3\times\frac{9}{32}+4\times\frac{3}{32}=\frac{71}{32}\approx 2.2$$

案例32 武器装备系统的可靠性评估问题

一、背景描述

系统的可靠性是指在给定条件下和规定的时间内，系统完成特定功能的概率。系统完成其功能的概率越大，则可靠性越高，反之越低。系统的部件和设备是构成系统的要素，它们的量值误差、性能的稳定性问题都是可靠性研究的对象。武器装备系统的可靠性不仅决定于系统要素的可靠性，而且也决定于系统要素组合的可靠性。武器装备的可靠性是指构成装备的各个子系统的综合可靠性。下面就用概率论与数理统计的知识来研究武器系统的可靠性。

二、问题的数学描述与分析

从宏观上看，武器装备系统的故障现象有以下几种：

(1) 系统不能运行(完全丧失战斗力)；

(2) 系统的工作不稳定(严重影响系统功能)；

(3) 系统的功能退化，达不到预期效果。

这里我们仅讨论(2)和(3)。可靠性定量分析的理论基础是概率论，针对武器装备系统的故障内容，从可靠性理论出发对可靠度进行可靠性度量。

记可靠度为$R(t)$，它是设备和(或)部件在一定环境、使用和维修的条件下，在规定的时间t内完成应有技术指标(效果)的概率。

设备和(或)部件运行总数为N，在t时间内正常运行件数为N_f，出现故障的件数为N_t，当件数足够时，不发生故障的频率可代表其概率，故可靠度为

$$R(t)\approx\frac{N_f}{N} \tag{32-1}$$

故障度为$F(t)\approx\frac{N_t}{N}$，且$R(t)=1-F(t)=1-P\{T\leqslant t\}$。

设备工作到t时刻后，单位时间内发生故障的概率称为设备在t时刻的失效率，记作λ，有

$$\lambda=\frac{F'(t)}{R(t)}$$

当设备寿命服从指数分布时，即该设备的故障发生是随机的，则其可靠度可用指数函数表示：

$$R(t)=\mathrm{e}^{-\lambda t} \tag{32-2}$$

武器系统的可靠度不仅与组成该系统的各单元的可靠度有关，而且与各单元的组合方

式有关。组合方式不同，就有不同的计算方法。下面针对系统内常见的组合方式，分别给出可靠度计算方法。

1. 串联系统

若组成系统的各单元(设备、部件)有一个发生故障时整个系统就会失效，则这种系统称为串联系统。串联系统的工作寿命等于系统中寿命最短的一个单元的寿命，因此，若单元的可靠度为 $R_i(t)$，则系统总可靠度为

$$\begin{aligned} R(t) &= P\{(t_1>t)\cap(t_2>t)\cap\cdots\cap(t_N>t)\} \\ &= P\{t_1>t\}\cdot P\{t_2>t\}\cdots P\{t_N>t\} \\ &= R_1(t)\cdot R_2(t)\cdots R_N(t) \end{aligned} \tag{32-3}$$

当各单元的寿命服从指数分布时，系统总可靠度为

$$R(t)=\prod_{i=1}^{N}R_i(t)=\mathrm{e}^{-\lambda_i t}$$

由于各单元的可靠度都小于1，因此整个系统的可靠度会小于各单元的可靠度，且串联的单元越多，系统的可靠度越小。

2. 并联系统

由一系列平行工作的单元组成，只有当各单元均失效时系统才会失效，这种系统称为并联系统。并联系统的寿命为各单元寿命最长的一个单元的寿命。若各单元的可靠度为 $R_1(t)$，$R_2(t)$，…，$R_N(t)$，则各自故障度为 $1-R_1(t)$，$1-R_2(t)$，…，$1-R_N(t)$，系统的故障度为各单元故障度的乘积，即

$$F(t)=[1-R_1(t)][1-R_2(t)]\cdots(1-R_N(t)]$$

由可靠度和故障度的关系，可得可靠度为

$$R(t)=1-[1-R_1(t)][1-R_2(t)]\cdots[1-R_N(t)]$$

当各单元的寿命服从指数分布时，系统总可靠度为

$$R(t)=1-\prod_{i=1}^{N}[1-R_i(t)]=1-\prod_{i=1}^{N}(1-\mathrm{e}^{-\lambda_i t}) \tag{32-4}$$

因此，并联系统的可靠度大于各单元的可靠度。

3. 混联系统

混联系统由串联系统和并联系统混合组成，求解时可先分解为串联和并联系统，分别求出子系统的可靠度，再求出总系统的可靠度。

4. 贮备系统

系统中各工作单元失效时，处于备用的另一单元即行替换，该系统称为贮备系统。与并联系统的不同之处在于贮备系统为待机工作，并联系统为同机工作。对于由 n 个单元组成的系统，若 1 个单元在工作，其余 $n-1$ 个单元处于备用状态，且在备用期不失效，则当单元可靠度 $R_i(t)$ 均一致时，各单元寿命为指数分布，故障数服从泊松分布，故贮备系统的可靠度为

$$R(t)=\left[1+\frac{\lambda t}{1!}+\frac{(\lambda t)^2}{2!}+\cdots+\frac{(\lambda t)^n}{n!}\right]\mathrm{e}^{-\lambda t}=\sum_{k=0}^{n}\frac{(\lambda t)^k}{k!}\mathrm{e}^{-\lambda t}$$

根据式(32-2)有 $\lambda t=-\ln R_i(t)$，则

$$R(t)=\sum_{k=0}^{n}\frac{[-\ln R_i(t)]^k}{k!}R_i(t) \qquad (32-5)$$

若有 L 个单元同时工作，另有 n 个单元处于备用状态，则当 1 个工作单元失效后由 n 个中的 1 个替换时，系统的可靠度为

$$R(t)=\sum_{k=0}^{n}\frac{(L\lambda t)^k}{k!}e^{L\ln R_i(t)} \qquad (32-6)$$

三、应用举例

火炮随动系统由受信仪、电放、放大电机、执行电机、火炮 5 个部分构成，系统的工作过程为串联系统。火炮随动系统工作图如图 32－1 所示。

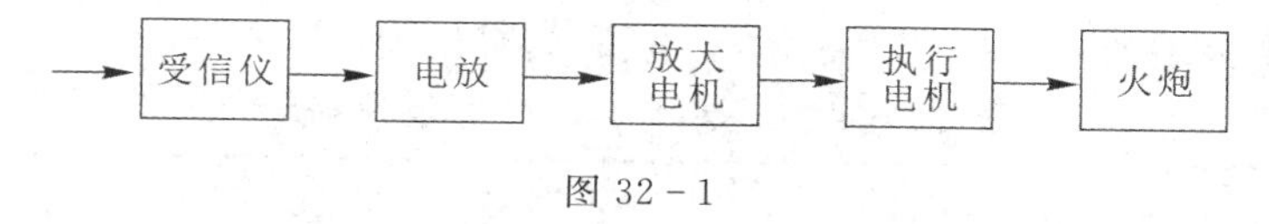

图 32－1

火炮随动系统的可靠度为

$$R(t)=R_{受信}(t)\cdot R_{电放}(t)\cdot R_{放大}(t)\cdot R_{执行}(t)\cdot R_{火炮}(t)$$

若要预测整个系统的可靠度，首先应预测各子系统的可靠度，而子系统的可靠度是在构成子系统的设备和(或)部件的各自可靠度基础上求得的。因此，必须统计得到各子系统的设备和(或)部件的可靠度。

例 32－1 设某火炮随动系统各组成部分的可靠度如表 32－1 所示，预测整个系统的可靠度。

表 32－1 火炮随动系统各组成部分的可靠度

运行部件	受信仪	电放	放大电机	执行电机	火炮
可靠度	0.99	0.765	0.978	0.94	0.991

解 这一火炮随动系统的可靠度经统计后得

$$\begin{aligned}R(t)&=R_{受信}(t)\cdot R_{电放}(t)\cdot R_{放大}(t)\cdot R_{执行}(t)\cdot R_{火炮}(t)\\&=0.99\times0.765\times0.978\times0.94\times0.991\\&=0.69\end{aligned}$$

若电放部件有备用，则电放转化为 $L=1$，$n=1$ 的贮备系统，该电放的可靠度为

$$\begin{aligned}R_{电放}^{(1)}(t)&=\sum_{k=0}^{n}\frac{[-\ln R_i(t)]^k}{k!}e^{L\ln R_i(t)}\\&=\left[1+\frac{(-\ln 0.765)^1}{1}e^{\ln 0.765}\right]=0.9699\end{aligned}$$

同理，当 $L=1$，$n=1$ 时，其他组成部分的可靠度见表 32－2。

表 32－2 当 $L=1$，$n=1$ 时，火炮随动系统各组成部分的可靠度

运行部件	受信仪	电放	放大电机	执行电机	火炮
可靠度	0.9999	0.9699	0.9976	0.9982	1

若有两个备用，即当 $L=1$，$n=2$ 时，有

$$R_{\text{电放}}^{(2)}(t)=\sum_{k=0}^{n}\frac{[-\ln R_i(t)]^k}{k!}e^{L\ln R_i(t)}$$

$$=\left[1+\frac{(-\ln 0.765)^1}{1}+\frac{(-\ln 0.765)^2}{2!}\right]e^{\ln 0.765}=0.9837$$

同理，当 $L=1$，$n=2$ 时，其他组成部分的可靠度见表 32-3。

表 32-3　当 $L=1$，$n=2$ 时，火炮随动系统各组成部分的可靠度

运行部件	受信仪	电放	放大电机	执行电机	火炮
可靠度	1	0.9837	0.9999	0.9991	1

最后对整个火炮随动系统进行计算，(串联)结果见表 32-4。

表 32-4　火炮随动系统可靠度统计

运行部件	备用单元		
	无	1	2
受信仪	0.99	0.9999	1
电放	0.765	0.9699	0.9837
放大电机	0.978	0.9976	0.9999
执行电机	0.94	0.9982	0.9991
火炮	0.991	1	1
随动系统可靠度	0.690	0.9657	0.9827

可以看出，火炮随动系统各部件如有备用构成贮备系统，则可大大提高系统的可靠度 ($R(t)=0.9827>0.9657>0.690$)。还可以发现电放、执行电机可靠度较低，是整个火炮随动系统的薄弱环节，因此要加强系统的可靠性，应从提高这些单元(部件)的可靠度入手。

综　合　篇

案例 33　目标毁伤效果评估问题

一、背景描述

目标毁伤效果评估是制定后续火力打击计划的重要依据，因而在现代战争中具有重要的作用。作战指挥人员可以根据前期打击效果的评估结论，决定是否需要再次打击。然而，战场的复杂性以及目标毁伤信息的不确定性给毁伤效果评估带来了困难和挑战。这里运用概率论知识来简要分析毁伤评估的数学分析方法。

二、问题的数学描述与分析

假设对某个敌方目标实施打击后，目标的毁伤状态分为五个等级，分别为无损伤（或轻微损伤）B_1、轻度损伤 B_2、中度损伤 B_3、重度损伤 B_4 和目标摧毁 B_5 五种状态。由于不同的毁伤等级下目标的修复时间是不一样的，因此不同的毁伤等级可以对应不同的目标修复时间区间。修复时间一般为随机变量，不同类型的目标损伤后修复时间服从的分布是不同的，一般为对数正态分布、正态分布、指数分布等。若知道目标修复时间的分布，则可计算修复时间位于特定区间的概率，此概率即可作为一次打击后目标处于各毁伤状态的概率估计。

例如，某电子装备受到一次电子战攻击而损伤，该装备的修复时间 X 服从指数分布 $E(\lambda)$，若这次攻击后该装备的修复时间均值为 0.5，故有 $X\sim E(2)$，而装备处于无损伤（或轻微损伤）状态对应的修复时间区间为 $(0, 0.2]$，处于轻度损伤状态对应的修复时间区间为 $(0.2, 1]$，处于中度损伤状态对应的修复时间区间为 $(1, 3]$，处于重度损伤状态对应的修复时间区间为 $(3, 6]$，处于摧毁状态对应的修复时间区间为 $(6, +\infty)$，则装备处于各毁伤状态的概率分别计算为

$$B_1: p\{0<X\leqslant 0.2\}=F(0.2)-F(0)=0.3297$$

$$B_2: p\{0.2<X\leqslant 1\}=F(1)-F(0.2)=0.5349$$

$$B_3: p\{1<X\leqslant 3\}=F(3)-F(1)=0.1328$$

$$B_4: p\{3<X\leqslant 6\}=F(6)-F(3)=0.0025$$

$$B_5: p\{X>6\}\approx 0$$

其中，$F(x)$ 为指数分布的分布函数。

如果目标的毁伤情况通过其他观测渠道获得了新的损伤信息，则可以进一步运用贝叶斯理论对前面估计的毁伤等级概率进行更新。

假设新获得目标毁伤后修复时间为 T，由于观测误差的存在，T 也为随机变量，一般 $T=t+w$，w 为观测误差，$w\sim N(0, \sigma^2)$，故 $T\sim N(t, \sigma^2)$，按照贝叶斯理论，新的观测值对毁伤效果估计的修正为

$$P\{B_i|T\}=\frac{P\{B_i\}P\{T|B_i\}}{P\{T\}}=\alpha\cdot P\{B_i\}P\{T|B_i\}\quad(i=1,2,\cdots,5)\tag{33-1}$$

其中，α 可视为归一化因子；$P\{B_i\}$是毁伤等级 B_i 的先验概率；$P(T|B_i)$为似然函数，表示事件 B_i 发生的条件下观测结果出现的概率。

式(33-1)可近似表示为

$$P\{B_i|T\}\propto P\{B_i\}P\{T|B_i\}\quad(i=1,2,\cdots,5)$$

要得到精确的 $P\{B_i|T\}$，只需对上式右端的所有结果归一化即可。

若等级 B_i 所属的区间为(c_i, c_{i+1})，根据概率论的知识，则

$$\begin{aligned}P\{T\mid B_i\}&=\int_{B_i}\mathrm{d}F_T(s)=\int_{c_i}^{c_{i+1}}f_T(s)\mathrm{d}s\\&=\Phi\left(\frac{c_{i+1}-t}{\sigma}\right)-\Phi\left(\frac{c_i-t}{\sigma}\right)\end{aligned}\tag{33-2}$$

其中，$F_T(s)$为 T 的分布函数，$f_T(s)$为 T 的概率密度，$\Phi(x)$为标准正态分布函数。

三、应用举例

机场跑道作为机场目标的重要组成部分，在作战时经常作为首选的打击目标。

例 33-1 假设某敌方机场跑道长为 2500 m，宽为 50 m，混凝土层厚度为 25 cm；机场跑道抢修分队有 10 人，拥有充足的抢修设备及物资。我方火力毁伤计划：利用某型导弹配备侵彻子母弹对跑道进行打击，计划使用 10 发子母弹。按计划对跑道实施打击后，收集并处理各种毁伤信息进行评估。机场跑道的毁伤等级准则如表 33-1 所示。

表 33-1 机场跑道的毁伤等级准则

目标名称	毁伤等级	修复时间/h
机场跑道	无损伤(或轻微损伤)	0～0.1
	轻度损伤	0.1～2
	中度损伤	2～24
	重度损伤	24～96
	目标摧毁	>96

解 假设通过仿真计算知，打击后机场跑道的修复时间均值为 22 h，标准差为 2 h，这里设对机场跑道的修复时间 X 服从对数正态分布，根据仿真数据可知 $\ln X\sim N(3.09, 0.693^2)$，于是可以计算得到属于各个损伤等级的概率为

B_1：$p\{0<X\leqslant 0.1\}=\Phi\left(\frac{-2.3-3.09}{0.693}\right)\approx 0$

B_2：$p\{0.1<X\leqslant 2\}=\Phi\left(\frac{0.693-3.09}{0.693}\right)-\Phi\left(\frac{-2.3-3.09}{0.693}\right)\approx 0.0003$

B_3：$p\{2<X\leqslant 24\}=\Phi\left(\frac{3.178-3.09}{0.693}\right)-\Phi\left(\frac{0.693-3.09}{0.693}\right)\approx 0.5487$

B_4：$p\{24<X\leqslant 96\}=\Phi\left(\frac{4.5643-3.09}{0.693}\right)-\Phi\left(\frac{3.178-3.09}{0.693}\right)\approx 0.4341$

B_5：$p\{X>96\}\approx 0.0169$

因此，机场跑道毁伤属于无损伤(或轻微损伤)的概率为0，属于轻度损伤的概率为0.0003，属于中度损伤的概率为0.5487，属于重度损伤的概率为0.4341，属于目标摧毁的概率为0.0169。

过一定时间后，又获得卫星侦察的信息，机场跑道的修复时间观测值为26 h，观测误差的标准差为1 h，于是观测变量 $T\sim N(26,1)$，则可计算在各损伤等级下的似然值为

$$P\{T|B_1\}=\Phi\left(\frac{0.1-26}{1}\right)-\Phi\left(\frac{0-26}{1}\right)\approx 0$$

$$P\{T|B_2\}=\Phi\left(\frac{2-26}{1}\right)-\Phi\left(\frac{0.1-26}{1}\right)\approx 0$$

$$P\{T|B_3\}=\Phi\left(\frac{24-26}{1}\right)-\Phi\left(\frac{2-26}{1}\right)\approx 0.0228$$

$$P\{T|B_4\}=\Phi\left(\frac{96-26}{1}\right)-\Phi\left(\frac{24-26}{1}\right)\approx 0.9772$$

$$P\{T|B_5\}=1-\Phi\left(\frac{96-26}{1}\right)\approx 0$$

综合卫星侦察信息，于是重新修正原来的结果如下：

$$P\{B_1|T\}\propto P\{B_1\}\cdot P\{T|B_1\}\approx 0$$

$$P\{B_2|T\}\propto P\{B_2\}\cdot P\{T|B_2\}\approx 0$$

$$P\{B_3|T\}\propto P\{B_3\}\cdot P\{T|B_3\}\approx 0.0125$$

$$P\{B_4|T\}\propto P\{B_4\}\cdot P\{T|B_4\}\approx 0.4242$$

$$P\{B_5|T\}\propto P\{B_5\}\cdot P\{T|B_5\}\approx 0$$

将上述结果归一化，即得

$$P\{B_3|T\}\approx 0.0286,\quad P\{B_4|T\}\approx 0.9714$$

即机场跑道受到打击后属于中度损伤的概率为0.0286，属于重度损伤的概率为0.9714，属于其他损伤等级的概率为0。

案例 34　多个因素之间的共线性问题

一、背景描述

在许多实际问题研究中，常常会涉及多个因素的研究，这些因素之间可能存在各种各样的关系，其中因素间的统计相关性我们称为共线性，比如研究环境污染问题时，气压与污染浓度这两个因素常常存在统计相关性；再比如研究装备故障问题时，装备的月平均使用次数与月平均故障数也常常存在统计相关性。当因素（以后简称变量）之间存在共线性时，说明这些因素之间是线性相关或近似线性相关的，我们在分析问题时应识别变量间的这种关系，以免对研究的结论产生不利的影响。下面运用线性代数和数理统计的理论来对共线性问题进行分析。

二、问题的数学描述与分析

对变量间共线性问题的讨论可通过分析变量的观测数据得到。

设有 n 个变量，对每个变量进行 m 次观测，得到相应的试验数据矩阵为 $\boldsymbol{X}=(\boldsymbol{x}_1,\boldsymbol{x}_2,\cdots,\boldsymbol{x}_n)$，其中

$$\boldsymbol{x}_i=(x_{1i},x_{2i},\cdots,x_{mi})^{\mathrm{T}}\quad(i=1,2,\cdots,n)$$

为第 i 个变量的观测数据。

对试验数据进行标准化处理，即

$$x_{ki}^{*}=\frac{x_{ki}-\bar{x}_i}{\sqrt{\sum\limits_k(x_{ki}-\bar{x}_i)^2}}\quad(k=1,2,\cdots,m;\ i=1,2,\cdots,n)$$

则记 $\boldsymbol{x}_i$ 的“标准化”向量为

$$\boldsymbol{x}_i^{*}=(x_{1i}^{*},x_{2i}^{*},\cdots,x_{mi}^{*})^{\mathrm{T}}$$

而数据矩阵 $\boldsymbol{X}$ 的“标准化”矩阵为

$$\boldsymbol{X}^{*}=(\boldsymbol{x}_1^{*},\boldsymbol{x}_2^{*},\cdots,\boldsymbol{x}_n^{*})$$

则两个变量之间的统计相关性（即共线性）可以用“样本相关系数”来度量，即

$$r_{ij}=\frac{\sum\limits_k(x_{ki}-\bar{x}_i)(x_{kj}-\bar{x}_j)}{\sqrt{\sum\limits_k(x_{ki}-\bar{x}_i)^2}\sqrt{\sum\limits_k(x_{kj}-\bar{x}_j)^2}}$$

当 $|r_{ij}|\cong 1$ 时，认为两个变量是近似线性相关的，但对多个变量之间的共线性需要下面的方法判断。

恰好有

$$(\boldsymbol{X}^{*})^{\mathrm{T}}\cdot(\boldsymbol{X}^{*})=\begin{bmatrix}1 & r_{12} & \cdots & r_{1n}\\ r_{21} & 1 & \cdots & r_{2n}\\ \vdots & \vdots & & \vdots\\ r_{n1} & r_{n2} & \cdots & 1\end{bmatrix}\overset{\text{def}}{=}\boldsymbol{C}$$

其中，$\boldsymbol{C}$ 是一个非负定对称阵，r_{ij} 为 $\boldsymbol{x}_i$ 与 $\boldsymbol{x}_j$ 的样本相关系数。

根据线性代数的知识，存在正交阵 $\boldsymbol{P}$，使得

$$\boldsymbol{P}^{\mathrm{T}}\boldsymbol{C}\boldsymbol{P}=\boldsymbol{\Lambda}$$

其中 $\boldsymbol{\Lambda}=\mathrm{diag}(\lambda_1, \cdots, \lambda_n)$，$\lambda_1, \cdots, \lambda_n$ 为 $\boldsymbol{C}$ 的 n 个特征值，不妨设 $\lambda_1 \geqslant \lambda_2 \geqslant \cdots \geqslant \lambda_n \geqslant 0$。

记 $\boldsymbol{P}=(\boldsymbol{p}_1, \boldsymbol{p}_2, \cdots, \boldsymbol{p}_n)$，则有

$$\begin{pmatrix} \boldsymbol{p}_1^{\mathrm{T}} \\ \boldsymbol{p}_2^{\mathrm{T}} \\ \vdots \\ \boldsymbol{p}_n^{\mathrm{T}} \end{pmatrix} \cdot \boldsymbol{C} \cdot (\boldsymbol{p}_1, \boldsymbol{p}_2, \cdots, \boldsymbol{p}_m) = \begin{pmatrix} \lambda_1 & & & \\ & \lambda_2 & & \\ & & \ddots & \\ & & & \lambda_n \end{pmatrix}$$

故 $\boldsymbol{p}_i^{\mathrm{T}}\boldsymbol{C}\boldsymbol{p}_i=\lambda_i(i=1, 2, \cdots, n)$。

当 $\boldsymbol{C}$ 的最小特征值 $\lambda_n \cong 0$ 时，有

$$\boldsymbol{p}_n^{\mathrm{T}}\boldsymbol{C}\boldsymbol{p}_n = \boldsymbol{p}_n^{\mathrm{T}}(\boldsymbol{X}^*)^{\mathrm{T}}\boldsymbol{X}^*\boldsymbol{p}_n = \lambda_n \cong 0$$

即

$$(\boldsymbol{X}^*\boldsymbol{p}_n)^{\mathrm{T}}(\boldsymbol{X}^*\boldsymbol{p}_n) = \|\boldsymbol{X}^*\boldsymbol{p}_n\|^2 = \left\|\sum_{i=1}^{n} p_{in}x_i^*\right\|^2 \cong 0$$

也即

$$p_{1n}\boldsymbol{x}_1^* + p_{2n}\boldsymbol{x}_2^* + \cdots + p_{nn}\boldsymbol{x}_n^* \cong 0$$

故 $\boldsymbol{x}_1^*, \boldsymbol{x}_2^*, \cdots, \boldsymbol{x}_n^*$ 近似线性相关。

从上面的分析可以看出，要判断多个变量间是否存在共线性，可通过求 $\boldsymbol{C}$ 矩阵的最小特征值，若这个特征值接近于 0，即可认为这些变量间存在共线性问题。

实际运用中，常通过定义如下的条件数：

$$\phi=\frac{\lambda_{\max}}{\lambda_{\min}}$$

其中，$\lambda_{\max}$ 为 $\boldsymbol{C}$ 的最大特征值，$\lambda_{\min}$ 为 $\boldsymbol{C}$ 的最小特征值。一般若 ϕ 在 10～30 之间是弱相关，在 30～100 之间为中等相关，100 以上为强相关。

三、应用举例

大坝的安全监控与管理受到国内外普遍关注。利用对大坝的监测数据对大坝性能进行回归分析是掌握大坝运行状况的主要途径之一，但当自变量之间存在一定的多重共线性时，采用最小二乘法进行回归分析就会受到影响，使回归获得的参数失真，模型预测功能减弱，从而不能正确了解大坝的运行状况。

以裂缝开度 Y 作为混凝土坝的观测因变量，在蓄水前它通常与温度和时效这两个因素有关。根据资料，时效因素在建模时考虑为两个因子：时间 t(为测值当天到基准日期的累计天数除以 100)和时间 t 的对数，温度因素设为 T，由此建立裂缝开度与这三个因素的回归模型为

$$Y=k+at+b\ln t+cT \overset{\mathrm{def}}{=} k+ax_1+bx_2+cx_3$$

其中 k、a、b、c 为未知常数。

对某混凝土坝测得自变量 x_1、x_2、x_2 与因变量 Y 的一组数据见表 34-1。

表 34-1 某混凝土坝观测数据

序号	x_1	x_2	x_3	Y
1	0	0	44.2	0.152
2	0.6	−0.511	42.7	0.363
3	0.9	−0.105	40.3	0.514
4	1.2	0.182	39.2	0.778
5	1.5	0.405	38.7	0.854
6	1.8	0.588	36.6	0.915
7	2.1	0.742	34.8	1.022
8	2.4	0.875	33.3	1.133
9	2.7	0.993	32.6	1.202
10	3.0	1.099	30.2	1.268

对表 34-1 中数据进行标准化，得到相关系数矩阵 $\boldsymbol{C}$ 为

$$\boldsymbol{C}=\begin{pmatrix} 1 & 0.9975 & -0.9999 \\ 0.9975 & 1 & -0.9977 \\ -0.9999 & -0.9977 & 1 \end{pmatrix}$$

特征值为

$$\lambda_1=2.9967,\ \lambda_2=0.0033,\ \lambda_3\cong 0$$

可见条件数 $\phi\gg 100$，因此这三个因素之间是强相关的，因而存在多重共线性，不能直接用这组数据进行最小二乘估计建立回归模型。

若考察问题的因素间存在共线性，在处理问题时可以采取一定的方法消除共线性的影响，具体方法详见参考文献[12]。

案例35 基于马尔科夫链的预测问题

一、背景描述

若一个系统在某时刻所处的状态只依赖于前一个时刻状态的结果，而与系统过去的状态无关，这个系统就称为马尔科夫系统。比如一个机器人系统，假设该机器人在当前时刻所处的位置只与前一时刻所在的位置有关，与更早时刻的位置无关，那么这个机器人系统就是一个马尔科夫系统。

马尔科夫系统在社会、经济、生物、军事等领域都有非常广泛的应用。可以通过建立马尔科夫模型来描述系统状态的变化关系，从而实现对一段时间后系统状态的把握，达到对系统状态预测的目的。这里运用矩阵和概率的知识来分析马尔科夫系统的预测问题。

二、问题的数学描述与分析

考虑某个系统的 m 个状态 u_1，u_2，…，u_m，设离散的时间序列 t_0，t_1，t_2，…$(t_0 \leqslant t_1 \leqslant t_2 \leqslant \cdots)$，系统对应相应时刻的状态向量设为 $\boldsymbol{x}_0$，$\boldsymbol{x}_1$，$\boldsymbol{x}_2$，…。

若状态 $\boldsymbol{x}_1$ 只依赖于前一个时刻的状态 $\boldsymbol{x}_0$，即 $\boldsymbol{x}_1=\boldsymbol{P}\boldsymbol{x}_0$，其中 $\boldsymbol{P}$ 为一个矩阵，表示状态 $\boldsymbol{x}_0$ 经过 $\boldsymbol{P}$ 的作用到 t_1 时刻变为状态 $\boldsymbol{x}_1$。

同理，状态 $\boldsymbol{x}_2$ 只依赖于 $\boldsymbol{x}_1$，即 $\boldsymbol{x}_2=\boldsymbol{P}\boldsymbol{x}_1$，依次下去，有一般的递推式

$$\boldsymbol{x}_{k+1}=\boldsymbol{P}\boldsymbol{x}_k \quad (k=0, 1, \cdots) \tag{35-1}$$

若矩阵 $\boldsymbol{P}$ 中的元素均大于等于 0 且 $\boldsymbol{P}$ 的每列元素之和为 1，$\boldsymbol{P}$ 就称为一个随机矩阵，比如

$$\boldsymbol{P}=\begin{pmatrix} 0.3 & 0.1 & 0.4 \\ 0.2 & 0.6 & 0.2 \\ 0.5 & 0.3 & 0.4 \end{pmatrix}$$

就为一个随机矩阵。

式(35－1)称为马尔科夫链模型(时间离散的马尔科夫系统称为马尔科夫链系统)，其中 $\boldsymbol{P}=(p_{ij})$ 为一个随机矩阵，其元素 p_{ij} 表示系统从 u_j 状态转移到 u_i 状态的概率，故 $\boldsymbol{P}$ 称为状态转移概率矩阵。而状态向量 $\boldsymbol{x}_k$ 中的数值一般表示 t_k 时刻系统处于各个状态的概率。

一般来说，只要已知系统初始的状态向量 $\boldsymbol{x}_0$ 和状态转移矩阵 $\boldsymbol{P}$，就可以由模型式(35－1)计算得到任意时刻 t_n 系统的状态向量，即

$$\boldsymbol{x}_n=\boldsymbol{P}\boldsymbol{x}_{n-1}=\boldsymbol{P}^2\boldsymbol{x}_{n-2}=\cdots=\boldsymbol{P}^n\boldsymbol{x}_0 \tag{35-2}$$

利用式(35－2)就可以对系统未来的状态作出预测。

三、应用举例

考虑一个导弹多波次作战问题。假设红方每波次发射 4 发导弹打击蓝方的目标，蓝方的目标数为 4 个。蓝方遭遇红方一次打击后剩余目标数的可能取值集合为{0，1，2，3，4}，这里以蓝方在每波次打击后剩余目标数的概率分布为状态向量，那么初始向量表示初始时刻(即打击前)蓝方剩余目标数的概率分布，即为 $\boldsymbol{x}_0=(0,0,0,0,1)^{\mathrm{T}}$。若已知每枚导弹对目标的毁伤概率为 0.6，根据多枚导弹对目标毁伤概率的计算方法(详见参考文献[11])，可以计算得到一个波次打击后蓝方剩余目标数的状态转移概率矩阵为

$$\boldsymbol{P}=\begin{pmatrix} 1 & 0.9744 & 0.7056 & 0.3508 & 0.1296 \\ 0 & 0.0256 & 0.2688 & 0.4398 & 0.3456 \\ 0 & 0 & 0.0256 & 0.1838 & 0.3456 \\ 0 & 0 & 0 & 0.0256 & 0.1536 \\ 0 & 0 & 0 & 0 & 0.0256 \end{pmatrix}$$

根据模型(35-1)，可以预测蓝方经过红方多个波次打击后剩余目标数的概率分布如下：

第 1 波次后，$\boldsymbol{x}_1=(0.1296,0.3456,0.3456,0.1536,0.0256)^{\mathrm{T}}$

也就是说，第一个波次打击后，蓝方剩余目标数为 0 个的概率为 0.1296，为 1 个的概率为 0.3456，为 2 个的概率为 0.3456，为 3 个的概率为 0.1536，为 4 个的概率为 0.0256。

进一步可计算

第 2 波次后，$\boldsymbol{x}_2=(0.7674,0.1781,0.0459,0.0079,0.0007)^{\mathrm{T}}$

第 3 波次后，$\boldsymbol{x}_3=(0.9762,0.0206,0.0028,0.0003,0.0000)^{\mathrm{T}}$

第 4 波次后，$\boldsymbol{x}_4=(0.9984,0.0014,0.0001,0.0000,0.0000)^{\mathrm{T}}$

可以看出，四个波次打击后，蓝方剩余目标数为 0 的概率已高达 0.9984，说明几乎损失殆尽了。

进一步根据数学期望的计算方法，还可以计算每波次打击后蓝方剩余目标的平均数。

例如第 1 波次后，蓝方剩余目标的平均数量为

$m_1=0.1296\times0+0.3456\times1+0.3456\times2+0.1536\times3+0.0256\times4=1.6$(个)

类似可算得第 2、3、4 波次后剩余目标的平均数分别为

$$m_2=0.2964$$

$$m_3=0.0271$$

$$m_4=0.0016$$

四、应用拓展

在讨论一般情形预测问题的基础上，考虑一种平衡态的情况，即经过充分长的时间后，系统的状态不再变化，即 $\boldsymbol{x}_{n+1}=\boldsymbol{x}_n$，而 $\boldsymbol{x}_{n+1}=\boldsymbol{P}\boldsymbol{x}_n$，故有

$$\boldsymbol{x}_n=\boldsymbol{P}\boldsymbol{x}_n$$

即

$$(\boldsymbol{E}-\boldsymbol{P})\boldsymbol{x}_n=0 \tag{35-3}$$

可见平衡态情形下的状态向量 $\boldsymbol{x}_n$ 需满足式(35－3)，即为该齐次线性方程组的非零解。若状态向量为概率分布表示，则 $\boldsymbol{x}_n$ 的分量还需满足和为 1。

当一个马尔科夫链系统可以达到平衡态，就可以通过求解式(35－3)得到系统的稳态向量，即系统处于各个状态的概率不再发生变化。

下面举一个例子来说明。设有某种可修装备部件，将它的状态定义为 3 级：正常、轻微故障(基本修复)、故障。根据过去的数据资料，统计得到三级状态的转移概率矩阵为

$$\boldsymbol{P}=\begin{pmatrix} 0.4947 & 0.2841 & 0 \\ 0.4010 & 0.2342 & 0.3373 \\ 0.1043 & 0.4817 & 0.6627 \end{pmatrix}$$

假设装备的初始状态分布为 $\boldsymbol{x}_0=(1, 0, 0)^{\mathrm{T}}$，通过理论分析可以知道这个马尔科夫链系统是可以达到平衡态的，因此可以根据式(35－3)计算得到系统的稳态向量为

$$\boldsymbol{x}_n=(0.1777, 0.316, 0.5063)^{\mathrm{T}}$$

即随着时间的推移，这种装备部件处于正常、轻微故障(基本修复)、故障三个状态的概率将稳定在 $\boldsymbol{x}_n$ 的各个分量上。

案例 36　基于链接关系的网页排序问题

一、背景描述

随着互联网的发展，越来越多的人们利用互联网来查询自己感兴趣的信息，搜索引擎就是在这种背景下应运而生。网页排序技术是搜索引擎的核心技术之一，Google 将一种基于链接关系的网页排序算法应用于搜索引擎，在商业应用中获得了巨大成功。下面就运用特征值、特征向量理论来分析这种网页排序方法。

二、问题的数学描述与分析

判断网页的重要性可以利用 web 拥有的链接特性，从网页 A 超链接到网页 B 被看作是网页 A 对网页 B 的支持投票，可以根据这个投票数来判断网页的重要性。

构造一个链接矩阵：

$$\boldsymbol{D}=(d_{ij})=\begin{cases}1, & \text{网页 } i \text{ 超链接到网页 } j\\ 0, & \text{其他}\end{cases}$$

在 $\boldsymbol{D}$ 的基础上定义一个迁移概率矩阵 $\boldsymbol{M}$：

$$\boldsymbol{M}=(m_{ij})=\begin{cases}\dfrac{1}{N_i}, & \text{网页 } i \text{ 超链接到网页 } j\\ 0, & \text{其他}\end{cases}$$

其中，N_i 为网页 i 的总链接数，m_{ij} 表示从网页 i 跳转到网页 j 的概率(这里几率是平分的)。

例如，输入某关键词后，出现 3 个相关的网页 1、2、3，它们之间的链接关系如图 36－1 所示。其链接矩阵为

$$\boldsymbol{D}=\begin{pmatrix}0 & 1 & 1\\ 1 & 0 & 0\\ 0 & 1 & 0\end{pmatrix}$$

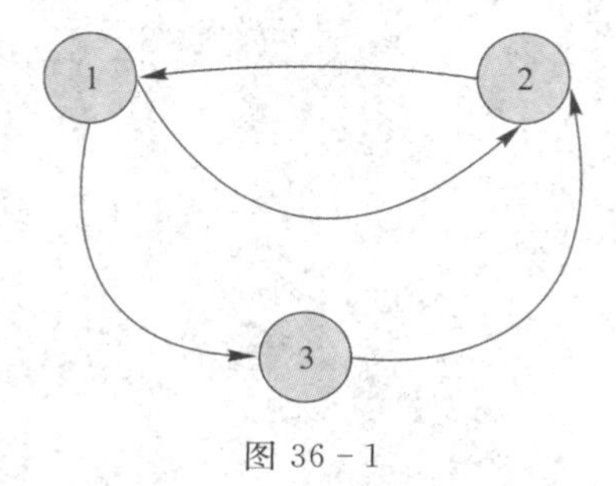

图 36－1

迁移概率矩阵为

$$\boldsymbol{M}=\begin{pmatrix}0 & \frac{1}{2} & \frac{1}{2}\\ 1 & 0 & 0\\ 0 & 1 & 0\end{pmatrix}$$

其中，$m_{12}=\frac{1}{2}$表示从网页1跳转到网页2的概率是$\frac{1}{2}$，$m_{13}=\frac{1}{2}$表示从网页1跳转到网页3的概率是$\frac{1}{2}$。

假设考虑m个网页，用向量$\boldsymbol{x}=(x_1,\cdots,x_m)^{\mathrm{T}}$表示$m$个网页的重要性向量，设对各网页的重要性做了归一化处理，即满足$\sum_{i=1}^{m}x_i=1$，因此网页重要性向量也可以看作是一个概率向量，其分量值越大，该网页就越重要。

这里先考虑一种特殊的情形——网页链接关系构成的有向图是强连通的，即指能保证从任意节点i到任意节点j都存在有向路径。

设$\boldsymbol{x}^{(0)}$为初始时刻的网页重要性向量，则$\boldsymbol{M}^{\mathrm{T}}\boldsymbol{x}^{(0)}$就表示用户经过一次随机地沿着(网页)链接前进时对各页面访问的分布，比如前面的例子，网页1，2，3的初始重要性分布是$\boldsymbol{x}^{(0)}=\left(\frac{1}{3},\frac{1}{3},\frac{1}{3}\right)^{\mathrm{T}}$，用户经过一次随机访问后的分布

$$\boldsymbol{M}^{\mathrm{T}}\boldsymbol{x}^{(0)}=\begin{pmatrix}0 & 1 & 0\\ \frac{1}{2} & 0 & 1\\ \frac{1}{2} & 0 & 0\end{pmatrix}\cdot\begin{pmatrix}\frac{1}{3}\\ \frac{1}{3}\\ \frac{1}{3}\end{pmatrix}=\left(\frac{1}{3},\frac{1}{2},\frac{1}{6}\right)^{\mathrm{T}}$$

也就是说，经过一次随机访问后，各网页的重要性发生了变化，显然网页2因为支持票数多而变得更重要了。如果这样进行下去，经过多次就得到如下的迭代关系：

$$\boldsymbol{x}^{(n)}=\boldsymbol{M}^{\mathrm{T}}\boldsymbol{x}^{(n-1)}\tag{36-1}$$

当迭代次数n变大时，若向量$\boldsymbol{x}^{(n)}$趋于稳定，即当$n\to\infty$时，有$\boldsymbol{x}^{(n)}\to\boldsymbol{x}$，即得

$$\boldsymbol{x}=\boldsymbol{M}^{\mathrm{T}}\boldsymbol{x}\tag{36-2}$$

式(36-2)中向量$\boldsymbol{x}$是非零向量，且$\sum_{i=1}^{m}x_i=1$。

可以看出$\boldsymbol{x}$为$\boldsymbol{M}^{\mathrm{T}}$矩阵对应特征值1的特征向量，且当有向图是强连通时，可以证明1为$\boldsymbol{M}^{\mathrm{T}}$的最大特征值，并且为单根(详见参考文献[14])，故特征向量$\boldsymbol{x}$是唯一的，依据$\boldsymbol{x}$向量中分量的大小，就可以对网页进行排序。实际中当网页数量很多时，一般采用迭代方法求解得到该特征向量的近似值。

下面分析一下这种迭代法的思路：

设$\boldsymbol{M}^{\mathrm{T}}$有$m$个特征值，它们之间的关系为$0\leqslant|\lambda_m|\leqslant\cdots\leqslant|\lambda_2|<1$，1为最大的特征值。设这些特征值(从大到小)对应的特征向量为$\boldsymbol{p}_1,\boldsymbol{p}_2,\cdots,\boldsymbol{p}_m$，假设$\boldsymbol{M}^{\mathrm{T}}$可对角化，则$\boldsymbol{p}_1,\boldsymbol{p}_2,\cdots,\boldsymbol{p}_m$线性无关，则对初始向量$\boldsymbol{x}^{(0)}$，有

$$\boldsymbol{x}^{(0)}=\boldsymbol{p}_1+k_2\boldsymbol{p}_2+\cdots+k_m\boldsymbol{p}_m$$

其中 $\boldsymbol{p}_1$ 是特征值 1 对应的特征向量，故

$$\begin{aligned}\boldsymbol{x}^{(1)}&=\boldsymbol{M}^{\mathrm{T}}\boldsymbol{x}^{(0)}=\boldsymbol{M}^{\mathrm{T}}(\boldsymbol{p}_1+k_2\boldsymbol{p}_2+\cdots+k_m\boldsymbol{p}_m)\\&=\boldsymbol{p}_1+k_2\lambda_2\boldsymbol{p}_2+\cdots+k_m\lambda_m\boldsymbol{p}_m\\&\vdots\\\boldsymbol{x}^{(n)}&=\boldsymbol{p}_1+k_2\lambda_2^n\boldsymbol{p}_2+\cdots+k_m\lambda_m^n\boldsymbol{p}_m\end{aligned}$$

因为$|\lambda_2|<1$，…，$|\lambda_m|<1$，所以当 n 足够大时，$\boldsymbol{x}^{(n)}\to\boldsymbol{x}\approx\boldsymbol{p}_1$。

三、应用举例

假设网页链接如图 36－2 所示。

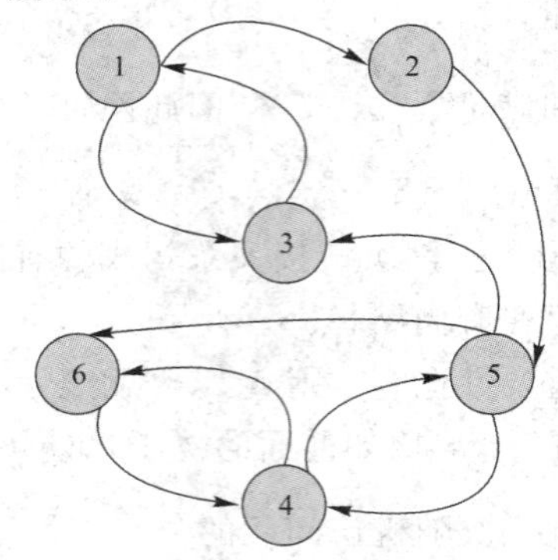

图 36－2

该有向图是强连通的，其链接矩阵为

$$\boldsymbol{D}=\begin{pmatrix}0&1&1&0&0&0\\0&0&0&0&1&0\\1&1&0&0&0&0\\0&0&0&0&1&1\\0&0&1&1&0&1\\0&0&0&1&0&0\end{pmatrix}$$

迁移概率矩阵为

$$\boldsymbol{M}=\begin{pmatrix}0&\frac{1}{2}&\frac{1}{2}&0&0&0\\0&0&0&0&1&0\\\frac{1}{2}&\frac{1}{2}&0&0&0&0\\0&0&0&0&\frac{1}{2}&\frac{1}{2}\\0&0&\frac{1}{3}&\frac{1}{3}&0&\frac{1}{3}\\0&0&0&1&0&0\end{pmatrix}$$

对矩阵 $\boldsymbol{M}^{\mathrm{T}}$，计算得对应特征值 1 的特征向量(归一化)为

$$(0.0513,\ 0.0769,\ 0.1026,\ 0.3077,\ 0.23075,\ 0.23075)$$

由此得这 6 个网页的重要性排序(由大到小)为网页 4、网页 5、网页 6、网页 3、网页 2、网页 1。

四、应用拓展

如果网页链接关系得到的有向图不能保证从任意节点 i 到任意节点 j 都有有向路径（即不是强连通的），即有时顺着链接前进会走到完全没有向外链接的网页，此时 $\boldsymbol{M}^{\mathrm{T}}$ 的特征值 1 为重根，这样对应的特征向量就不是唯一的。为了解决这个问题，可以通过对 $\boldsymbol{M}$ 增添随机干扰项，改造 $\boldsymbol{M}$ 变为一个具有强连通性的迁移矩阵，比如可以这样改造 $\boldsymbol{M}$：

$$\boldsymbol{M}^{*}=c\boldsymbol{M}+(1-c)\boldsymbol{S}$$

其中 c 为权重值，一般取 $c=0.85$，$\boldsymbol{S}$ 为一个干扰矩阵，令

$$\boldsymbol{S}=\begin{pmatrix} \frac{1}{m} & \frac{1}{m} & \cdots & \frac{1}{m} \\ \frac{1}{m} & \frac{1}{m} & \cdots & \frac{1}{m} \\ \vdots & \vdots & & \vdots \\ \frac{1}{m} & \frac{1}{m} & \cdots & \frac{1}{m} \end{pmatrix}_{m\times m}$$

$\boldsymbol{S}$ 矩阵的秩 $R(\boldsymbol{S})=1$。矩阵 $\boldsymbol{M}^{*}$ 称为一般情形下的 Google 矩阵。

可以证明，1 仍是 $(\boldsymbol{M}^{*})^{\mathrm{T}}$ 的最大特征值，并且没有重根，且有其特征值之间的关系满足 $0\leqslant|\lambda_m|\leqslant\cdots\leqslant|\lambda_2|<1$，当网页数量很大时，可以运用迭代法求出特征值 1 对应的特征向量，从而实现对网页的排序。

案例37 灰度共生矩阵纹理特征提取问题

一、背景描述

图像的特征提取是图像识别和分类、基于内容的图像检索、图像数据挖掘等研究内容的基础性工作，而图像的纹理特征对描述图像内容具有重要意义。图像分析中，将纹理定义为“任何事物构成成分的分布或特征，尤其是涉及外观或触觉的品质”。通过对图像纹理进行度量，可以反映一个区域中像素灰度级的空间分布属性。

灰度共生矩阵(GLCM，也称联合概率矩阵)是统计描述图像中的一个局部区域或整个区域相邻像元或一定间距内两像元灰度呈现某种关系的矩阵。下面介绍的纹理分析方法的本质就是通过对图像所有像素进行统计调查，获得几种重要参数用以描述其灰度分布的一种方法。

二、问题的数学描述与分析

1. 数字图像的矩阵表示

用计算机进行图像处理的前提是图像必须以数字格式存储，我们把以数字格式存储的图像称为数字图像。

像素点是最小的图像单元。一幅图像由许多像素点组成。像素点的多少取决于组成图像的像素点规模。例如，一幅图像由 M 行 N 列像素组成，则共有 $M\times N$ 个像素点。一般用灰度来表示图像各个像素点的明暗数值，即黑白图像中点的颜色深度。白色与黑色之间按照对应数的关系分成若干级，称为“灰度级”。其范围一般从 0 到 255，白色为 255，黑色为 0。灰度值指的是单个像素点的亮度。灰度值越大，像素点越亮。因为一个像素点的颜色是由 R、G、B 三个值来表现的，所以像素点矩阵对应三个颜色向量矩阵，即 $\boldsymbol{R}$ 矩阵($M\times N$ 大小)、$\boldsymbol{G}$ 矩阵($M\times N$ 大小)、$\boldsymbol{B}$ 矩阵($M\times N$ 大小)。如果 $\boldsymbol{R}$、$\boldsymbol{G}$、$\boldsymbol{B}$ 矩阵的第一行第一列的灰度值分别为 $R=240$，$G=223$，$B=204$，那么这个像素点的颜色就是(240，223，204)。灰度就是没有色彩，R、G、B 色彩分量全部相等。图像的灰度化就是让像素点矩阵中的每个像素点都满足关系：$R=G=B$，此时的这个值就是灰度值。如 RGB(100，100，100)代表灰度值为 100，RGB(50，50，50)代表灰度值为 50。对于灰度图像来说，它的灰度值就是它的像素值；对于彩色图像来说，它的灰度值需要经过函数映射得到。灰度图像是由纯黑和纯白过渡得到的，在黑色中加入白色就得到灰色，纯黑和纯白按不同的比例混合就得到不同的灰度值。$R=G=B=255$ 时，为白色；$R=G=B=0$ 时，为黑色；$R=G=B$ 为小于 255 的某个整数时，为某个灰度值。灰度级表明图像中不同灰度的最大数量。灰度级越大，图像的亮度范围越大。以下我们讨论的图像均为已经灰度化后的灰度图。

例如，一个灰度级为8、规模尺寸为8×8的灰度图，其矩阵表示如图37-1所示。

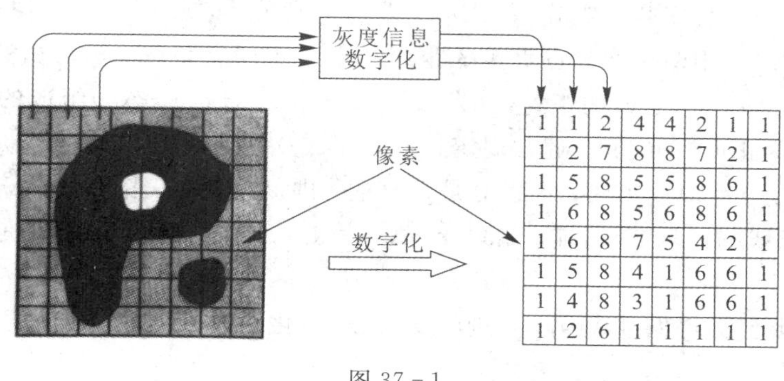

图37-1

更一般些，一幅$M\times N$个像素的数字图像，其灰度值可以用M行、N列的矩阵$\boldsymbol{G}$表示：

$$\boldsymbol{G}=\begin{pmatrix} g_{11} & \cdots & g_{1N} \\ \vdots & & \vdots \\ g_{M1} & \cdots & g_{MN} \end{pmatrix}$$

数字图像中的像素与二维数组中的每个元素便一一对应起来。

2. 灰度共生矩阵

灰度共生矩阵(GLCM)是一个记录灰度图像灰度空间变化特性的方阵，其作用是通过刻画灰度图的空间相关性来研究图像的纹理特征，其大小取决于数字图像灰度级别的大小。

若一幅二维数字图像$G(x, y)$的大小为$M\times N$，灰度级别为N_g，则灰度共生矩阵GLCM为$N_g\times N_g$的矩阵，简记为$\boldsymbol{P}$，其第i行第j列元素大小p_{ij}记录了数字图像$G(x, y)$中所有按照指定规则移动后像素灰度值点对(g_1, g_2)出现的总频次(或者归一化后的总频率值)，其中像素值$g_1=i-1$，$g_2=j-1$。灰度共生矩阵GLCM中元素的取值不仅依赖于图像本身的灰度值空间特征，而且依赖于具体的移动规则。

灰度共生矩阵用两个位置的像素的联合概率密度来定义，它不仅反映亮度的分布特性，也反映具有同样亮度或接近亮度的像素之间的位置分布特性，体现了图像亮度变化的二阶统计特征，它是定义一组纹理特征的基础。一幅图像的灰度共生矩阵能反映出图像灰度关于方向、相邻间隔、变化幅度的综合信息，它是分析图像的局部模式和它们排列规则的基础。

对于一幅大小为$M\times N$灰度级别为N_g的二维数字图像$G(x, y)$，当指定空间关系(即移动规则，一般用图像相距$(\Delta x, \Delta y)$描述，并规定右移和上移为正，左移和下移为负)时，通常定义G的共生矩阵$\boldsymbol{W}$如下$(\boldsymbol{W}=w_{ij})$：

$$w_{ij}=\#\left\{(g_1, g_2)\middle|\begin{array}{l} G(x, y)=g_1, \\ G(x+\Delta x, y+\Delta y)=g_2 \\ g_1=i-1,\ g_2=j-1 \end{array}\right\},\ \forall i, j=0, 1, \cdots, N_g \tag{37-1}$$

其中，$\#\{A\}$表示集合A中的元素个数。

注意到，距离差分值$(\Delta x, 4y)$取不同的数值组合，可以得到不同情况下的共生矩阵。$(\Delta x, \Delta y)$取值要根据纹理周期分布的特性来选择，对于较细的纹理，选取(1，0)、(1，1)、

(2，0)等小的差分值。

另外，对于定义灰度共生矩阵 GLCM 所需的空间关系，除了采用图像相距$(\Delta x, \Delta y)$描述之外，也可以采用两个像素点直接的距离和水平正向夹角(d, θ)方式来描述，其中 d 为(x, y)与$(x+\Delta x, y+\Delta y)$的距离，θ 为(x, y)与$(x+\Delta x, y+\Delta y)$组成的方位向量与水平方向(规定右为正向)的夹角。通常规定：当$(\Delta x, \Delta y)=(1, 0)$时，像素对是水平的，即 0°扫描；当$(\Delta x, \Delta y)=(0, 1)$时，像素对是垂直的，即 90°扫描；当$(\Delta x, \Delta y)=(1, 1)$时，像素对是右对角线的，即 45°扫描；当$(\Delta x, \Delta y)=(-1, -1)$时，像素对是左对角线，即 135°扫描。

通常，将以上所得共生矩阵 $\boldsymbol{W}$ 进行如下归一化后作为最终的灰度共生矩阵 $\boldsymbol{P}=(p_{ij})_{N_g\times N_g}$，即

$$p_{ij}=\frac{w_{ij}}{R},\ \forall\, i, j=0, 1, \cdots, N_g \tag{37-2}$$

其中 $R=\sum_{i=1}^{N_g}\sum_{j=1}^{N_g}w_{ij}$，或者为了提高计算效率，取

$$R=\begin{cases}M(N-1), & \theta=0^\circ \text{ 或 } 90^\circ\\(M-1)(N-1), & \theta=45^\circ \text{ 或 } 135^\circ\end{cases}$$

取 $R=\sum_{i=1}^{N_g}\sum_{j=1}^{N_g}w_{ij}$ 可以确保 $p_{ij}\in[0, 1]$，$\sum_{i=1}^{N_g}\sum_{j=1}^{N_g}p_{ij}=1$；而后者取法只能确保 $p_{ij}\in[0, 1]$，不一定满足 $\sum_{i=1}^{N_g}\sum_{j=1}^{N_g}p_{ij}=1$。

事实上，当一幅大小为 $M\times N$ 灰度级别为 Ng 的二维数字图像 $G(x, y)$ 中所有灰度值都相等时，若取$(\Delta x, \Delta y)=(1, 0)$(即 $\theta=0^\circ$)，则 $\max\limits_{1\leqslant i, j\leqslant N_g}\{w_{ij}\}\leqslant M(N-1)$；若取$(\Delta x, \Delta y)=(1, 1)$(即 $\theta=45^\circ$)，则 $\max\limits_{1\leqslant i, j\leqslant N_g}\{w_{ij}\}\leqslant(M-1)(N-1)$，明显这是两种最极端的情形，可见如此归一化只能确保 $p_{ij}\in[0, 1]$，不一定满足 $\sum_{i=1}^{N_g}\sum_{j=1}^{N_g}p_{ij}=1$，但无需计算 $\sum_{i=1}^{N_g}\sum_{j=1}^{N_g}p_{ij}$，在灰度级较大时能够明显提高计算效率。

根据以上定义，若取图像$(M\times N)$中任意一点(x, y)及偏离它的另一点$(x+\Delta x, y+\Delta y)$，设该点对的灰度值为(g_1, g_2)。令点(x, y)在整个画面上移动，则会得到各种(g_1, g_2)值，则(g_1, g_2)的组合共有 N_g^2 种。对于整个画面，统计出每一种(g_1, g_2)值出现的次数，然后按照像素值从小到大顺序，依次从上至下从右至左排列成一个方阵，再用(g_1, g_2)出现的总次数将它们归一化为出现的概率 $p(g_1, g_2)$，这样的方阵 $\boldsymbol{P}$ 称为图像 $G(x, y)$按照距离差分值$(\Delta x, \Delta y)$所得的灰度共生矩阵。

灰度共生矩阵中元素值相对于主对角线的分布可用离散性来表示，它常常反映纹理的粗细程度。离开主对角线远的元素的归一化值高，即元素的离散性大，也就是说，一定位置关系的两像素间灰度差的比例高。若以$|\Delta x|=1$ 或 0，$|\Delta y|=1$ 或 0 的位置关系为例，离散性大意味着相邻像素间灰度差大的比例高，说明图像上垂直于该方向的纹理较细；相反，则图像上垂直于该方向上的纹理较粗。当非主对角线上的元素的归一化值全为 0 时，元素值的离散性最小，即图像上垂直于该方向上不可能出现纹理。灰度共生矩阵中主对角

线上的元素是一定位置关系下的两像素同灰度组合出现的次数。由于沿着纹理方向上相近元素的灰度基本相同，垂直纹理方向上相近像素间有较大灰度差的一般规律，因此，这些主对角线元素的大小有助于判别纹理的方向和粗细，对纹理分析起着重要的作用。

例如，针对如图 37－2 所示灰度级为 $N_g=4$ 的图像构造其 GLCM。

0	1	2	3	0	1	2
1	2	3	0	1	2	3
2	3	0	1	2	3	0
3	0	1	2	3	0	1
0	1	2	3	0	1	2
1	2	3	0	1	2	3
2	3	0	1	2	3	0

图 37－2　数字图像矩阵 $\boldsymbol{G}_{7\times7}$

$(g_1，g_2)$分别取值为 0、1、2、3，选取空间移动方式的差分值$(\Delta x，\Delta y)$为(1，0)、(1，1)、(2，0)时，所得灰度共生矩阵 GLCM 如图 37－3 所示。

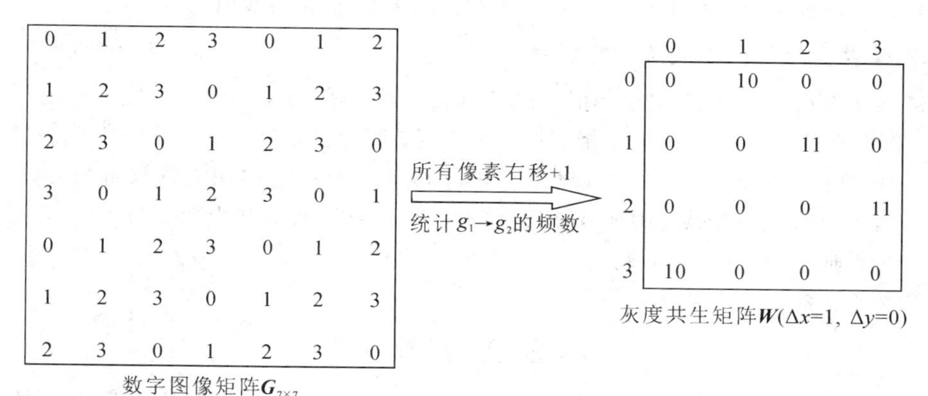

(a) 相距$(\Delta x=1，\Delta y=0)$

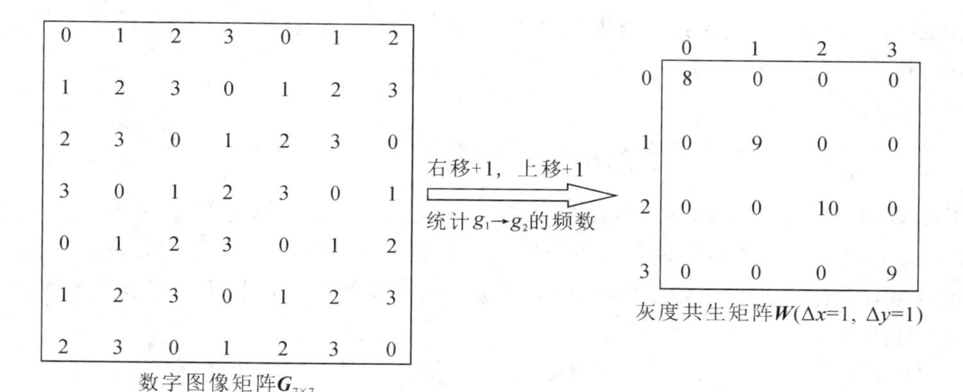

(b) 相距$(\Delta x=1，\Delta y=1)$

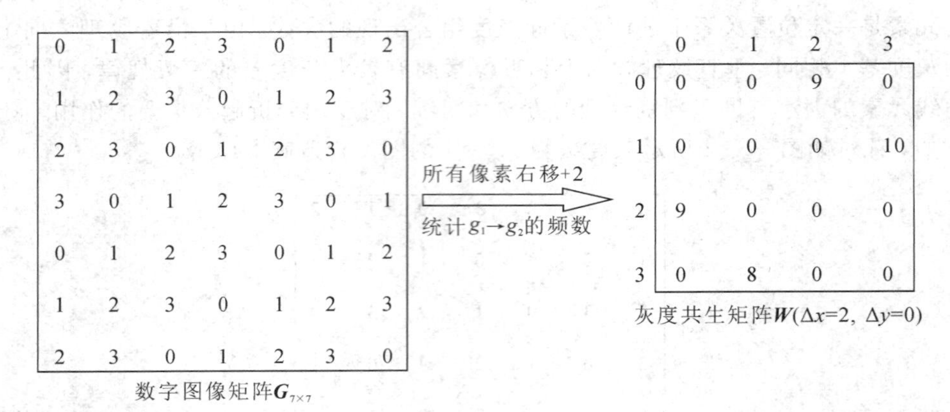

(c) 相距($\Delta x=2$, $\Delta y=0$)

图 37-3　灰度共生矩阵 GLCM

由此可见，距离差分值(Δx, Δy)取不同值，可以得到不同情况下的 GLCM。(Δx, Δy)取值要根据纹理周期分布的特性来选择，对于较细的纹理，选取(0, 1)、(1, 1)等小的差分值。当取值较小时，对应于变化缓慢的纹理图像，其 GLCM 对角线上的数值就越大；而纹理变化越快，则对角线上的数值就越小，而对角线两侧上的元素值越大。

3. 灰度共生矩阵的二次统计特征量

灰度共生矩阵不能反映纹理特征，它仅能反映图像在变化幅度、角度、一定邻域的综合信息，因此还需要计算出能量、相关性、对比度、熵等值，用这些特征值来反映整幅图像的纹理特征。由于各个特征值的物理意义不同，因此需要给它们相同的权重进行归一化。

为了能更直观地以灰度共生矩阵描述纹理状况，应从灰度共生矩阵导出一些反映矩阵状况的参数，典型的有以下几种：

(1) 纹理能量：

$$Q_1=\sum_{g_1}\sum_{g_2}[p(g_1,\ g_2)]^2$$

即灰度共生矩阵元素值的平方和，简称能量，反映了图像灰度分布均匀程度和纹理粗细度。如果灰度共生矩阵的所有值均相等，则能量值小；相反，如果其中一些值大而其他值小，则能量值大。当灰度共生矩阵中的元素集中分布时，能量值大。能量值大表明一种较均一和规则变化的纹理模式。

(2) 纹理对比度：

$$Q_2=\sum_{g_1}\sum_{g_2}k^2p(g_1,\ g_2)^2\quad(k=|g_1-g_2|)$$

反映了图像的清晰度和纹理沟纹深浅的程度。纹理沟纹越深，其对比度越大，视觉效果越清晰；反之，纹理沟纹越浅，其对比度越小，视觉效果越模糊。灰度差越大表示对比度大的像素对越多，对比度越大。灰度共生矩阵中远离对角线的元素值越大，则对比度越大。

(3) 纹理相关性：

$$Q_3=\frac{\left[\sum_{g_1}\sum_{g_2}g_1g_2p(g_1,\ g_2)\right]-\mu_x\mu_y}{\delta_x\delta_y}$$

用于度量灰度共生矩阵元素在行或列方向上的相似程度。如果图像在某方向上的值大于其他方向，那么在这个方向上的纹理性也比其他方向强，因此它可以表示纹理的方向。其中：

$$\mu_x = \sum_{g_1} g_1 \sum_{g_2} p(g_1, g_2), \mu_y = \sum_{g_2} g_2 \sum_{g_1} p(g_1, g_2)$$

$$\delta_x^2 = \sum_{g_1} (g_1 - \mu_x)^2 \sum_{g_2} p(g_1, g_2)$$

$$\delta_y^2 = \sum_{g_2} (g_2 - \mu_y)^2 \sum_{g_1} p(g_1, g_2)$$

（4）纹理熵：

$$Q_4 = -\sum_{g_1} \sum_{g_2} p(g_1, g_2) \lg p(g_1, g_2)$$

用于度量图像所具有的信息量，它表示图像中纹理的非均匀程度或复杂程度。纹理信息属于图像信息，是一个随机性的度量。当灰度共生矩阵中所有元素有最大的随机性、灰度共生矩阵中所有值几乎相等时，若灰度共生矩阵中的元素分散分布，则熵较大。

三、应用举例

例 37－1 图 37－4 至图 37－7 分别是沙地、地砖、草地、水面的灰度图像，通过灰度共生矩阵计算其纹理信息。

图 37－4　图 37－5　图 37－6　图 37－7

解 由 Matlab 对图像处理可得到 4 种地物的灰度共生矩阵的纹理特征和二次统计特征量均值见表 37－1 和表 37－2。

表 37－1　4 种地物的灰度共生矩阵的纹理特征

地物		能量	熵	对比度	相关性
沙地	0°	0.054 934	3.190 475	0.288 939	0.121 265
	45°	0.034 726	3.634 086	0.760 804	0.117 769
	90°	0.034 823	3.625 137	0.746 924	0.117 697
	135°	0.029 769	3.770 994	1.014 880	0.115 825
地砖	0°	0.183 693	2.190 297	0.593 135	0.766 411
	45°	0.167 975	2.260 415	0.706 739	0.688 752
	90°	0.192 497	2.120 838	0.443 775	0.872 807
	135°	0.167 158	2.272 310	0.745 551	0.661 505
草地	0°	0.045 806	3.461 457	0.826 464	0.191 562
	45°	0.034 198	3.764 212	1.605 927	0.173 980
	90°	0.045 866	3.487 686	0.888 472	0.190 053
	135°	0.036 469	3.693 210	1.365 801	0.179 229
水面	0°	0.248 995	1.913 379	0.333 969	1.127 422
	45°	0.214 449	2.109 850	0.683 055	0.727 520
	90°	0.216 824	2.087 994	0.621 432	0.804 121
	135°	0.213 831	2.089 601	0.605 431	0.824 233

表 37－2　二次统计特征量均值

地物	能量	熵	对比度	相关性
沙地	0.038 563	3.555 173	0.702 887	0.118 139
地砖	0.177 831	2.210 965	0.622 300	0.747 369
草地	0.040 585	3.601 641	1.171 667	0.183 706
水面	0.223 525	2.050 206	0.560 972	0.870 824

由以上数据分析可得：地砖图像的能量值较大，纹理较粗；水面的熵值和相关性较小，说明水面图像的局部变化小，同时因为水面图像灰度局部变化小，所以其对比度也偏小；草地和沙地图像的各个特征值比较相似，因此难以区分。

四、应用拓展

目前图像的纹理特征在许多重要工作、重要领域都有相关研究成果。如天气预报中，卫星云图与红外线图提取的纹理特征有很大差异，因此图像的纹理特征可以应用在模式识别领域，作为模式识别的一个重要特征。在地球卫星上拍摄到的地球表面遥感图像大部分纹理特征非常明显，其表面的山川、陆地、沙漠、海洋以及大的城市建筑群都有不同的纹理特点，我们可以通过图像的纹理特征对国家的不同区域识别、土地整治、土地沙漠化、城市建筑群分布等宏观情况进行研究。

案例38　设备的维修更换问题

一、背景描述

由于种种预想不到的原因，设备会突然发生故障，并需要立即更换机件。因为故障发生的随机性，所以发生故障后实际的更换费用比预防性更换费用要多。为了减少故障发生的次数，应按规定的时间间隔进行预防性更换，间隔期越短，更换所需的总费用也就越多。如何利用概率理论分析并设计合理的预防性策略具有重要的实际应用价值。

二、问题的数学描述与分析

如何确定预防性更换的最佳时机，使得预防更换所花的费用与更换后减少故障所取得的经济效益综合平衡，使设备在单位时间内的预期更换费用最低？

假设设备的运行周期很长，预防更换时间较短。正常情况下，按固定的时间间隔 T 进行预防性更换，更换费用为 c_1，故障发生后立即进行更换，更换费用为 c_2。由于故障发生时往往会带来一些其他的损失，故 $c_2>c_1$。再假设 $f(r)$是从实际统计数据得到的设备的第一个故障发生在$(0, t)$内的概率密度函数，$C(T)$为单位时间预期总费用，$H(T)$为$(0,T)$内预期的故障次数，$G(T)$为$(0,T)$内的预期总费用。

在$(0,T)$内的预期总费用等于预防性更换费用加上预期故障后更换费用，即

$$G(T)=c_1+c_2H(T),\ C(T)=\frac{G(T)}{T}=\frac{c_1+c_2H(T)}{T} \tag{38-1}$$

为了确定 $H(T)$，令 $N(T)$为间隔$(0,T)$内的故障次数，则 $H(T)=E[N(T)]$，这里 $E[N(T)]$为 $N(T)$的数学期望，设 $t_1, t_2, \cdots$为故障的间隔期，则 $S_r=t_1+t_2+\cdots+t_r$ 为第 r 个故障发生的时间。当第 r 次故障发生在 T 时刻之前，第 $r+1$ 次故障发生在 T 之后时，$N(T)=r$。因此 $N(T)=r$ 的概率可以按下述方法求出。

$$p\{N(T)<r\}=p\{S_r\geqslant T\}=1-p\{S_r<T\}$$

$$p\{N(T)>r\}=p\{S_{r+1}<T\}$$

$$p\{N(T)>r\}+p\{N(T)=r\}+p\{N(T)<r\}=1$$

故

$$p\{N(T)=r\}=p\{S_r<T\}-p\{S_{r+1}<T\}$$

$$\begin{aligned}H(T) &= \sum_{r=0}^{\infty}rp\{N(T)=r\}=\sum_{r=0}^{\infty}rp\{S_r<T\}-\sum_{r=0}^{\infty}rp\{S_{r+1}<T\} \\ &= \sum_{r=1}^{\infty}rp\{S_r<T\}\end{aligned} \tag{38-2}$$

由于 $p\{S_r<T\}$ 是设备的第 r 个故障发生在 $(0,T)$ 内的概率，因而由 $f(r)$ 的定义有

$$p\{S_1 < T\} = \int_0^T f(t)\,\mathrm{d}t$$

$$p\{S_2 < T\} = \int_0^T\int_0^t f(\tau)f(t-\tau)\,\mathrm{d}t\mathrm{d}\tau$$

其中，$f(\tau)f(t-\tau)$ 是 $(0,\tau)$ 内发生一个故障和 (τ,t) 发生一个故障的概率之积，积分 $\int_0^t f(\tau)f(t-\tau)\mathrm{d}t\mathrm{d}\tau$ 是设备的前两个故障发生在 $(0,t)$ 的概率密度函数。同理可得 $p\{S_r < T\}$ 是 $f(t)$ 的 r 重积分。将这些概率 $p\{S_r < T\}$ 的表示式代入式(38－2)，两边进行 Laplace 变换得

$$\psi H(s) = \frac{\psi f(s)}{s[1-\psi f(s)]} \tag{38-3}$$

再对式(38－3)进行 Laplace 逆变换即可求得 $H(T)$。例如当 $f(t)=\lambda \mathrm{e}^{-\lambda t}$ 时，$H(T)=\lambda T$，这时代入式(38－2)$C(T)$是 T 的单调减函数，这表明：在这一情况下不需要进行预防性更换。

三、应用举例

在实际应用中，由于 Laplace 变换和逆变换存在着计算方面的困难，我们可以用离散法来确定 $H(T)$。

例如，我们取预防性更换的时间间隔为 4 个星期，并且假定在每个星期内不会出现 1 次以上的故障(这个假设不具有约束性，必要时可以将时间间隔变小一些)。

当设备开始运行时，第 1 次故障可能发生在第 1、2、3、4 周中任一周内，记 n_i 是第 1 次故障发生在第 i 周时在间隔期 $(0,4)$ 内的预期故障数，$p_{i-1,i}$ 为第 1 次故障发生在 $(i-1,i)$ 周内的概率 $(i=1,2,3,4)$，则有

$$H(4) = \sum_{i=1}^{4} n_i p_{i-1,i} \tag{38-4}$$

当第 1 次故障发生在第 1 周时，在间隔期 $(0,4)$ 内的预期故障数等于第 1 周发生故障加上预期在其余三周发生的故障数。由于当第 1 周发生故障后进行了更换作业，使设备处于新的状态，还需要运行三周到一个预防性更换间隔结束，因此在这三周内，设备的预期故障数为 $H(3)$。于是得到

$$\begin{cases} n_1 = 1 + H(3) \\ n_2 = 1 + H(2) \\ n_3 = 1 + H(1) \\ n_4 = 1 \end{cases} \tag{38-5}$$

设备在第 i 周发生故障的概率是

$$\int_i^{i+1} f(t)\,\mathrm{d}t \quad (i = 0,1,2,3) \tag{38-6}$$

由式(38－4)、式(38－5)、式(38－6)得

$$H(4) = \sum_{i=0}^{3} [1 + H(3+i)]\int_i^{i+1} f(t)\,\mathrm{d}t$$

其中

$$H(0)=0,\ H(1)=\int_0^1 f(t)\mathrm{d}t$$

$$H(2)=[1+H(1)]\int_0^1 f(t)\mathrm{d}t+[1+H(0)]\int_1^2 f(t)\mathrm{d}t=\int_0^2 f(t)\mathrm{d}t+\left[\int_0^1 f(t)\mathrm{d}t\right]^2$$

$$\begin{aligned}H(3)&=[1+H(2)]\int_0^1 f(t)\mathrm{d}t+[1+H(1)]\int_1^2 f(t)\mathrm{d}t+[1+H(0)]\int_2^3 f(t)\mathrm{d}t\\&=\int_0^3 f(t)\mathrm{d}t+\int_0^1 f(t)\mathrm{d}t\int_1^2 f(t)\mathrm{d}t+\int_0^1 f(t)\mathrm{d}t\int_0^2 f(t)\mathrm{d}t+\left[\int_0^1 f(t)\mathrm{d}t\right]^3\end{aligned}$$

利用类似的方法可得 $H(T)$ 的一般表示式为

$$H(T)=\sum_{i=0}^{T-1}[1+H(T-i-1)]\int_i^{i+1} f(t)\mathrm{d}t,\ T\geqslant 1$$

从 $H(0)=0$ 开始递推，即可得到 $H(1)$，$H(2)$，…，$H(T)$的值。

例如，当 $f(t)$为(0，6)上均匀分布的概率密度函数时，若每两周进行一次预防性更换，则预期的故障数为 $H(2)=\frac{13}{36}$。

案例39　数据降维问题

一、背景描述

当我们对某一事物进行研究时，可以选取与该事物有关的指标，通过对这些指标的分析来获取事物的信息。一般地，指标越多，越能全面、准确地反映事物的特征和发展规律，但同时也会增加问题的复杂性，而且其中某些指标所包含的信息有可能出现“重叠”。本节将重点介绍如何运用工程数学的知识来实现数据降维，即在损失很少信息的前提下，把多个指标转化为少数几个综合指标，从而通过对为数较少的新指标的分析达到解决问题的目的。

二、问题的数学描述与分析

1. 基本思想

假设对某一事物的研究涉及 n 个指标，分别用 X_1，X_2，…，X_n 表示。因为对这 n 个指标每作一次观测就会得到一组数据，所以这 n 个指标实际上构成一个 n 维随机向量，记为 $\boldsymbol{X}=(X_1, X_2, \cdots, X_n)^{\mathrm{T}}$。

设随机向量 $\boldsymbol{X}$ 的数学期望为 $E(X)=\mu=(E(X_1), E(X_2), \cdots, E(X_n))^{\mathrm{T}}$，协方差矩阵为 $\boldsymbol{\Sigma}$，即

$$\boldsymbol{\Sigma}=\begin{pmatrix} D(X_1) & \operatorname{cov}(X_1, X_2) & \cdots & \operatorname{cov}(X_1, X_n) \\ \operatorname{cov}(X_2, X_1) & D(X_2) & \cdots & \operatorname{cov}(X_2, X_n) \\ \vdots & \vdots & & \vdots \\ \operatorname{cov}(X_n, X_1) & \operatorname{cov}(X_n, X_2) & \cdots & D(X_n) \end{pmatrix}$$

显然 $\boldsymbol{\Sigma}$ 是一个对称矩阵，而且是非负定的。

接下来就让我们一起来看看如何运用这 n 个指标构造为数较少的综合指标 Y_1，Y_2，…，Y_m（$m<n$），使得这些综合指标能够包含 n 个指标的大部分信息，并且这些综合指标所包含的信息彼此不重叠，也就是说 Y_1，Y_2，…，Y_m 不相关。在此之前需要说明一下，这里所说的信息，仅指的是指标的分散性信息。

例如，设二维随机向量 $\boldsymbol{X}=(X_1, X_2)^{\mathrm{T}}$，$E(\boldsymbol{X})=(0, 0)^{\mathrm{T}}$，对其进行 n 次观测，得到数据 (x_{i1}, x_{i2})（$i=1, 2, \cdots, n$），该数据对应于以 X_1，X_2 为坐标轴的平面点集（见图39－1）。

不难看出，这些观测数据的分散性信息可以由其沿 X_1 轴和 X_2 轴的分散性来刻画，若只考虑 X_1 或 X_2 中的任何一个，原始数据的信息（分散性信息）均会有较大的损失。但若将坐标轴同时逆时针旋转 θ 角度至 Y_1，Y_2，即

$$\begin{cases} Y_1 = X_1\cos\theta + X_2\sin\theta \\ Y_2 = -X_1\sin\theta + X_2\cos\theta \end{cases}$$

也即

$$\begin{cases} Y_1 = \boldsymbol{a}^{\mathrm{T}}\boldsymbol{X} \\ Y_2 = \boldsymbol{b}^{\mathrm{T}}\boldsymbol{X} \end{cases}$$

其中 $\boldsymbol{a}=(\cos\theta,\ \sin\theta)^{\mathrm{T}}$，$\boldsymbol{b}=(-\sin\theta,\ \cos\theta)^{\mathrm{T}}$ 单位向量，且相互正交。

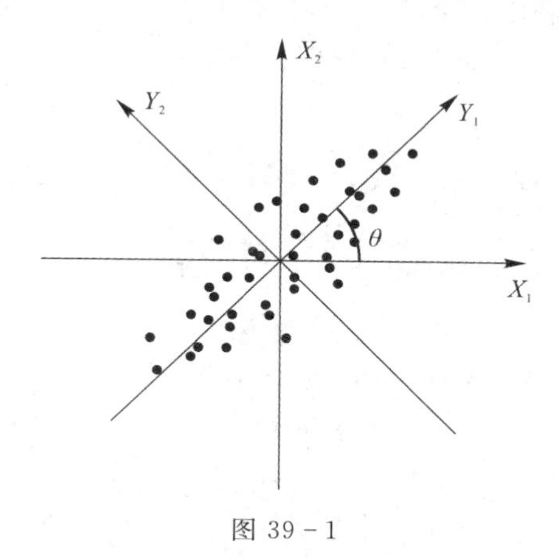

图 39－1

可以发现，这些数据沿 Y_1 轴的分散性很大，沿 Y_2 轴的分散性很小，即变量 Y_1 代表了原始数据的绝大部分信息。这样，在研究实际问题的时候即使不考虑变量 Y_2，仅利用变量 Y_1 也能够获得比较全面的信息。这就说明，对于两个指标的情形，我们可以通过线性变换来构造综合指标，达到降低数据维数的目的。

受上述特殊情形的启发，对 n 个指标 X_1，X_2，…，X_n，也可以通过构造线性变换来实现数据降维，不妨设

$$\begin{cases} Y_1 = u_{11}X_1 + u_{12}X_2 + \cdots u_{1n}X_n \\ Y_2 = u_{21}X_1 + u_{22}X_2 + \cdots u_{2n}X_n \\ \quad\vdots \\ Y_n = u_{n1}X_1 + u_{n2}X_2 + \cdots u_{nn}X_n \end{cases} \tag{39-1}$$

也即

$$\begin{cases} Y_1 = \boldsymbol{\mu}_1^{\mathrm{T}}\boldsymbol{X} \\ Y_2 = \boldsymbol{\mu}_2^{\mathrm{T}}\boldsymbol{X} \\ \quad\vdots \\ Y_n = \boldsymbol{\mu}_n^{\mathrm{T}}\boldsymbol{X} \end{cases}$$

其中：

(1) $\boldsymbol{\mu}_j^{\mathrm{T}}\boldsymbol{\mu}_j=1(j=1,\ 2,\ \cdots,\ n)$(即 $\boldsymbol{\mu}_j$ 是单位向量)；

(2) $\boldsymbol{\mu}_i^{\mathrm{T}}\boldsymbol{\mu}_j=0(i\neq j,\ i,\ j=1,\ 2,\ \cdots,\ n)$(即 $\boldsymbol{\mu}_i$，$\boldsymbol{\mu}_j$ 两两正交)；

(3) Y_1，Y_2，…，Y_n 两两不相关；

(4) $D(Y_1)\geqslant D(Y_2)\geqslant\cdots\geqslant D(Y_n)$。

规定：若

$$\frac{\sum_{j=1}^{m} D(Y_j)}{\sum_{i=1}^{n} D(X_i)} \geqslant \alpha \quad (m < n)$$

(α 称为综合指标 Y_1, Y_2, …, Y_m 的累积贡献率，在实际应用中 α 一般是一个大于 0，接近 1 的实数，比如 0.9)，即表示综合指标 Y_1, Y_2, …, Y_m 包含了原始指标 X_1, X_2, …, X_n 的 α 份额的信息，于是我们就可以利用综合指标 Y_1, Y_2, …, Y_m 来代替原始指标 X_1, X_2, …, X_n，最终通过对综合指标 Y_1, Y_2, …, Y_m 的分析达到解决问题的目的。

2. 具体做法

要寻找满足条件的综合指标 Y_1, Y_2, …, Y_m，关键在于确定满足上述约束条件的线性变换。

不妨假设存在线性变换(39-1) 满足以上的约束条件，将其写成矩阵的形式：

$$\boldsymbol{Y}=\boldsymbol{U}\boldsymbol{X} \tag{39-2}$$

其中：$\boldsymbol{X}=(X_1, X_2, \cdots, X_n)^{\mathrm{T}}$，$\boldsymbol{Y}=(Y_1, Y_2, \cdots, Y_n)^{\mathrm{T}}$，

$$\boldsymbol{U}=\begin{pmatrix} u_{11} & u_{12} & \cdots & u_{1n} \\ u_{21} & u_{22} & \cdots & u_{2n} \\ \vdots & \vdots & & \vdots \\ u_{n1} & u_{n2} & \cdots & u_{nn} \end{pmatrix}$$

由协方差矩阵的性质可知

$$D(\boldsymbol{Y})=D(\boldsymbol{U}\boldsymbol{X})=\boldsymbol{U}D(\boldsymbol{X})\boldsymbol{U}^{\mathrm{T}}=\boldsymbol{U}\boldsymbol{\Sigma}\boldsymbol{U}^{\mathrm{T}} \tag{39-3}$$

因为随机变量 $Y_1, Y_2, \cdots, Y_n$ 两两不相关，所以 $\mathrm{cov}(Y_i, Y_j)=0(i\neq j, i, j=1, 2, \cdots, n)$，从而 $\boldsymbol{Y}$ 的协方差矩阵 $D(\boldsymbol{Y})$是对角矩阵，即

$$D(\boldsymbol{Y})=\mathrm{diag}[D(Y_1), D(Y_2), \cdots, D(Y_n)] \tag{39-4}$$

于是结合式(39-3)、式(39-4)，可得

$$\boldsymbol{U}\boldsymbol{\Sigma}\boldsymbol{U}^{\mathrm{T}}= \mathrm{diag}[D(Y_1), D(Y_2), \cdots, D(Y_n)] \tag{39-5}$$

到了这里，让我们先来回忆线性代数里的一个结论：若 $\boldsymbol{A}$ 为 n 阶对称矩阵，则矩阵 $\boldsymbol{A}$ 一定可以正交相似对角化，即存在正交矩阵 $\boldsymbol{P}$，使得

$$\boldsymbol{P}^{-1}\boldsymbol{A}\boldsymbol{P}=\boldsymbol{P}^{\mathrm{T}}\boldsymbol{A}\boldsymbol{P}=\boldsymbol{\Lambda} \tag{39-6}$$

其中，$\boldsymbol{\Lambda}$ 是以矩阵 $\boldsymbol{A}$ 的特征值 $\lambda_i(i=1, 2, \cdots, n)$为主对角元素的对角矩阵，即 $\boldsymbol{\Lambda}=\mathrm{diag}(\lambda_1, \lambda_2, \cdots, \lambda_n)$。而正交矩阵 $\boldsymbol{P}=(\boldsymbol{p}_1, \boldsymbol{p}_2, \cdots, \boldsymbol{p}_n)$的列 $\boldsymbol{p}_1$, $\boldsymbol{p}_2$, …, $\boldsymbol{p}_n$ 分别是特征值 λ_1, λ_2, …, λ_n 对应的特征向量正交化、单位化后得到的列向量。

因为 $\boldsymbol{\Sigma}$ 是随机向量 $\boldsymbol{X}=(X_1, X_2, \cdots, X_n)^{\mathrm{T}}$ 协方差矩阵，在前面我们说过，$\boldsymbol{\Sigma}$ 是一个非负定的对称矩阵，所以根据上述结论，$\boldsymbol{\Sigma}$ 一定可以正交相似对角化。于是，比较式(39-5)和式(39-6)，就可以得到下面的结论：

(1) $\boldsymbol{\Sigma}$ 与 $D(\boldsymbol{Y})$相似。即 $D(Y_j)(j=1, 2, \cdots, n)$是 $\boldsymbol{\Sigma}$ 的特征值；线性变换 $\boldsymbol{Y}=\boldsymbol{U}\boldsymbol{X}$ 的系数矩阵 $\boldsymbol{U}$ 的行向量 $\boldsymbol{u}_j^{\mathrm{T}}(j=1, 2, \cdots, n)$分别是特征值 $D(Y_j)(j=1, 2, \cdots, n)$所对应的特征向量正交化、单位化后得到的向量的转置。

(2) $\sum_{i=1}^{n} D(X_i) = \sum_{j=1}^{n} D(Y_j)$。因为根据相似矩阵的性质，相似矩阵的特征值相同，所以

特征值的和相等；又根据特征值的性质，矩阵特征值的和等于其主对角线上元素的和。因为 $\boldsymbol{\Sigma}$ 与 $D(\boldsymbol{Y})$ 相似，所以 $\boldsymbol{\Sigma}$ 与 $D(\boldsymbol{Y})$ 主对角线上的元素的和相等，也即

$$\sum_{i=1}^{n} D(X_i) = \sum_{j=1}^{n} D(Y_j)$$

(3) 若 $\sum_{j=1}^{m} D(Y_j) / \sum_{i=1}^{n} D(X_i) \geqslant \alpha (m < n)$，则表示综合指标 $Y_1, Y_2, \cdots, Y_m$ 且包含了指标 $X_1, X_2, \cdots, X_n$ 的 α 份额的信息，且 $Y_1, Y_2, \cdots, Y_m$ 两两不相关。当 α 足够大(符合要求)时，$Y_1 = \boldsymbol{\mu}_1^{\mathrm{T}} \boldsymbol{X}$, $Y_2 = \boldsymbol{\mu}_2^{\mathrm{T}} \boldsymbol{X}$, $\cdots$, $Y_m = \boldsymbol{\mu}_m^{\mathrm{T}} \boldsymbol{X}$ 就是我们要寻找的个数比 n 少，但包含了 X_1, X_2, $\cdots$, X_n 的绝大部分信息的综合指标。

以上这种通过构造综合指标实现数据降维的方法，在多元统计分析里被称作是主成分分析法。综合指标 $Y_1 = \boldsymbol{\mu}_1^{\mathrm{T}} \boldsymbol{X}$, $Y_2 = \boldsymbol{\mu}_2^{\mathrm{T}} \boldsymbol{X}$, $\cdots$, $Y_m = \boldsymbol{\mu}_m^{\mathrm{T}} \boldsymbol{X}$ 分别被称为 $\boldsymbol{X}$ 的第一主成分，第二主成分，…，第 m 主成分。下面我们来总结一下采用主成分分析法进行数据降维的一般步骤：

(1) 选择初始变量 $X_1, X_2, \cdots, X_n$；

(2) 求初始变量的协方差矩阵 $\boldsymbol{\Sigma}$；

(3) 求 $\boldsymbol{\Sigma}$ 的特征值，并按从大到小的顺序依次令为 $\lambda_1, \lambda_2, \cdots, \lambda_n$；

(4) 判断：若 $\sum_{j=1}^{m} \lambda_j / \sum_{i=1}^{n} \lambda_i \geqslant \alpha (m < n)$，则分别求出 $\lambda_1, \lambda_2, \cdots, \lambda_m$ 对应的特征向量 $\boldsymbol{x}_1$, $\boldsymbol{x}_2$, $\cdots$, $\boldsymbol{x}_m$；

(5) 对 $\boldsymbol{x}_1, \boldsymbol{x}_2, \cdots, \boldsymbol{x}_m$ 正交化、单位化得 $\boldsymbol{\mu}_1, \boldsymbol{\mu}_2, \cdots, \boldsymbol{\mu}_m$，故 $Y_1 = \boldsymbol{\mu}_1^{\mathrm{T}} \boldsymbol{X}$, $Y_2 = \boldsymbol{\mu}_2^{\mathrm{T}} \boldsymbol{X}$, $\cdots$, $Y_m = \boldsymbol{\mu}_m^{\mathrm{T}} \boldsymbol{X}$ 就是我们要求的综合指标。

三、应用举例

下面我们通过一个例子来说明主成分分析法在数据降维中的应用。

需要说明一点：在实际问题中随机变量 $\boldsymbol{X} = (X_1, X_2, \cdots, X_n)^{\mathrm{T}}$ 的协方差矩阵 $\boldsymbol{\Sigma}$ 一般是未知的，拥有的资料只是对 $\boldsymbol{X}$ 作 m 次观察得到的 $m \times n$ 个观测值(容量为 m 的样本观测数据)，用矩阵表示为

$$\begin{pmatrix} x_{11} & x_{12} & \cdots & x_{1n} \\ x_{21} & x_{22} & \cdots & x_{2n} \\ \vdots & \vdots & & \vdots \\ x_{m1} & x_{m2} & \cdots & x_{mn} \end{pmatrix}$$

由大数定律，当 m 足够大时，可以用样本均值估计总体均值，用样本方差估计总体方差，用样本协方差估计总体协方差。因而，我们可以用样本的协方差矩阵

$$\boldsymbol{S} = (s_{ij})_{n \times n} = \begin{pmatrix} s_{11} & s_{12} & \cdots & s_{1n} \\ s_{21} & s_{22} & \cdots & s_{2n} \\ \vdots & \vdots & & \vdots \\ s_{n1} & s_{n2} & \cdots & s_{nn} \end{pmatrix}$$

来估计总体协方差矩阵 $\boldsymbol{\Sigma}$。其中 s_{ij} 是随机变量 X_i、X_j 的样本协方差，即

$$s_{ij} = \frac{1}{m-1} \sum_{t=1}^{m} (x_{ti} - \overline{x_i})(x_{tj} - \overline{x_j}) \quad (i, j = 1, 2, \cdots, n)$$

$\overline{x_i}$、$\overline{x_j}$ 分别是随机变量 X_i、X_j 的样本均值，即

$$\overline{x_i}=\frac{1}{m}\sum_{t=1}^{m}x_{ti},\ \overline{x_j}=\frac{1}{m}\sum_{t=1}^{m}x_{tj}\quad(i,\ j=1,\ 2,\ \cdots,\ n)$$

现在让我们来看一个具体的例子。

为了考察某校初中一年级男生的发育情况，选取了身高(X_1)，胸围(X_2)和体重(X_3)三个指标进行分析，现抽取10名男生进行测量，得到的数据见表39-1。

表39-1　10名男生发育情况

序号	身高 X_1/cm	胸围 X_2/cm	体重 X_3/kg
1	149.5	69.5	38.5
2	162.5	77	55.5
3	162.7	78.5	50.8
4	162.2	87.5	65.5
5	156.5	74.5	49
6	172.0	76.5	51.0
7	173.2	81.5	59.5
8	156.1	74.5	45.5
9	159.5	74.5	43.5
10	157.7	79.0	53.5

第一步：求样本的协方差矩阵，即

$$\boldsymbol{S}=\begin{pmatrix}51.7454 & 18.9867 & 34.4192\\ 18.9867 & 23.4556 & 36.1965\\ 34.4192 & 36.1965 & 61.6957\end{pmatrix}$$

第二步：求 $\boldsymbol{S}$ 的特征值，以及对应的正交化单位化特征向量，即

$\lambda_1=110.004$，对应正交化单位化特征向量为

$$\boldsymbol{p}_1=(0.5592,\ 0.4213,\ 0.7140)^{\mathrm{T}}$$

$\lambda_2=25.324$，对应正交化单位化特征向量为

$$\boldsymbol{p}_2=(0.8277,\ -0.3335,\ -0.4514)^{\mathrm{T}}$$

$\lambda_3=1.568$，对应正交化单位化特征向量为

$$\boldsymbol{p}_3=(0.0480,\ 0.8434,\ -0.5352)^{\mathrm{T}}$$

容易发现第一个特征值所占份额约为80.36%，即包含了三个指标 X_1，X_2，X_3 的信息最多；而前两个特征值所占份额已达到98.86%，因此实际应用中可以选取综合指标

$$Y_1=0.5592X_1+0.4213X_2+0.7140X_3$$

和

$$Y_2=0.8277X_1-0.3335X_2-0.4514X_3$$

作为 X_1，X_2，X_3 的第一和第二主成分。

其中，第一主成分 Y_1 是 X_1，X_2，X_3 的加权和，当一个学生比较魁梧时，即比较高、比较胖、胸围比较大时，相应的 Y_1 的值随之会比较大；反过来，如果一个学生的 Y_1 的值

比较大，则可以推断他应该比较魁梧，因此综合指标 Y_1 反映了学生的魁梧程度。在第二个主成分中，只有 X_1 的系数是正的，这就是说如果一个学生又高又瘦，则他的 Y_2 值会比较大；反之如果这个学生又矮又胖，他的 Y_2 值会比较小，这就是说综合指标 Y_2 能够反映学生的体型信息。

通过这个例子可以看到，利用主成分分析方法，我们将三个指标降为两个指标。通过对这两个指标的分析，一样可以获得该校初中一年级男生发育情况的信息，但问题简化了很多。

四、应用拓展

在实际问题中，不同的变量往往有不同的量纲，由于不同量纲会导致各变量取值的分散程度差异很大，这时变量的总方差则主要受到方差较大的变量的控制，若由原来的协方差矩阵出发进行主成分分析，则优先照顾了方差较大的变量，这不但会给主成分变量的解释带来困难，有时还会造成不合理的结果。为了消除原变量彼此差异过大的影响，通常会将原变量进行标准化再做主成分分析。

对于 $\boldsymbol{X}=(X_1, X_2, \cdots, X_n)^{\mathrm{T}}$，设 $\mu_k=E(X_k)$，$\sigma_k^2=D(X_k)$，$\sigma_k>0(k=1, 2, \cdots, n)$，则其标准化变量为

$$X_k^*=\frac{X_k-\mu_k}{\sqrt{\sigma_k}} \quad (k=1, 2, \cdots, n)$$

这时，对所有 $1\leqslant k\leqslant n$，均有 $D(X_k^*)=1$。

令

$$\boldsymbol{X}^*=(X_1^*, X_2^*, \cdots, X_n^*)^{\mathrm{T}}$$

则其协方差矩阵

$$\boldsymbol{\rho}=\mathrm{cov}(\boldsymbol{X}^*)$$

就是 $\boldsymbol{X}$ 的相关系数矩阵，即此时应该从相关系数矩阵出发进行主成分分析。

案例 40　基于矩阵分析技术的风险型决策问题

一、背景描述

在军事决策问题研究过程中，常常会遇到在不确定条件下进行方案的选择问题。由于所依据的条件和结果是不确定的，因此一个不确定问题必然包含一定的风险。正是由于未来不确定性中风险的存在，才使决策越来越受到人们的重视和关注，因此人们把风险和决策常常联系在一起称作“风险决策”。事实上，如果一个问题是确定的，其结果是不容置疑的，那么这个问题就无需人们进行决策分析。对于风险决策问题如何进行方案的选择，我们常常借助于矩阵这一基本的代数结构解决相应问题，也就是风险决策中的矩阵决策技术。

二、问题的数学描述与分析

1. 风险型决策的定义

风险型决策是指决策者根据几种不同自然状态可能发生的概率所进行的决策。决策者所采取的任何一个行动方案都会遇到一个以上自然状态所引起的不同结果，这些结果出现的机会均用概率表示，也就是各种自然状态出现的概率。自然状态即不可控事态，是客观存在的事实。例如某零售商订购报纸出售，自然状态有三种：订购的报纸脱销，正好卖完，有剩余。

2. 风险型决策所使用的概率

由于决策中使用了概率，因此，运用什么样的概率和概率值的难易确定程度，是做好风险型决策的重要问题。下面给出风险型决策所使用的概率。

1）客观概率

客观概率是根据事件过去和现在的资料所确定或计算的某个事件出现的概率。在客观概率中又有先验概率与后验概率之分。前者是根据事件的历史资料来确定，后者是根据历史资料和现实资料计算而获得的。利用后验概率决策要比运用先验概率决策准确可靠一些。

2）主观概率

主观概率是由决策者主观判断所确定的某个事件出现的概率。这种概率没有事件过去或现在的资料作为实证依据，决策者一般是根据以往的表现和经验结合当前形势动态来大致确定的。当然，这与决策者个人的智慧、经验、胆识、个性等有密切关系。在一般情况下，主观概率不及客观概率准确可靠。

3. 矩阵决策法

在进行风险型决策中，有一种重要且简便的方法，称之为矩阵决策法。之所以称为“矩阵决策法”，是因为在决策过程中，人们采用代数中的矩阵结构去表示决策问题，又通过矩阵的形式去分析、选择决策的最优方案。矩阵决策法的应用领域非常广泛，尤其是对多种自然状态、多种方案的优选分析具有重要意义。

下面给出矩阵决策法的具体数学描述：

设 $a=\{a_1, a_2, \cdots, a_m\}$ 为决策者所有可能行动方案的集合。若将其看作一个向量，$a_i(i=1, 2, \cdots, m)$ 为向量的分量，可记作 $\boldsymbol{a}=(a_1, a_2, \cdots, a_m)$，称为方案向量。

设 $\theta=\{\theta_1, \theta_2, \cdots, \theta_n\}$ 为所有自然状态的集合。若将其也看作一个向量，$\theta_j(j=1, 2, \cdots, n)$ 为向量的分量，可记作 $\boldsymbol{\theta}=\{\theta_1, \theta_2, \cdots, \theta_n\}$，称为自然状态向量。记状态 θ_j 发生的概率为 $P(\theta_j)=P_j$，则 $\boldsymbol{P}=[P(\theta_1), P(\theta_2), \cdots, P(\theta_n)]$ 称为状态概率向量，全部状态概率之和应等于 1，即 $\sum_{j=1}^{n} P(\theta_j)=\sum_{j=1}^{n} P_j=1$。

当自然状态 θ_j 采取的方案是 a_i 时，其相应的损益值为 $A(a_i, \theta_j)$，是 a_i 和 θ_j 的函数，简记为 a_{ij}，即 $A(a_i, \theta_j)=a_{ij}$，而方案 a_i 的期望损益值为

$$E(a_i)=\sum_{j=1}^{n} P_j a_{ij} \quad (i=1, 2, \cdots, m)$$

为了便于清晰、有效地进行决策，将自然状态、状态概率、行动方案、各方案对应的损益值和期望损益值用矩阵的形式给出，见表 40-1。

表 40-1　矩阵决策表

损益矩阵状态概率		自然状态				期望损益值
		θ_1	θ_2	$\cdots$	θ_n	
		P_1	P_2	$\cdots$	P_n	
行动方案	a_1	a_{11}	a_{12}	$\cdots$	a_{1n}	$E(a_1)$
	a_2	a_{21}	a_{22}	$\cdots$	a_{2n}	$E(a_2)$
	$\vdots$	$\vdots$	$\vdots$		$\vdots$	$\vdots$
	a_m	a_{m1}	a_{m2}	$\cdots$	a_{mn}	$E(a_m)$
决策		$a_r=\max\limits_{a}[E(a_i)]$ 或 $a_r=\min\limits_{a}[E(a_i)]$				

表 40-1 中的损益矩阵又称为风险矩阵，用矩阵 $\boldsymbol{B}$ 表示，则

$$\boldsymbol{B}=\begin{bmatrix} a_{11} & a_{12} & \cdots & a_{1n} \\ a_{21} & a_{22} & \cdots & a_{2n} \\ \vdots & \vdots & & \vdots \\ a_{n1} & a_{n2} & \cdots & a_{nm} \end{bmatrix}$$

我们把 $E(\boldsymbol{a})$ 看作一个列向量或列矩阵，则

$$E(\boldsymbol{a}) = \begin{pmatrix} E(a_1) \\ E(a_2) \\ \vdots \\ E(a_m) \end{pmatrix}$$

把状态概率向量 $\boldsymbol{P}$ 的转置矩阵记为

$$\boldsymbol{P}^{\mathrm{T}} = \begin{pmatrix} P_1 \\ P_2 \\ \vdots \\ P_n \end{pmatrix}$$

显然，以上三者之间存在以下关系：$E(\boldsymbol{a}) = \boldsymbol{B} \cdot \boldsymbol{P}^{\mathrm{T}}$。

根据矩阵乘法，有

$$\boldsymbol{BP}^{\mathrm{T}} = \begin{pmatrix} a_{11} & a_{12} & \cdots & a_{1n} \\ a_{21} & a_{22} & \cdots & a_{2n} \\ \vdots & \vdots & & \vdots \\ a_{m1} & a_{m2} & \cdots & a_{mn} \end{pmatrix} \begin{pmatrix} P_1 \\ P_2 \\ \vdots \\ P_n \end{pmatrix} = \begin{pmatrix} \sum_{j=1}^{n} P_j a_{1j} \\ \sum_{j=1}^{n} P_j a_{2j} \\ \vdots \\ \sum_{j=1}^{n} P_j a_{mj} \end{pmatrix} = \begin{pmatrix} E(a_1) \\ E(a_2) \\ \vdots \\ E(a_m) \end{pmatrix} = E(\boldsymbol{a})$$

当决策标准是收益时，应选择期望收益值最大的方案为最优方案，即 $a_r = \max\limits_i [E(a_i)]$。如果决策标准是损失时，则应选取其中期望损失值最小的方案为最优方案，即 $a_r = \max\limits_i [E(a_i)]$。

由以上分析可以看出，我们借助矩阵、矩阵的乘法运算就能很容易地得到决策方案，基于矩阵的矩阵决策法是十分简洁、方便的。其中很重要的一点，是因为人们在对信息进行表征时，赋予了其优良的代数结构，比如，行动方案、自然状态以及自然状态的相应概率，它们的表示均采用了向量的符号；与此同时，决策矩阵的表示也恰好聚合了决策时所需要的全部信息。在良好的代数结构框架下，人们合理地使用矩阵乘法的运算，就可以得到期望收益，基于此，最优决策方案的确定也就变得简单、方便。

同时，也应看到利用矩阵决策方法进行决策有两个优点：一是对于特别复杂、计算量特别大的问题，矩阵法能一次性地算出结果，简化了问题计算；二是由于把决策问题化归为矩阵的乘法，最后以矩阵中的最大(或最小)元素作为选取最佳方案的结论。因此，这种方法也十分有利于借助计算机进行决策。

三、应用举例

工程兵基层分队在作战和训练中的主要任务是进行工程保障。因此，能不能在单位时间内高质量地完成工程保障任务是评估工程兵基层分队战斗力的重要指标。那么，作为基层管理者如何决策，才能使完成任务的时间最短，这在基层装备保障管理中是一个非常重要的问题。下面结合案例，进行工程保障任务的矩阵决策技术应用分析。

例 40-1 已知某工程保障任务有三种可供选择的实施方案，三种方案在自然条件变化下完成工程保障任务的时间不同。

方案 1：在自然状态 1 下完成任务需 12 天，在自然状态 2 下完成任务需 9 天，在自然状态 3 下完成任务需用 7 天；

方案 2：在自然状态 1 下完成任务需 11 天，在自然状态 2 下完成任务需 15 天，在自然状态 3 下需 5 天；

方案 3：在自然状态 1 下需 14 天，在自然状态 2 下需 7 天，在自然状态 3 下需 10 天。

又已知三种自然状态的出现概率分别为 0.25、0.4、0.35。那么，该分队的最优工程保障方案该如何确定。

解 下面用矩阵决策法确定合理的方案。

由前所述，该分队的决策问题属于风险型决策问题，可以用矩阵决策模型进行工程保障方案的决策。方法如下：

(1) 首先，建立问题的益损矩阵模型。由条件知该分队的工程保障方案向量为

$$\boldsymbol{a}=(\text{方案 }1,\ \text{方案 }2,\ \text{方案 }3)$$

$$\boldsymbol{a}=(a_1,\ a_2,\ a_3)$$

状态向量为

$$\boldsymbol{\theta}=(\text{自然状态 }1,\ \text{自然状态 }2,\ \text{自然状态 }3)$$

$$\boldsymbol{\theta}=(\theta_1,\ \theta_2,\ \theta_3)$$

状态概率向量为

$$\boldsymbol{P}=(0.25,\ 0.4,\ 0.35)$$

编制损益矩阵，见表 40－2，其中

$$\boldsymbol{B}=\begin{pmatrix}12 & 9 & 7\\ 11 & 15 & 5\\ 14 & 7 & 10\end{pmatrix}$$

表 40－2 矩阵决策矩阵表

损益矩阵状态概率	自然状态			期望损益值 $E(\boldsymbol{a})$
	θ_1	θ_2	θ_3	
	0.25	0.4	0.35	
方案 1	12	9	7	9.05
方案 2	11	15	5	10.05
方案 3	14	7	10	10.8

(2) 计算各方案的期望收益值。

$$E(\boldsymbol{a})=\begin{pmatrix}E(a_1)\\ E(a_2)\\ E(a_3)\end{pmatrix}=\boldsymbol{B}\boldsymbol{T}^{\mathrm{T}}=\begin{pmatrix}12 & 9 & 7\\ 11 & 15 & 5\\ 14 & 7 & 10\end{pmatrix}\begin{pmatrix}0.25\\ 0.35\\ 0.4\end{pmatrix}=\begin{pmatrix}9.05\\ 10.05\\ 10.8\end{pmatrix}$$

(3) 进行决策。$a_r=\min[E(a_i)]=\min[9.05,\ 10.05,\ 10.8]$，由于该分队工程保障方案的益损矩阵是一个损失矩阵，方案 1 的期望值最小，故选择方案 1 为该分队工程保障的最优方案。

案例 41　导弹目标分配问题

一、背景描述

用导弹对若干目标进行打击时，指派对各目标射击的弹种和弹数，以达到期望的射击效果或发挥最大射击效能，称为导弹的目标分配问题。现代战争作战时间紧迫，战斗环境复杂，可能的战斗方案数量多，必须经专门的计算，来选择最佳的目标分配方案。

二、问题的数学描述与分析

1. 基本问题建模

假设目标分配问题所考虑的目标是不相依的，即任一导弹对某一目标射击时，不可能毁伤其他目标，且一枚导弹只能担负对一个目标射击任务。

设 n 枚导弹对 N 个目标进行射击。原则上每枚导弹可以射击任何一目标，但各枚导弹对各个目标的射击效率可能各不相同，例如导弹类型可能各不相同。

设第 i 枚导弹对第 j 个目标射击效率为 P_{ij}（$i=1, 2, \cdots, n$；$j=1, 2, \cdots, N$），写成矩阵形式为

$$\boldsymbol{P}=\begin{pmatrix} P_{11} & P_{12} & \cdots & P_{1N} \\ P_{21} & P_{22} & \cdots & P_{2N} \\ \vdots & \vdots & & \vdots \\ P_{n1} & P_{n2} & \cdots & P_{nN} \end{pmatrix}$$

导弹目标分配矩阵为

$$\boldsymbol{X}=\begin{pmatrix} x_{11} & x_{12} & \cdots & x_{1N} \\ x_{21} & x_{22} & \cdots & x_{2N} \\ \vdots & \vdots & & \vdots \\ x_{n1} & x_{n2} & \cdots & x_{nN} \end{pmatrix}$$

其中，x_{ij} 是导弹数，表示第 i 枚导弹对第 j 个目标射击的导弹数。

目标分配问题就是找到一个目标分配矩阵 $\boldsymbol{X}$，使总的射击效率 $W(x)$ 最大。

一般情况下，设 n 枚导弹中第 i 枚导弹有 m_i 发，对 N 个分散目标进行射击。每枚导弹对同一目标的射击效率相同，记为 P_{ij}（$i=1, 2, \cdots, n$；$j=1, 2, \cdots, N$），x_{ij} 表示第 i 枚导弹对第 j 个目标射击的导弹数，$\boldsymbol{X}=(x_{ij})$ 表示导弹目标分配矩阵，则目标分配的最优化问题表示为

$$\begin{aligned} & \max_{X} W(x) \\ & \text{s.t. } x_{ij} \in \{0, 1, \cdots, m_i\} \quad (i=1, 2, \cdots, n;\ j=1, 2, \cdots, N) \\ & \qquad \sum_{j=1}^{N} x_{ij} = m_i \quad (i=1, 2, \cdots, n) \end{aligned} \tag{41-1}$$

为简便起见，我们仅讨论以下分配模型：

设

$$x_{ij}=\begin{cases}0, & \text{第 } i \text{ 枚导弹对第 } j \text{ 个目标不射击}\\ 1, & \text{第 } i \text{ 枚导弹对第 } j \text{ 个目标射击}\end{cases}$$

且 $\sum_{j=1}^{N} x_{ij}=1$，即一枚导弹只能攻击一个目标，则目标分配可表示为优化问题：

$$\begin{aligned}&\max_{X} W(x)\\ &\text{s.t. } x_{ij}\in\{0,1\}\quad (i=1,2,\cdots,n;\ j=1,2,\cdots,N)\\ &\qquad \sum_{j=1}^{N} x_{ij}=1\quad (i=1,2,\cdots,n)\end{aligned} \tag{41-2}$$

导弹目标分配问题中，分配方案决定了总的射击效果，而射击效果的好坏与射击目的有关。射击目的不同，射击效率指标的要求也不同。例如，可以选择目标群中被毁目标数的期望值为指标，也可以选择击毁目标群中全部目标的概率为效率指标。

下面根据这两种不同类型的效率指标，将目标分配分为按期望值的目标分配和按概率值的目标分配。

2. 按期望值的目标分配

按期望值的目标分配，就是使目标群中被毁目标数的期望值最大。对疏散目标群进行射击时，平均被毁目标数目等于击毁目标群中单个目标的概率之和：

$$W=\sum_{j=1}^{N} W_j$$

根据目标分配矩阵，可确定第 j 个目标的被毁概率

$$W_j=1-\prod_{i=1}^{n}(1-P_{ij})^{x_{ij}}$$

因此，按期望值的目标分配可表示为

$$\begin{aligned}&\max_{X}\sum_{j=1}^{N}\left[1-\prod_{i=1}^{n}(1-P_{ij})^{x_{ij}}\right]\\ &\text{s.t. } x_{ij}\in\{0,1\}\quad (i=1,2,\cdots,n;\ j=1,2,\cdots,N)\\ &\qquad \sum_{j=1}^{N} x_{ij}=1\quad (i=1,2,\cdots,n)\end{aligned}$$

3. 按概率值的目标分配

按概率值的目标分配，就是使目标群中所有目标都被击毁的概率最大。击毁全部目标的概率等于击毁各目标的概率之积，此时的射击效率为

$$W=\prod_{j=1}^{N} W_j$$

若导弹数量 n 小于目标数量 N，则击毁全部目标的概率为零，因此要求 $n\geqslant N$。按概率值的目标分配优化问题可表示为

$$\max_{X} \sum_{j=1}^{N} \left[1 - \prod_{i=1}^{n} (1 - P_{ij})^{x_{ij}}\right]$$

$$\text{s.t.}\ x_{ij} \in \{0, 1\} \quad (i = 1, 2, \cdots, n;\ j = 1, 2, \cdots, N)$$

$$\sum_{j=1}^{N} x_{ij} = 1 \quad (i = 1, 2, \cdots, n)$$

三、应用举例

例 41－1 用不同类型两枚导弹对两个目标执行射击任务，已知各枚导弹击毁各目标的射击效率用矩阵表示，如表 41－1 所示，分别求按期望值的最优导弹分配方案和按概率值的最优目标分配方案。

表 41－1 射击效率矩阵

导 弹	目 标	
	1	2
1	0.8	0.6
2	0.7	0.4

解 按期望值的最优导弹分配方案计算如下：

目标分配方案有 4 种，即

$$\boldsymbol{X}_1 = \begin{pmatrix} 1 & 0 \\ 1 & 0 \end{pmatrix},\ \boldsymbol{X}_2 = \begin{pmatrix} 1 & 0 \\ 0 & 1 \end{pmatrix},\ \boldsymbol{X}_3 = \begin{pmatrix} 0 & 1 \\ 1 & 0 \end{pmatrix},\ \boldsymbol{X}_4 = \begin{pmatrix} 0 & 1 \\ 0 & 1 \end{pmatrix}$$

各种目标分配的射击效率为

$$\begin{aligned} W(\boldsymbol{X}_1) &= [1-(1-0.8)^1(1-0.7)^1] + [1-(1-0.6)^0(1-0.4)^0] \\ &= 0.94 + 0 = 0.94 \\ W(\boldsymbol{X}_2) &= [1-(1-0.8)^1(1-0.7)^0] + [1-(1-0.6)^0(1-0.4)^1] \\ &= 0.8 + 0.4 = 1.2 \\ W(\boldsymbol{X}_3) &= [1-(1-0.8)^0(1-0.7)^1] + [1-(1-0.6)^1(1-0.4)^0] \\ &= 0.7 + 0.6 = 1.3 \\ W(\boldsymbol{X}_4) &= [1-(1-0.8)^0(1-0.7)^0] + [1-(1-0.6)^1(1-0.4)^1] \\ &= 0 + 0.76 = 0.76 \end{aligned}$$

因此，最优目标分配方案是第 3 种，即第 2 枚导弹对第 1 个目标射击，第 1 枚导弹对第 2 个目标射击。

按概率值的最优导弹分配方案计算如下：

在按期望计算的过程中，可以看出，对于分配方案 $\boldsymbol{X}_1$、$\boldsymbol{X}_4$ 击毁全部目标的概率为 0。对于分配方案 $\boldsymbol{X}_2$、$\boldsymbol{X}_3$，击毁全部目标的概率分别为

$$\begin{aligned} W(\boldsymbol{X}_2) &= [1-(1-0.8)^1(1-0.7)^0] \times [1-(1-0.6)^0(1-0.4)^1] \\ &= 0.8 \times 0.4 = 0.32 \\ W(\boldsymbol{X}_3) &= [1-(1-0.8)^0(1-0.7)^1] \times [1-(1-0.6)^1(1-0.4)^0] \\ &= 0.7 \times 0.6 = 0.42 \end{aligned}$$

所以，按概率值的最优分配方案是第 3 种。

案例 42　假设检验在武器装备试验鉴定中的应用

一、背景描述

在武器装备试验鉴定中，需要结合装备的试验结果，对装备的战术技术指标是否满足研制任务书的情况进行分析，从而做出战术技术指标是否达到要求的结论。也就是说，根据导弹武器装备性能指标和试验实施得到的试验数据，对试验结果进行分析与评定，评定方法的核心是经典的统计学。

二、问题的数学描述与分析

在战术导弹试验设计中，待检验的性能指标一般服从二项分布、指数分布、正态分布。例如，命中数服从二项分布，导弹控制系统中某电子元件寿命服从指数分布，制导精度、落点位置等服从正态分布。在战术导弹试验鉴定中，假设检验的目的在于结合装备的试验结果对装备的战术技术指标是否满足研制任务书的情况进行分析，从而做出战术技术指标是否达到要求的结论。下面针对试验工程中的实际应用，介绍二项分布的假设检验方法。

二项分布对应于武器装备试验中的成败型试验，随机变量 $X_i=1$ 表示在第 i 次试验中成功，$X_i=0$ 表示在第 i 次试验中失败。做 n 次独立试验得到观察值 $(x_1, x_2, \cdots, x_n)$，设 X 服从伯努利分布，p 为武器装备的战术技术指标，如命中率、飞行可靠性、合格率等，则 X 的分布律为

$$P\{X=x\}=p^x(1-p)^x \quad (x=0, 1)$$

在 p 下的似然函数为

$$f(x; p)=\prod_{j=1}^{n} p^{x_i}(1-p)^{1-x_i}=p^s(1-p)^{n-s}$$

其中，n 为试验次数，s 为试验成功数。

原假设 $H_0: p=p_0$；备择假设 $H_1: p=\lambda p_0=p_1$，$\lambda<1$。

原假设是希望通过试验证实或验证的假设。在武器装备试验设计中，通常选择合同或研制任务书等规定的战术技术指标的要求值，即首先假设参数的真值满足要求，再检验这个假设是否成立。p_0 为研制任务书规定的指标值。备择假设通常设为使用方(军方)不希望但能接受的最低或最高指标值。p_1 为使用方不希望但能接受的最低指标值或由研用双方共同商定的 p_0 的对比值。

采用似然比检验法。似然比表示 p 取不同值对应的似然函数的比值。似然比为

$$\delta=\frac{f(x; p_1)}{f(x; p_0)}=\frac{p_1^s(1-p_1)^{n-s}}{p_0^s(1-p_0)^{n-s}}=\lambda^s d^{n-s}$$

其中，鉴别比 $d=\dfrac{1-p_1}{1-p_0}$。

似然比检验的核心是根据似然比这个统计量来进行判断。若 $\delta>1$，则说明参数 $p=p_1$ 时对应的似然性要比 $p=p_0$ 时对应的似然性大，此时更倾向于拒绝 H_0 假设；反之，若 $\delta<1$，则说明参数 $p=p_0$ 时对应的似然性要比 $p=p_1$ 时对应的似然性大，此时更倾向于接受 H_0 假设。因此，检验方案判别如下：

若 $\delta=\lambda^s d^{n-s}\geqslant 1$，则拒绝 H_0；若 $\delta=\lambda^s d^{n-s}<1$，则接受 H_0。

判别式两边取对数后，变为如下形式，即：若试验成功数

$$s\geqslant\frac{n\ln d}{\ln d-\ln\lambda}$$

则接受 H_0；若试验成功数

$$s<\frac{n\ln d}{\ln d-\ln\lambda}$$

则拒绝 H_0。

H_0 和 H_1 是两个相互对立的统计假设，假设检验所冒风险即为犯“弃真”和“取伪”类错误的概率，通常也称作承制方和使用方风险，双方风险分别为

$$\alpha=\sum_{i=0}^{s-1}C_n^i p_0^i(1-p_0)^{n-i},\ \beta=\sum_{i=s}^{n}C_n^i p_1^i(1-p_1)^{n-i}$$

三、应用举例

遥控探灭雷系统主要遂行在近岸海域探测、识别各种水雷，并根据不同水深使用炸雷弹或一次性灭雷具消灭水雷的作战任务。炸雷弹落点精度直接影响目标的毁伤效果，是评定遥控探灭雷系统性能的主要战术技术指标之一。如果采用传统的统计决策方法，要得到置信度较高的试验结果，则所需炸雷弹数量较多。炸雷弹落点受遥控艇航迹控制精度、投弹点位置转换误差、投弹时机选择等诸多因素影响，不可避免地带来了试验周期长、成本高等问题，给试验组织指挥、实施带来较大困难。因此，考虑将问题简化，将落点精度问题转化为二项分布成败型问题中的参数检验问题，用假设检验方法评估二项分布参数的属性，判断落点精度指标是否满足要求。

1. 落点精度转化为二项分布假设检验的思路

在不考虑系统误差的情况下，炸雷弹落点精度参数(x, y)在纵横方向上分别服从正态分布，即炸雷弹落点纵横向偏差分别为 $X\sim N(0,\sigma_x^2)$，$Y\sim N(0,\sigma_y^2)$。假设落点精度纵横向偏差相同，即 $\sigma_x=\sigma_y=\sigma$，则炸雷落入以瞄准点为中心、以 R 为半径的圆 C_R 内的概率为

$$p=P\{(X,Y)\in C_R\}=\iint\limits_{x^2+y^2\in R^2}\frac{1}{2\pi\sigma^2}e^{-\frac{(x^2+y^2)}{2\sigma^2}}\mathrm{d}x\mathrm{d}y \tag{42-1}$$

由此看出，当落点精度 σ 发生变化时，落入目标圆 c_R 的概率相应变化。因此，可以考虑将炸雷弹落点精度转化为落入目标圆概率的假设检验问题：

原假设 H_0：$p=p_0$（当 $\sigma=\sigma_0$ 时）；

备择假设 H_1：$p=\lambda p_0=p_1$（当 $\sigma=\sigma_1=k\sigma_0$ 时，$k>1$，即 $\lambda<1$）。

采用似然比检验法。令鉴别比 $d=\dfrac{1-p_1}{1-p_0}$，则似然比为

$$\delta=\frac{f(x;\ p_1)}{f(x;\ p_0)}=\frac{p_1^s(1-p_1)^{n-s}}{p_0^s(1-p_0)^{n-s}}=\lambda^s d^{n-s}$$

其中，n 为试验次数，s 为试验成功数。于是检验方案判别式为

$$m=\frac{n\ln d}{\ln d-\ln\lambda}$$

若试验成功数 $s\geqslant m$，则接受 H_0；若试验成功数 $s<m$，则拒绝 H_0。

落入圆半径 R 的确定：考虑实际毁伤效果，以炸雷弹毁伤半径为落入圆半径。

p_0 值的确定：可由规定的落点精度 σ_0 和落入圆半径 R 计算得出，即

$$p_0=1-\mathrm{e}^{-\frac{R^2}{2\sigma_0^2}}$$

（在散布圆中 $x=r\cos\theta$，$y=r\sin\theta$，$0\leqslant\theta\leqslant 2\pi$，对式(42－1)作变量变换并积分得 p_0）。

鉴别比 d 的确定：参考鱼雷、导弹试验相关规定，一般取值为 1.2～2。

p_1 值的确定：鉴别比 d 确定后，p_1 值也就确定了。

双方风险的确定：方案设计中双方风险相当才具有实际意义，参考鱼雷、导弹试验相关规定，双方风险一般不超过 0.3。

2. 算例计算

例 42－1　假设炸雷弹毁伤半径为 10 m，以炸雷弹毁伤区域为落入圆，即落入圆半径 $R=10$ m；落点精度指标为 5 m，即 $\sigma_0=5$ m。已知要求双方风险都不超过 0.3，鉴别比为 2，若试验次数为 20 次，根据上述要求请设计合适的试验方案。

解　由题意计算如下：

$$p_0=1-\mathrm{e}^{-\frac{R^2}{2\sigma_0^2}}=1-\mathrm{e}^{-\frac{10^2}{2\times 5^2}}=1-\mathrm{e}^{-2}=0.8647$$

又鉴别比为 $d=2$，由 $d=\dfrac{1-p_1}{1-p_0}$ 得 $p_1=0.7293$，计算得 $\lambda=\dfrac{p_1}{p_0}=0.8434$。故

$$m=\frac{n\ln d}{\ln d-\ln\lambda}=\frac{20\times\ln 2}{\ln 2\times\ln 0.8434}=16.0551$$

由试验成功数 $s\geqslant m$，则接受 H_0 知，s 可取 17、18、19、20。

根据双方风险计算式：$\alpha=\sum\limits_{i=0}^{s-1}\mathrm{C}_n^i p_0^i(1-p_0)^{n-i}$，$\beta=\sum\limits_{i=s}^{n}\mathrm{C}_n^i p_1^i(1-p_1)^{n-i}$ 可得相应的风险值，具体见表 42－1。

表 42－1　试验方案及对应的风险

方案	d	p_0	p_1	α	β
20 发 17 中	2	0.8647	0.7293	0.2821	0.1684
20 发 18 中	2	0.8647	0.7293	0.5206	0.0627
20 发 19 中	2	0.8647	0.7293	0.7746	0.0153
20 发 20 中	2	0.8647	0.7293	0.9454	0.0018

由计算结果可以看出，在试验样本数和鉴别比一定的条件下，一方风险减小，另一方风险必然增大。实际使用时，如果没有明确要求，一般根据风险对等的原则选择适宜的试验方案。在这里，因要求双方风险均不超过 0.3，故 20 发 17 中这个方案是合适的。

案例 43　系统稳定性问题

一、背景描述

稳定性是系统的一种固有属性，是控制系统重要的性能指标，是系统正常工作的首要条件。而解决系统稳定性问题最常用的方法就是李雅谱诺夫稳定性理论。本节运用线性代数中线性方程组和正定矩阵的知识来揭示系统稳定性的判断方法。

二、问题的数学描述与分析

设某个控制系统的状态向量为 $\boldsymbol{X}$，如果它满足如下的线性常系数微分方程组(称为状态方程)：

$$\boldsymbol{X}'=\boldsymbol{A}\boldsymbol{X}$$

其中

$$\boldsymbol{X}'=\frac{\mathrm{d}\boldsymbol{X}}{\mathrm{d}t}=\begin{pmatrix}\dfrac{\mathrm{d}x_1}{\mathrm{d}t}\\ \dfrac{\mathrm{d}x_2}{\mathrm{d}t}\\ \vdots\\ \dfrac{\mathrm{d}x_n}{\mathrm{d}t}\end{pmatrix}=\begin{pmatrix}x_1'\\ x_2'\\ \vdots\\ x_n'\end{pmatrix},\ \boldsymbol{X}=\begin{pmatrix}x_1\\ x_2\\ \vdots\\ x_n\end{pmatrix}$$

$\boldsymbol{A}$ 是一个 n 阶常数矩阵，这个系统称为线性定常连续系统。

若系统的状态不再随时间变化则称系统达到平衡状态，故平衡态是指状态变量的导数向量为零向量的状态，即满足 $\boldsymbol{X}'=\boldsymbol{0}$。

记平衡状态为 $\boldsymbol{X}_e$，即 $\boldsymbol{X}_e$ 满足方程：

$$\boldsymbol{A}\boldsymbol{X}_e=\boldsymbol{0}$$

当矩阵 $\boldsymbol{A}$ 为非奇异矩阵(可逆矩阵)时，系统存在唯一的一个平衡状态 $\boldsymbol{X}_e=\boldsymbol{0}$，即坐标原点。

当矩阵 $\boldsymbol{A}$ 为奇异矩阵时，系统存在无穷多个平衡状态，$\boldsymbol{X}_e=\boldsymbol{0}$ 必是其中一个。

例如，对于线性定常系统

$$\begin{cases}x_1'=-x_1+x_3\\ x_2'=x_1+x_2+x_3\\ x_3'=0\end{cases}$$

其平衡态为代数方程组

$$\begin{cases}-x_1+x_3=0\\ x_1+x_2+x_3=0\end{cases}$$

的解。即下述状态为其平衡态：

$$x_{e,1}=\begin{pmatrix}0\\0\\0\end{pmatrix},\ kx_{e,2}=k\begin{pmatrix}-1\\2\\-1\end{pmatrix},\ k\in\mathbf{R}$$

k 可取任意实数，因此系统有无穷多个平衡态，原点是其中的一个。

若平衡态附近某充分小邻域内系统状态的运动最后都趋于平衡态，则称该平衡态是渐进稳定的，否则称为不稳定的。

针对线性定常连续系统

$$\boldsymbol{X}'=\boldsymbol{A}\boldsymbol{X}$$

的平衡状态 $\boldsymbol{X}_e=\mathbf{0}$ 为渐近稳定的问题俄国数学家李雅谱诺夫给出了一个充要条件为：对任意给定的一个正定矩阵 $\boldsymbol{Q}$，都存在一个正定矩阵 $\boldsymbol{P}$ 为方程

$$\boldsymbol{P}\boldsymbol{A}+\boldsymbol{A}^{\mathrm{T}}\boldsymbol{P}=-\boldsymbol{Q} \tag{43-1}$$

的解。

这样，就给出了一个判别线性定常连续系统渐近稳定性的简便方法，即只需求解代数方程(43-1)即可。而且运用此方法判断系统的渐近稳定性时，最方便是选取 $\boldsymbol{Q}$ 为单位矩阵，即 $\boldsymbol{Q}=\boldsymbol{E}$。

于是，矩阵 $\boldsymbol{P}$ 的元素可按如下方程

$$\boldsymbol{P}\boldsymbol{A}+\boldsymbol{A}^{\mathrm{T}}\boldsymbol{P}=-\boldsymbol{E}$$

求解，然后根据 $\boldsymbol{P}$ 的正定性来判定系统的渐近稳定性。

三、应用举例

下面通过一个例子来说明如何利用该种方法判断线性定常系统的稳定性。

例 43-1 考虑如下状态方程描述的系统的稳定性。

$$\boldsymbol{X}'=\begin{pmatrix}0&1\\-1&-1\end{pmatrix}\boldsymbol{X}$$

解 易得系统的平衡状态为原点。

取 $\boldsymbol{Q}=\boldsymbol{E}$，并设

$$\boldsymbol{P}=\begin{pmatrix}p_{11}&p_{12}\\p_{21}&p_{22}\end{pmatrix}$$

则由 $\boldsymbol{P}\boldsymbol{A}+\boldsymbol{A}^{\mathrm{T}}\boldsymbol{P}=-\boldsymbol{E}$ 得

$$\begin{pmatrix}p_{11}&p_{12}\\p_{21}&p_{22}\end{pmatrix}\begin{pmatrix}0&1\\-1&-1\end{pmatrix}+\begin{pmatrix}0&-1\\1&-1\end{pmatrix}\begin{pmatrix}p_{11}&p_{12}\\p_{21}&p_{22}\end{pmatrix}=-\begin{pmatrix}1&0\\0&1\end{pmatrix}$$

展开后得

$$\begin{pmatrix}-2p_{12}&p_{11}-p_{12}-p_{22}\\p_{11}-p_{12}-p_{22}&2p_{12}-2p_{22}\end{pmatrix}=-\begin{pmatrix}1&0\\0&1\end{pmatrix}$$

解之，得

$$\boldsymbol{P}=\begin{pmatrix}p_{11}&p_{12}\\p_{21}&p_{22}\end{pmatrix}=\frac{1}{2}\begin{pmatrix}3&1\\1&2\end{pmatrix}$$

因为一阶顺序主子式为

$$D_1=\frac{3}{2}>0$$

二阶顺序主子式为

$$D_2=\begin{vmatrix}\frac{3}{2} & \frac{1}{2}\\ \frac{1}{2} & 1\end{vmatrix}=\frac{5}{4}>0$$

所以 $\boldsymbol{P}$ 是正定的，该系统在原点为渐近稳定的。

四、应用拓展

在方程 $\boldsymbol{PA}+\boldsymbol{A}^{\mathrm{T}}\boldsymbol{P}=-\boldsymbol{Q}$ 中的 $\boldsymbol{Q}$ 可以选成正定的也可以选为非负定的。

例如，线性定常系统

$$\boldsymbol{X}'=\begin{pmatrix}0 & 1 & 0\\ 0 & -2 & 1\\ -k & 0 & 1\end{pmatrix}\boldsymbol{X}$$

不难看出，当 k 不等于 0 时矩阵 $\boldsymbol{A}$ 非奇异，原点为系统的平衡状态。

选取 $\boldsymbol{Q}=\begin{pmatrix}0 & 0 & 0\\ 0 & 0 & 0\\ 0 & 0 & 1\end{pmatrix}$，容易判断它为非负定矩阵。

设 $\boldsymbol{P}=\begin{pmatrix}p_{11} & p_{12} & p_{13}\\ p_{21} & p_{22} & p_{23}\\ p_{31} & p_{32} & p_{33}\end{pmatrix}$，则有

$$\begin{pmatrix}0 & 0 & -k\\ 1 & -2 & 0\\ 0 & 1 & 1\end{pmatrix}\begin{pmatrix}p_{11} & p_{12} & p_{13}\\ p_{21} & p_{22} & p_{23}\\ p_{31} & p_{32} & p_{33}\end{pmatrix}+\begin{pmatrix}p_{11} & p_{12} & p_{13}\\ p_{21} & p_{22} & p_{23}\\ p_{31} & p_{32} & p_{33}\end{pmatrix}\begin{pmatrix}0 & 1 & 0\\ 0 & -2 & 1\\ -k & 0 & 1\end{pmatrix}=\begin{pmatrix}0 & 0 & 0\\ 0 & 0 & 0\\ 0 & 0 & 1\end{pmatrix}$$

解得

$$\boldsymbol{P}=\frac{1}{2(6-k)}\begin{pmatrix}k^2+12k & 6k & 0\\ 6k & 3k & k\\ 0 & k & 6\end{pmatrix}$$

当 $0<k<6$ 时，$\boldsymbol{P}$ 为正定，故系统在原点处是渐近稳定的。

由此可见，选择 $\boldsymbol{Q}$ 为某些非负定矩阵，也可以判断系统的稳定性，益处是可使数学运算得到简化。

案例 44 基于量纲分析的物理学建模问题

一、背景描述

量纲分析是对所设问题有一定的了解，在实验和经验的基础上利用量纲齐次原则来确定物理量之间关系的一种方法，它在 20 世纪初提出，是数学建模在物理领域中的应用。下面运用矩阵及线性方程组求解理论给出量纲分析法的应用。

二、问题的数学描述与分析

许多物理量是有量纲的，有些物理量的量纲是基本量纲，另一些物理量的量纲则可以由基本量纲根据其定义或某些物理定律推导出来。例如，若将长度 l，质量 m 和时间 t 的量纲作为基本量纲，记为相应的大写字母 L、M 和 T。那么速度 $\boldsymbol{v}$、加速度 $\boldsymbol{a}$ 的量纲就可以按照其定义分别为 LT^{-1} 和 LT^{-2}，而力 $\boldsymbol{f}$ 的量纲根据牛顿第二定律为质量和加速度量纲的乘积 LMT^{-2}。通常，一个物理量 q 的量纲记作$[q]$，于是上述物理量的量纲分别为

$$[l]=L,\ [m]=M,\ [t]=T,\ [\boldsymbol{v}]=LT^{-1},\ [\boldsymbol{a}]=LT^{-2},\ [\boldsymbol{f}]=LMT^{-2}$$

对于无量纲的量 β，记为$[\beta]=1$。

用数学公式表示一个物理定律时，等号两端必须保持量纲的一致，我们称为量纲的齐次性。量纲分析法就是利用量纲齐次原则来寻求物理量之间的关系。

根据 Buckingham Pi 理论：设有 m 个物理量 $q_1, q_2, \cdots, q_m$，而

$$f(q_1, q_2, \cdots, q_m)=0 \tag{44-1}$$

是与量纲单位的选取无关的物理定律。$X_1, X_2, \cdots, X_n$ 是基本量纲，其中 $n\leqslant m$，则物理量 $q_1, q_2, \cdots, q_m$ 可表示为

$$[q_j]=\prod_{i=1}^{n} X_i^{\alpha_{ij}} \quad (j=1, 2, \cdots, m)$$

将物理量 $q_1, q_2, \cdots, q_m$ 的量纲用基本量纲表示的幂指数 α_{ij} 构成矩阵，记为 $\boldsymbol{A}=[\alpha_{ij}]_{n\times m}$，$\boldsymbol{A}$ 称为量纲矩阵。

设矩阵 $\boldsymbol{A}$ 的秩为 r，根据线性代数的知识，齐次线性方程组 $\boldsymbol{AY}=\boldsymbol{0}$($\boldsymbol{Y}$ 是 m 维向量）有 $m-r$ 个线性无关的解，设为

$$\boldsymbol{y}_s=(y_{s1}, y_{s2}, \cdots, y_{sm})^{\mathrm{T}} \quad (s=1,2,\cdots,m-r)$$

则

$$\pi_s=\prod_{j=1}^{m} q_j^{y_{sj}}$$

为 $m-r$ 个相互独立的无量纲的量，且满足

$$F(\pi_1, \pi_2, \cdots, \pi_{m-r})=0 \tag{44-2}$$

式(44-2)与式(44-1)等价，其中 F 的形式未定。

通过式(44-2)就可以确定某些物理量之间的某种关系。

三、应用举例

例 44-1 设长度为 l，吃水深度 h 的船以速度 $\boldsymbol{v}$ 航行，若不考虑风的影响，那么航船受到的阻力 $\boldsymbol{f}$ 除依赖船的诸变量 l、h、$\boldsymbol{v}$ 以外，还与水的参数 —— 密度 ρ，黏性系数 μ，以及重力加速度 $\boldsymbol{g}$ 有关，试用量纲分析法确定阻力与这些物理量之间的关系。

解 航船问题中涉及的物理量有阻力 $\boldsymbol{f}$、船长 l、吃水深度 h、速度 $\boldsymbol{v}$、水的密度 ρ、水的黏性系数 μ、重力加速度 $\boldsymbol{g}$，需要满足物理关系记为

$$\varphi(\boldsymbol{f}, l, h, \boldsymbol{v}, \rho, \mu, \boldsymbol{g}) = 0 \tag{44-3}$$

我们把长度 l、质量 m 和时间的量纲作为基本量纲，相应地记为 L、M、T，则各物理量的量纲表示为

$$\begin{cases}[\boldsymbol{f}] = LMT^{-2}, [l] = L, [h] = L \\ [\boldsymbol{v}] = LT^{-1}, [\rho] = L^{-3}M \\ [\mu] = L^{-1}MT^{-1}, [\boldsymbol{g}] = LT^{-2}\end{cases}$$

量纲矩阵为

$$\begin{array}{c} \\ \boldsymbol{A}_{3\times 7} = \end{array} \begin{array}{c} \begin{matrix} (\boldsymbol{f}) & (l) & (h) & (\boldsymbol{v}) & (\rho) & (\mu) & (\boldsymbol{g}) \end{matrix} \\ \begin{bmatrix} 1 & 1 & 1 & 1 & -3 & -1 & 1 \\ 1 & 0 & 0 & 0 & 1 & 1 & 0 \\ -2 & 0 & 0 & -1 & 0 & -1 & -2 \end{bmatrix} \end{array} \begin{matrix} (L) \\ (M) \\ (T) \end{matrix}$$

求解齐次线性方程组 $\boldsymbol{AY}=\boldsymbol{0}$，因 $R(\boldsymbol{A})=r=3$，方程有 $m-r=7-3=4$ 个线性无关的解，可取为

$$\begin{cases}\boldsymbol{y}_1=(0 \quad 1 \quad -1 \quad 0 \quad 0 \quad 0 \quad 0)^{\mathrm{T}} \\ \boldsymbol{y}_2=(0 \quad 1 \quad 0 \quad -2 \quad 0 \quad 0 \quad 1)^{\mathrm{T}} \\ \boldsymbol{y}_3=(0 \quad 1 \quad 0 \quad 1 \quad 1 \quad -1 \quad 0)^{\mathrm{T}} \\ \boldsymbol{y}_4=(1 \quad -2 \quad 0 \quad -2 \quad -1 \quad 0 \quad 0)^{\mathrm{T}}\end{cases}$$

由此给出 4 个相互独立的无量纲量

$$\begin{cases}\pi_1=lh^{-1} \\ \pi_2=lv^{-2}g \\ \pi_3=lv\rho\mu^{-1} \\ \pi_4=fl^{-2}v^{-2}\rho^{-1}\end{cases} \tag{44-4}$$

式(44-3)与

$$\varphi(\pi_1, \pi_2, \pi_3, \pi_4)=0 \tag{44-5}$$

等价，式(44-4)、式(44-5)两式表达了航船问题中各物理量之间的全部关系。

为了得到阻力 $\boldsymbol{f}$ 的显式表达式，由式(44-5)及式(44-4)中 π_4 的式子可写出

$$f = l^2 v^2 \rho \Psi(\pi_1, \pi_2, \pi_3) \tag{44-6}$$

式(44－6)揭示出了阻力与各物理量之间的某种关系，尽管式中的 Ψ 是一个待定的函数，表达形式不尽完美，但这个结果用通常的分析法很难得到，它在实际的物理模拟中仍有用途，例如利用上述航船阻力问题的结果讨论怎样构造航船模型，以确定原型航船在海洋中受到的阻力，具体分析感兴趣的读者可参见文献[10]。

案例 45　二次曲线与二次曲面的度量问题

一、背景描述

二次曲线与二次曲面分别是二维空间与三维空间中重要的几何实体，它们是否存在中心、存在中心时如何计算中心以及封闭图形所围区域的面积或者体积，这些问题是研究二次曲线与二次曲面度量性质的核心。这里主要利用方程系数矩阵的特征值与特征向量，研究两类几何实体的中心与封闭图形所围区域的面积或者体积问题。

二、问题的数学描述与分析

1. 二次曲线的中心

给定平面上一条二次曲线的方程，它是否有中心是我们关注的一个问题。下面介绍如何利用二次曲线方程系数矩阵的特征值与特征向量研究二次曲线的中心。

在欧氏平面上，二次曲线的方程为

$$a_{11}x_1^2+2a_{12}x_1x_2+a_{22}x_2^2+b_1x_1+b_2x_2=d \tag{45-1}$$

其中，a_{11}、a_{12}、a_{22}不全为零。使用矩阵工具将式(45－1) 改写为

$$\boldsymbol{x}^{\mathrm{T}}\boldsymbol{A}\boldsymbol{x}+\boldsymbol{b}^{\mathrm{T}}\boldsymbol{x}=d \tag{45-2}$$

其中，$\boldsymbol{x}=\begin{pmatrix}x_1\\x_2\end{pmatrix}$，$\boldsymbol{A}=\begin{pmatrix}a_{11}&a_{12}\\a_{12}&a_{22}\end{pmatrix}\neq\boldsymbol{O}$，$\boldsymbol{b}=\begin{pmatrix}b_1\\b_2\end{pmatrix}$。

平面上一点 $\boldsymbol{C}=(x_0,\ y_0)^{\mathrm{T}}$ 为式(45－2)表示的二次曲线中心的充要条件是

$$\boldsymbol{AC}=-\frac{1}{2}\boldsymbol{b} \tag{45-3}$$

(这一结论可参看吕林根、许子道编写的《解析几何(第三版)》第 189 至 191 页)。因为实对称矩阵能够正交对角化，所以存在正交矩阵 $\boldsymbol{P}=\begin{pmatrix}p_{11}&p_{12}\\p_{21}&p_{22}\end{pmatrix}$，使

$$\boldsymbol{P}^{\mathrm{T}}\boldsymbol{AP}=\begin{pmatrix}\lambda_1&0\\0&\lambda_2\end{pmatrix}\overset{\mathrm{def}}{=\!=}\boldsymbol{\Lambda} \tag{45-4}$$

其中，λ_1、λ_2 为 $\boldsymbol{A}$ 的两个特征值(可以相同)，它们对应的特征向量分别为 $\boldsymbol{p}_1=(p_{11},\ p_{21})^{\mathrm{T}}$，$\boldsymbol{p}_2=(p_{12},\ p_{22})^{\mathrm{T}}$。由式(45－3)和式(45－4)，有

$$\boldsymbol{\Lambda P}^{\mathrm{T}}\boldsymbol{C}=-\frac{1}{2}\boldsymbol{P}^{\mathrm{T}}\boldsymbol{b} \tag{45-5}$$

式(45－5)可以看作关于 $\boldsymbol{C}$ 的线性方程组，根据该线性方程组解的情况可判断二次曲线是

否存在中心。当二次曲线存在中心时，通过求解线性方程组可得到中心。

（1）当 λ_1、λ_2 不为零时，有 $\det(\boldsymbol{\Lambda P}^{\mathrm{T}})=(\det\boldsymbol{\Lambda})(\det\boldsymbol{P}^{\mathrm{T}})=\lambda_1\lambda_2(\det\boldsymbol{P}^{\mathrm{T}})\neq 0$，线性方程组(45-5)有唯一解，且

$$\boldsymbol{C}=-\frac{1}{2}\boldsymbol{P}(\boldsymbol{\Lambda})^{-1}\boldsymbol{P}^{\mathrm{T}}\boldsymbol{b}=-\frac{1}{2}\boldsymbol{P}\mathrm{diag}\left(\frac{1}{\lambda_1}, \frac{1}{\lambda_2}\right)\boldsymbol{P}^{\mathrm{T}}\boldsymbol{b}$$

此时，若 $\boldsymbol{b}=(0, 0)^{\mathrm{T}}$，则 $\boldsymbol{C}=(0, 0)^{\mathrm{T}}$，即二次曲线的中心位于坐标原点。

（2）当 λ_1、λ_2 有一个为零时，不妨设 $\lambda_2=0$，则 $\boldsymbol{\Lambda}=\begin{pmatrix}\lambda_1 & 0\\ 0 & 0\end{pmatrix}$，式(45-5)可具体写为

$$\begin{pmatrix}\lambda_1 p_{11} & \lambda_1 p_{21}\\ 0 & 0\end{pmatrix}\begin{pmatrix}x_0\\ y_0\end{pmatrix}=\begin{pmatrix}\dfrac{-\boldsymbol{p}_1^{\mathrm{T}}\boldsymbol{b}}{2}\\ \dfrac{-\boldsymbol{p}_2^{\mathrm{T}}\boldsymbol{b}}{2}\end{pmatrix} \tag{45-6}$$

① 若 $\boldsymbol{p}_2^{\mathrm{T}}\boldsymbol{b}\neq 0$，则非齐次线性方程组(45-6)系数矩阵的秩为 1，增广矩阵的秩为 2，根据线性方程组解的判定定理知方程组(45-6)无解，从而二次曲线为无心二次曲线。

② 若 $\boldsymbol{p}_2^{\mathrm{T}}\boldsymbol{b}=0$，则线性方程组(45-6)系数矩阵的秩和增广矩阵的秩均为 1，根据线性方程组解的判定定理知方程组(45-6)有无穷多组解，这些解满足直线 $\boldsymbol{p}_1^{\mathrm{T}}\boldsymbol{x}+\dfrac{\boldsymbol{p}_1^{\mathrm{T}}\boldsymbol{b}}{2\lambda_1}=0$，从而二次曲线为线心二次曲线。

2. 椭圆的面积

在所有的二次曲线中，只有椭圆是一类封闭曲线，它所围区域的面积为 πab，其中 a、b 为椭圆的半轴长。下面介绍一种利用二次曲线系数矩阵的特征值与特征向量计算椭圆面积的方法。

若式(45-2)表示的二次曲线为椭圆，则由案例 18 中式(18-10)知，它的长半轴长为 $\max\left\{\sqrt{\dfrac{\sigma}{\lambda_1}}, \sqrt{\dfrac{\sigma}{\lambda_2}}\right\}$，短半轴长为 $\min\left\{\sqrt{\dfrac{\sigma}{\lambda_1}}, \sqrt{\dfrac{\sigma}{\lambda_2}}\right\}$，于是，椭圆的面积为

$$S=\pi\sqrt{\frac{\sigma}{\lambda_1}}\sqrt{\frac{\sigma}{\lambda_2}}=\pi\frac{|\sigma|}{\sqrt{\lambda_1\lambda_2}} \tag{45-7}$$

其中，$\sigma=\dfrac{(\boldsymbol{b}^{\mathrm{T}}\boldsymbol{p}_1)^2}{4\lambda_1}+\dfrac{(\boldsymbol{b}^{\mathrm{T}}\boldsymbol{p}_2)^2}{4\lambda_2}+d$。特别地，当二次曲线为中心在坐标原点的椭圆时，有 $\sigma=d$，椭圆的面积为

$$S=\pi\frac{|d|}{\sqrt{\lambda_1\lambda_2}} \tag{45-8}$$

圆是长轴与短轴相等的椭圆，当二次曲线为圆时，根据案例 18 中式(18-10)知

$$\sqrt{\frac{\sigma}{\lambda_1}}=\sqrt{\frac{\sigma}{\lambda_2}}$$

即 $\lambda_1=\lambda_2$。由式(45-4)，有

$$\boldsymbol{A}=\begin{pmatrix}a_{11} & a_{12}\\ a_{12} & a_{22}\end{pmatrix}=\boldsymbol{P}\begin{pmatrix}\lambda_i & 0\\ 0 & \lambda_i\end{pmatrix}\boldsymbol{P}^{\mathrm{T}}=\begin{pmatrix}\lambda_i & 0\\ 0 & \lambda_i\end{pmatrix}\quad (i=1, 2) \tag{45-9}$$

于是二次曲线为圆时它的系数矩阵 $\boldsymbol{A}$ 中的元素满足：

$$a_{12}=0,\ a_{11}=a_{22}=\lambda_i \quad (i=1,\ 2) \tag{45-10}$$

此时，有

$$\sigma=\frac{(\boldsymbol{b}^{\mathrm{T}}\boldsymbol{p}_1)^2}{4\lambda_1}+\frac{(\boldsymbol{b}^{\mathrm{T}}\boldsymbol{p}_2)^2}{4\lambda_2}+d=\frac{(\boldsymbol{b}^{\mathrm{T}}\boldsymbol{p}_1)^2+(\boldsymbol{b}^{\mathrm{T}}\boldsymbol{p}_2)^2}{4\lambda_i}+d=\frac{\boldsymbol{b}^{\mathrm{T}}b}{4\lambda_i}+d$$

这里 $i=1$，2。根据式(45－7)，有

$$S=\pi\frac{1}{\sqrt{\lambda_i\lambda_i}}\left|\frac{\boldsymbol{b}^{\mathrm{T}}\boldsymbol{b}}{4\lambda_i}+d\right|=\pi\frac{1}{|\lambda_i|}\left|\frac{\boldsymbol{b}^{\mathrm{T}}\boldsymbol{b}}{4\lambda_i}+d\right| \quad (i=1,\ 2) \tag{45-11}$$

再由式(45－10)，有

$$S=\pi\frac{1}{|a_{ii}|}\left|\frac{\boldsymbol{b}^{\mathrm{T}}\boldsymbol{b}}{4a_{ii}}+d\right| \quad (i=1,\ 2) \tag{45-12}$$

3. 二次曲面的中心

给定空间中的一个二次曲面的方程，它是否有中心也是我们关注的一个问题。下面介绍如何利用二次曲面系数矩阵的特征值与特征向量研究二次曲面的中心。

在欧氏平面上，二次曲面的方程为

$$a_{11}x_1^2+2a_{12}x_1x_2+2a_{13}x_1x_3+a_{22}x_2^2+2a_{23}x_2x_3+a_{33}x_3^2+b_1x_1+b_2x_2+b_3x_3=d \tag{45-13}$$

其中，a_{11}、a_{12}、a_{13}、a_{22}、a_{23}、a_{33} 不全为零。使用矩阵工具将式(45－13)改写为

$$\boldsymbol{x}^{\mathrm{T}}\boldsymbol{A}\boldsymbol{x}+\boldsymbol{b}^{\mathrm{T}}\boldsymbol{x}=d \tag{45-14}$$

其中，$\boldsymbol{x}=\begin{pmatrix}x_1\\x_2\\x_3\end{pmatrix}$，$\boldsymbol{A}=\begin{pmatrix}a_{11}&a_{12}&a_{13}\\a_{12}&a_{22}&a_{23}\\a_{13}&a_{23}&a_{33}\end{pmatrix}\neq\boldsymbol{O}$，$\boldsymbol{b}=\begin{pmatrix}b_1\\b_2\\b_3\end{pmatrix}$。

空间中一点 $\boldsymbol{C}=(x_0,\ y_0,\ z_0)^{\mathrm{T}}$ 为式(45－14)表示的二次曲面中心的充要条件是

$$\boldsymbol{AC}=-\frac{1}{2}\boldsymbol{b} \tag{45-15}$$

(这一结论可参看吕林根、许子道编写的《解析几何(第三版)》第 248 和 249 页)。因为实对称矩阵能够正交对角化，所以存在正交矩阵 $\boldsymbol{P}=\begin{pmatrix}p_{11}&p_{12}&p_{13}\\p_{21}&p_{22}&p_{23}\\p_{31}&p_{32}&p_{33}\end{pmatrix}$，使

$$\boldsymbol{P}^{\mathrm{T}}\boldsymbol{AP}=\begin{pmatrix}\lambda_1&0&0\\0&\lambda_2&0\\0&0&\lambda_3\end{pmatrix}\stackrel{\text{def}}{=}\boldsymbol{\Lambda} \tag{45-16}$$

其中，λ_1、λ_2、λ_3 为 $\boldsymbol{A}$ 的三个特征值(可以相同)，它们对应的特征向量分别为 $\boldsymbol{p}_1=(p_{11},\ p_{21},\ p_{31})^{\mathrm{T}}$，$\boldsymbol{p}_2=(p_{12},\ p_{22},\ p_{32})^{\mathrm{T}}$，$\boldsymbol{p}_3=(p_{13},\ p_{23},\ p_{33})^{\mathrm{T}}$。将式(45－16)代入式(45－15)，再两边同时左乘 $\boldsymbol{P}^{\mathrm{T}}$，有

$$\boldsymbol{\Lambda P}^{\mathrm{T}}\boldsymbol{C}=-\frac{1}{2}\boldsymbol{P}^{\mathrm{T}}\boldsymbol{b} \tag{45-17}$$

式(45－17)可以看作关于 $\boldsymbol{C}$ 的线性方程组，根据该线性方程组解的情况可判断二次曲面是否存在中心。当二次曲面存在中心时，通过求解线性方程组可得到中心。

(1) 当 λ_1、λ_2、λ_3 不为零时，$\det(\boldsymbol{\Lambda}\boldsymbol{P}^{\mathrm{T}})=(\det\boldsymbol{\Lambda})(\det\boldsymbol{P}^{\mathrm{T}})=\lambda_1\lambda_2\lambda_3(\det\boldsymbol{P}^{\mathrm{T}})\neq0$，线性方程组(45－17)有唯一解，且

$$\boldsymbol{C}=-\frac{1}{2}\boldsymbol{P}(\boldsymbol{\Lambda})^{-1}\boldsymbol{P}^{\mathrm{T}}\boldsymbol{b}=-\frac{1}{2}\boldsymbol{P}\mathrm{diag}\left(\frac{1}{\lambda_1},\ \frac{1}{\lambda_2},\ \frac{1}{\lambda_3}\right)\boldsymbol{P}^{\mathrm{T}}\boldsymbol{b}$$

此时，若 $\boldsymbol{b}=(0,\ 0,\ 0)^{\mathrm{T}}$，则 $\boldsymbol{C}=(0,\ 0,\ 0)^{\mathrm{T}}$，即二次曲面的中心位于坐标原点。

(2) 当 λ_1、λ_2、λ_3 有一个为零时，不妨设 $\lambda_3=0$，则 $\boldsymbol{\Lambda}=\begin{pmatrix}\lambda_1 & 0 & 0\\ 0 & \lambda_2 & 0\\ 0 & 0 & 0\end{pmatrix}$，式(45－17)可具体写为

$$\begin{pmatrix}\lambda_1 p_{11} & \lambda_1 p_{21} & \lambda_1 p_{31}\\ \lambda_2 p_{12} & \lambda_2 p_{22} & \lambda_2 p_{32}\\ 0 & 0 & 0\end{pmatrix}\begin{pmatrix}x_0\\ y_0\\ z_0\end{pmatrix}=-\frac{1}{2}\begin{pmatrix}\boldsymbol{p}_1^{\mathrm{T}}\boldsymbol{b}\\ \boldsymbol{p}_2^{\mathrm{T}}\boldsymbol{b}\\ \boldsymbol{p}_3^{\mathrm{T}}\boldsymbol{b}\end{pmatrix} \tag{45－18}$$

① 若 $\boldsymbol{p}_3^{\mathrm{T}}\boldsymbol{b}\neq0$，则非齐次线性方程组(45－18)系数矩阵的秩为 2，增广矩阵的秩为 3，根据线性方程组解的判定定理知方程组(45－18)无解，从而二次曲面为无心二次曲面。

② 若 $\boldsymbol{p}_3^{\mathrm{T}}\boldsymbol{b}=0$，则线性方程组(45－18)系数矩阵的秩和增广矩阵的秩均为 2，根据线性方程组解的判定定理知方程组(45－18)有无穷多组解，不妨设 $\lambda_1 p_{11}\neq0$，对方程组(45－18)的增广矩阵做初等行变换，有

$$\begin{pmatrix}\lambda_1 p_{11} & \lambda_1 p_{21} & \lambda_1 p_{31} & -\dfrac{\boldsymbol{p}_1^{\mathrm{T}}\boldsymbol{b}}{2}\\ \lambda_2 p_{12} & \lambda_2 p_{22} & \lambda_2 p_{32} & -\dfrac{\boldsymbol{p}_2^{\mathrm{T}}\boldsymbol{b}}{2}\\ 0 & 0 & 0 & 0\end{pmatrix}\rightarrow\begin{pmatrix}1 & \dfrac{p_{21}}{p_{11}} & \dfrac{p_{31}}{p_{11}} & -\dfrac{\boldsymbol{p}_1^{\mathrm{T}}\boldsymbol{b}}{2\lambda_1 p_{11}}\\ 0 & a & b & c\\ 0 & 0 & 0 & 0\end{pmatrix} \tag{45－19}$$

其中，$a=\dfrac{\lambda_2(p_{11}p_{22}-p_{12}p_{21})}{p_{11}}$，$b=\dfrac{\lambda_2(p_{11}p_{32}-p_{12}p_{31})}{p_{11}}$，$c=\dfrac{\lambda_2 p_{12}\boldsymbol{p}_1^{\mathrm{T}}\boldsymbol{b}-\lambda_1 p_{11}\boldsymbol{p}_2^{\mathrm{T}}\boldsymbol{b}}{2\lambda_1 p_{11}}$。不妨设 $a\neq0$，有

$$\begin{pmatrix}1 & \dfrac{p_{21}}{p_{11}} & \dfrac{p_{31}}{p_{11}} & \dfrac{\boldsymbol{p}_1^{\mathrm{T}}\boldsymbol{b}}{\lambda_1 p_{11}}\\ 0 & a & b & c\\ 0 & 0 & 0 & 0\end{pmatrix}\rightarrow\begin{pmatrix}1 & 0 & \dfrac{p_{31}}{p_{11}}-\dfrac{bp_{21}}{ap_{11}} & -\dfrac{\boldsymbol{p}_1^{\mathrm{T}}\boldsymbol{b}}{2\lambda_1 p_{11}}-\dfrac{cp_{21}}{ap_{11}}\\ 0 & 1 & \dfrac{b}{a} & \dfrac{c}{a}\\ 0 & 0 & 0 & 0\end{pmatrix} \tag{45－20}$$

于是线性方程组(45－18)等价于

$$\begin{pmatrix}1 & 0 & \dfrac{p_{31}}{p_{11}}-\dfrac{bp_{21}}{ap_{11}}\\ 0 & 1 & \dfrac{b}{a}\\ 0 & 0 & 0\end{pmatrix}\begin{pmatrix}x_0\\ y_0\\ z_0\end{pmatrix}=\begin{pmatrix}-\dfrac{\boldsymbol{p}_1^{\mathrm{T}}\boldsymbol{b}}{2\lambda_1 p_{11}}-\dfrac{cp_{21}}{ap_{11}}\\ \dfrac{c}{a}\\ 0\end{pmatrix} \tag{45－21}$$

线性方程组(45－21)的解满足直线

$$\begin{cases}x+\left(\dfrac{p_{31}}{p_{11}}-\dfrac{bp_{21}}{ap_{11}}\right)z+\left(\dfrac{\boldsymbol{p}_1^{\mathrm{T}}\boldsymbol{b}}{2\lambda_1 p_{11}}+\dfrac{cp_{21}}{ap_{11}}\right)=0\\ y+\dfrac{b}{a}z-\dfrac{c}{a}=0\end{cases} \tag{45－22}$$

从而二次曲面即式(45-14)为线心二次曲面。

(3) 当 λ_1、λ_2、λ_3 有两个为零时，不妨设 $\lambda_1\neq0$，则 $\boldsymbol{\Lambda}=\begin{pmatrix}\lambda_1 & 0 & 0\\ 0 & 0 & 0\\ 0 & 0 & 0\end{pmatrix}$，式(45-17)可具体写为

$$\begin{pmatrix}\lambda_1 p_{11} & \lambda_1 p_{21} & \lambda_1 p_{31}\\ 0 & 0 & 0\\ 0 & 0 & 0\end{pmatrix}\begin{pmatrix}x_0\\ y_0\\ z_0\end{pmatrix}=-\frac{1}{2}\begin{pmatrix}\boldsymbol{p}_1^{\mathrm{T}}\boldsymbol{b}\\ \boldsymbol{p}_2^{\mathrm{T}}\boldsymbol{b}\\ \boldsymbol{p}_3^{\mathrm{T}}\boldsymbol{b}\end{pmatrix} \tag{45-23}$$

① 若 $\boldsymbol{p}_2^{\mathrm{T}}\boldsymbol{b}$、$\boldsymbol{p}_3^{\mathrm{T}}\boldsymbol{b}$ 不全为零，非齐次线性方程组(45-23)系数矩阵的秩为1，增广矩阵的秩为2，根据线性方程组解的判定定理知方程组(45-23)无解，从而二次曲面即式(45-14)为无心二次曲面。

② 若 $\boldsymbol{p}_2^{\mathrm{T}}\boldsymbol{b}$、$\boldsymbol{p}_3^{\mathrm{T}}\boldsymbol{b}$ 全为零，则线性方程组(45-23)系数矩阵的秩和增广矩阵的秩均为1，根据线性方程组解的判定定理知方程组(45-23)有无穷多组解，这些解满足平面

$$\boldsymbol{p}_1^{\mathrm{T}}\boldsymbol{x}+\frac{\boldsymbol{p}_1^{\mathrm{T}}\boldsymbol{b}}{2\lambda_1}=0 \tag{45-24}$$

于是二次曲面为面心二次曲面，式(45-24)称为二次曲面的中心平面。

4. 椭球的体积

椭球面是所有二次曲面中唯一一类封闭曲面，它所围区域的体积为 $\frac{4}{3}\pi abc$，其中 a、b、c 为椭球的半轴长。下面介绍一种利用二次曲面系数矩阵的特征值与特征向量计算椭球体积的方法。

若式(45-14)表示的二次曲面为椭球面，则由案例18中式(18-30)知，所围椭球的3个半轴长分别为 $\sqrt{\frac{\sigma}{\lambda_1}}$、$\sqrt{\frac{\sigma}{\lambda_2}}$、$\sqrt{\frac{\sigma}{\lambda_3}}$，于是椭球的体积为

$$V=\frac{4}{3}\pi\sqrt{\frac{\sigma}{\lambda_1}}\sqrt{\frac{\sigma}{\lambda_2}}\sqrt{\frac{\sigma}{\lambda_3}}=\frac{4}{3}\pi\sqrt{\frac{\sigma^3}{\lambda_1\lambda_2\lambda_3}} \tag{45-25}$$

其中，$\sigma=\frac{(\boldsymbol{b}^{\mathrm{T}}\boldsymbol{p}_1)^2}{4\lambda_1}+\frac{(\boldsymbol{b}^{\mathrm{T}}\boldsymbol{p}_2)^2}{4\lambda_2}+\frac{(\boldsymbol{b}^{\mathrm{T}}\boldsymbol{p}_3)^2}{4\lambda_3}+d$。特别地，当二次曲面为中心在坐标原点的椭球面时，有 $\sigma=d$，椭球的体积为

$$V=\frac{4}{3}\pi\sqrt{\frac{d^3}{\lambda_1\lambda_2\lambda_3}} \tag{45-26}$$

球是三个轴相等的椭球，当二次曲面为球面时，根据案例18中式(18-30)知 $\sqrt{\frac{\sigma}{\lambda_1}}=\sqrt{\frac{\sigma}{\lambda_2}}=\sqrt{\frac{\sigma}{\lambda_3}}$，即 $\lambda_1=\lambda_2=\lambda_3$。由式(45-16)，有

$$\boldsymbol{A}=\begin{pmatrix}a_{11} & a_{12} & a_{13}\\ a_{12} & a_{22} & a_{23}\\ a_{13} & a_{23} & a_{33}\end{pmatrix}=\boldsymbol{P}\begin{pmatrix}\lambda_i & 0 & 0\\ 0 & \lambda_i & 0\\ 0 & 0 & \lambda_i\end{pmatrix}\boldsymbol{P}^{\mathrm{T}}=\begin{pmatrix}\lambda_i & 0 & 0\\ 0 & \lambda_i & 0\\ 0 & 0 & \lambda_i\end{pmatrix}\quad(i=1,2,3) \tag{45-27}$$

于是二次曲面为球面时它的系数矩阵 $\boldsymbol{A}$ 中的元素满足：

$$a_{12}=a_{13}=a_{23}=0,\ a_{11}=a_{22}=a_{33}=\lambda_i\quad(i=1,\ 2,\ 3) \tag{45-28}$$

此时，有

$$\begin{aligned}\sigma&=\frac{(\boldsymbol{b}^{\mathrm{T}}\boldsymbol{p}_1)^2}{4\lambda_1}+\frac{(\boldsymbol{b}^{\mathrm{T}}\boldsymbol{p}_2)^2}{4\lambda_2}+\frac{(\boldsymbol{b}^{\mathrm{T}}\boldsymbol{p}_3)^2}{4\lambda_3}+d\\&=\frac{(\boldsymbol{b}^{\mathrm{T}}\boldsymbol{p}_1)^2+(\boldsymbol{b}^{\mathrm{T}}\boldsymbol{p}_2)^2+(\boldsymbol{b}^{\mathrm{T}}\boldsymbol{p}_3)^2}{4\lambda_i}+d\\&=\frac{\boldsymbol{b}^{\mathrm{T}}\boldsymbol{b}}{4\lambda_i}+d\end{aligned}$$

这里 $i=1, 2, 3$。根据式(45-25)，有

$$V=\frac{4}{3}\pi\sqrt{\frac{1}{\lambda_i\lambda_i\lambda_i}\left(\frac{\boldsymbol{b}^{\mathrm{T}}\boldsymbol{b}}{4\lambda_1}+d\right)^3}=\frac{4}{3}\pi\sqrt{\frac{1}{\lambda_i^3}\left(\frac{\boldsymbol{b}^{\mathrm{T}}\boldsymbol{b}}{4\lambda_i}+d\right)^3}\quad(i=1, 2, 3)\tag{45-29}$$

再由式(45-28)，有

$$V=\frac{4}{3}\pi\sqrt{\frac{1}{a_{ii}^3}\left(\frac{\boldsymbol{b}^{\mathrm{T}}\boldsymbol{b}}{4a_{ii}}+d\right)^3}\quad(i=1, 2, 3)\tag{45-30}$$

三、应用举例

处理二次曲线和二次曲面度量问题的思想方法基本相同，下面仅以二次曲面的度量问题为例说明。

例 45-1 设椭球面二次曲面的一般方程为

$$5x_1^2-4x_1x_3+7x_2^2-4x_2x_3+6x_3^2-6x_1-10x_2-4x_3+7=0\tag{45-31}$$

试求它的中心和对应椭球的体积。

解 记 $\boldsymbol{x}=\begin{pmatrix}x_1\\x_2\\x_3\end{pmatrix}$，$\boldsymbol{A}=\begin{pmatrix}5&0&-2\\0&7&-2\\-2&-2&6\end{pmatrix}$，$\boldsymbol{b}=\begin{pmatrix}-6\\-10\\-4\end{pmatrix}$，则式(45-31)可表示为

$$\boldsymbol{x}^{\mathrm{T}}\boldsymbol{A}\boldsymbol{x}+\boldsymbol{b}^{\mathrm{T}}\boldsymbol{x}=-7\tag{45-32}$$

根据案例 18 中的应用举例可知，矩阵 $\boldsymbol{A}$ 的特征值为 $\lambda_1=3$，$\lambda_2=6$，$\lambda_3=9$。同时，$\boldsymbol{A}$ 的对应于 $\lambda_1=3$，$\lambda_2=6$，$\lambda_3=9$ 的单位特征向量分别为 $\boldsymbol{p}_1=\frac{\sqrt{3}}{3}\begin{pmatrix}1\\1\\1\end{pmatrix}$，$\boldsymbol{p}_2=\frac{1}{3}\begin{pmatrix}-2\\2\\1\end{pmatrix}$，$\boldsymbol{p}_3=\frac{1}{3}\begin{pmatrix}1\\2\\-2\end{pmatrix}$。令 $\boldsymbol{P}=(\boldsymbol{p}_1, \boldsymbol{p}_2, \boldsymbol{p}_3)$，则 $\boldsymbol{P}$ 为正交矩阵。由本案例中有关二次曲面中心的讨论可知，椭球面有唯一中心，且中心坐标为

$$\boldsymbol{C}=-\frac{1}{2}\boldsymbol{P}\mathrm{diag}\left(\frac{1}{\lambda_1}, \frac{1}{\lambda_2}, \frac{1}{\lambda_3}\right)\boldsymbol{P}^{\mathrm{T}}\boldsymbol{b}=\left(1, \frac{14}{9}, 1\right)^{\mathrm{T}}$$

由本案例中有关椭球的体积的讨论可知，该椭球的体积为

$$V=\frac{4}{3}\pi\sqrt{\frac{\sigma^3}{\lambda_1\lambda_2\lambda_3}}=\frac{208\sqrt{26}}{729}\pi$$

四、应用拓展

上述思想方法亦可应用于 $n(n>3)$ 维二次曲面相关问题，这里仅给出相关结论，不做细节描述。

1. n 维有心二次曲面

我们仅讨论有唯一中心的 n 维二次曲面的中心问题。在欧氏平面上，使用矩阵工具将 n 维二次曲面的方程改写为

$$\boldsymbol{x}^{\mathrm{T}}\boldsymbol{A}\boldsymbol{x}+\boldsymbol{b}\boldsymbol{x}=d \tag{45-33}$$

其中，$\boldsymbol{x}=\begin{pmatrix}x_1\\x_2\\\vdots\\x_n\end{pmatrix}$，$\boldsymbol{A}=\begin{pmatrix}a_{11}&a_{12}&\cdots&a_{1n}\\a_{12}&a_{22}&\cdots&a_{2n}\\\vdots&\vdots&&\vdots\\a_{1n}&a_{2n}&\cdots&a_{nn}\end{pmatrix}\neq\boldsymbol{O}$，$\boldsymbol{b}=\begin{pmatrix}b_1\\b_2\\\vdots\\b_n\end{pmatrix}$。因为实对称矩阵能够正交对角化，所以存在正交矩阵 $\boldsymbol{P}=\begin{pmatrix}p_{11}&p_{12}&\cdots&p_{1n}\\p_{21}&p_{22}&\cdots&p_{2n}\\\vdots&\vdots&&\vdots\\p_{n1}&p_{n2}&\cdots&p_{nn}\end{pmatrix}$，使

$$\boldsymbol{P}^{\mathrm{T}}\boldsymbol{A}\boldsymbol{P}=\mathrm{diag}\{\lambda_1,\lambda_2,\cdots,\lambda_n\}\overset{\mathrm{def}}{=\!=}\boldsymbol{\Lambda} \tag{45-34}$$

其中，$\lambda_i(i=1,2,\cdots,n)$ 为 $\boldsymbol{A}$ 的特征值（可相同），它们对应的特征向量为 $\boldsymbol{p}_i=(p_{1i},p_{2i},\cdots,p_{ni})^{\mathrm{T}}$。当 $\lambda_1\lambda_2\cdots\lambda_n\neq0$ 时，n 维二次曲面即式（45－33）有唯一中心，它的中心坐标为

$$\boldsymbol{C}=-\frac{1}{2}\boldsymbol{P}\mathrm{diag}\left(\frac{1}{\lambda_1},\frac{1}{\lambda_2},\cdots,\frac{1}{\lambda_n}\right)\boldsymbol{P}^{\mathrm{T}}\boldsymbol{b} \tag{45-35}$$

且当 $\boldsymbol{b}=(0,0,\cdots,0)^{\mathrm{T}}$ 时，该 n 维二次曲面的中心位于坐标原点。

2. n 维椭球的体积

在微积分学中，n 维椭球的体积可通过 n 重积分计算。下面给出利用 n 维椭球面系数矩阵的特征值与特征向量计算 n 维椭球体积的方法。

当式（45－33）表示的 n 维二次曲面为 n 维椭球面时，它所围区域的体积为

$$V=\frac{4}{3}\pi\sqrt{\frac{\sigma^n}{\lambda_1\lambda_2\cdots\lambda_n}} \tag{45-36}$$

其中，$\sigma=\sum\limits_{k=1}^{n}\dfrac{(\boldsymbol{b}^{\mathrm{T}}\boldsymbol{p}_k)^2}{4\lambda_k}+d$。特别地，当 n 维二次曲面为中心在坐标原点的 n 维椭球面时，它所围区域的体积为

$$V=\frac{4}{3}\pi\sqrt{\frac{d^n}{\lambda_1\lambda_2\cdots\lambda_n}} \tag{45-37}$$

当 n 维二次曲面为 n 维球面时，它所围区域的体积为

$$V=\frac{4}{3}\pi\sqrt{\frac{1}{\lambda_i^n}\left(\frac{\boldsymbol{b}^{\mathrm{T}}\boldsymbol{b}}{4\lambda_i}+d\right)^n}\quad(i=1,2,\cdots,n) \tag{45-38}$$

也可表示为

$$V=\frac{4}{3}\pi\sqrt{\frac{1}{a_{ii}^n}\left(\frac{\boldsymbol{b}^{\mathrm{T}}\boldsymbol{b}}{4a_{ii}}+d\right)^n}\quad(i=1,2,\cdots,n) \tag{45-39}$$

案例 46　数值积分与数值微分问题

一、背景描述

计算函数在区间上的定积分和一点处的导数值在微积分学与实际应用中都有很高的价值。如果函数比较复杂时，计算它在区间上的定积分和一点处的导数的精确值往往具有很大的难度，而数值积分和数值微分提供了解决这类问题的近似方法，具有一定的实际应用价值。

二、问题的数学描述与分析

1. 数值积分

考虑定积分

$$I=\int_a^b f(x)\mathrm{d}x \tag{46-1}$$

如果被积函数 $f(x)$ 相当复杂或者被积函数的原函数不是初等函数，那么计算 I 的精确值就非常困难，此时有必要通过数值方法计算 I 。

近似估计 I 的一个有效的方法是在 $[a, b]$ 上利用多项式函数 $p(x)$ 近似 $f(x)$。多项式函数 $p(x)$ 可通过插值多项式确定。在 $[a, b]$ 上选取 $n+1$ 个不同的点 x_0，x_1，x_2，…，x_n，不妨设 $x_0<x_1<x_2<\cdots<x_n$，则存在唯一一个 n 次多项式函数

$$p(x)=a_nx^n+a_{n-1}x^{n-1}+\cdots+a_1x+a_0 \tag{46-2}$$

使得 $p(x_i)=f(x_i)$ $(i=0, 1, 2, \cdots, n)$，称 $p(x)$ 为 $f(x)$ 在点 x_0，x_1，x_2，…，x_n 处的 n 次插值多项式。

不妨设存在数 k_0，k_1，k_2，…，k_n，使得

$$\begin{cases}k_0+k_1+k_2+\cdots+k_n=\int_a^b 1\mathrm{d}x\\ k_0x_0+k_1x_1+k_2x_2+\cdots+k_nx_n=\int_a^b x\mathrm{d}x\\ k_0x_0^2+k_1x_1^2+k_2x_2^2+\cdots+k_nx_n^2=\int_a^b x^2\mathrm{d}x\\ \quad\vdots\\ k_0x_0^n+k_1x_1^n+k_2x_2^n+\cdots+k_nx_n^n=\int_a^b x^n\mathrm{d}x\end{cases} \tag{46-3}$$

记 $\boldsymbol{k}=\begin{pmatrix}k_0\\k_1\\k_2\\\vdots\\k_n\end{pmatrix}$，$\boldsymbol{A}=\begin{pmatrix}1&1&1&\cdots&1\\x_0&x_1&x_2&\cdots&x_n\\x_0^2&x_1^2&x_2^2&\cdots&x_n^2\\\vdots&\vdots&\vdots&&\vdots\\x_0^n&x_1^n&x_2^n&\cdots&x_n^n\end{pmatrix}$，$\boldsymbol{b}=\begin{pmatrix}\int_a^b 1\mathrm{d}x\\\int_a^b x\mathrm{d}x\\\int_a^b x^2\mathrm{d}x\\\vdots\\\int_a^b x^n\mathrm{d}x\end{pmatrix}$，则式(46-3)可表示为

$$\boldsymbol{A}\boldsymbol{k}=\boldsymbol{b} \tag{46-4}$$

这里$\boldsymbol{A}$是由$n+1$个互不相同的数x_0，x_1，x_2，…，x_n生成的范德蒙矩阵，于是$|\boldsymbol{A}|\neq 0$。根据克莱姆法则，存在唯一一组数k_0，k_1，k_2，…，k_n满足线性方程组(46-4)。又

$$\begin{aligned}\int_a^b p(x)\mathrm{d}x &= \int_a^b (a_n x^n + a_{n-1}x^{n-1}+\cdots+a_1 x + a_0)\mathrm{d}x\\
&= a_n\int_a^b x^n\mathrm{d}x + a_{n-1}\int_a^b x^{n-1}\mathrm{d}x+\cdots+a_1\int_a^b x\mathrm{d}x + a_0\int_a^b 1\mathrm{d}x\\
&= a_n\sum_{i=0}^n k_i x_i^n + a_{n-1}\sum_{i=0}^n k_i x_i^{n-1}+\cdots+a_1\sum_{i=0}^n k_i x_i + a_0\sum_{i=0}^n k_i\\
&= \sum_{i=0}^n k_i(a_n x_i^n + a_{n-1}x_i^{n-1}+\cdots+a_1 x_i + a_0)\\
&= \sum_{i=0}^n k_i p(x_i)\end{aligned} \tag{46-5}$$

式(46-5)表明只要已知$p(x)$在$x_i(i=0,1,2,\cdots,n)$的值，即可计算积分$\int_a^b p(x)\mathrm{d}x$的值，而$p(x)$是$f(x)$的n次插值多项式，有

$$p(x_i)=f(x_i)\quad(i=0,1,2,\cdots,n) \tag{46-6}$$

故

$$\int_a^b p(x)\mathrm{d}x=\sum_{i=0}^n k_i p(x_i)=\sum_{i=0}^n k_i f(x_i)\approx\int_a^b f(x)\mathrm{d}x \tag{46-7}$$

式(46-7)中的近似

$$\int_a^b f(x)\mathrm{d}x\approx\sum_{i=0}^n k_i f(x_i) \tag{46-8}$$

称为数值积分公式。

2. 数值微分

考虑函数$f(x)$，已知其在$x=a$处可导，计算$f'(a)$。如果函数$f(x)$相当复杂导致计算$f'(a)$的精确值非常困难，此时有必要通过数值方法计算$f'(a)$。

近似估计$f'(a)$的一个有效的方法是在$x=a$的附近利用$f(x)$的插值多项式$p(x)$近似$f(x)$。在$x=a$附近选取$n+1$个不同点x_0，x_1，x_2，…，x_n，不妨设$x_0<x_1<x_2<\cdots<x_n$，则$f(x)$在x_0，x_1，x_2，…，x_n处的n次插值多项式为

$$p(x)=a_n x^n+a_{n-1}x^{n-1}+\cdots+a_1 x+a_0 \tag{46-9}$$

不妨设存在数k_0，k_1，k_2，…，k_n，使得

$$\begin{cases} k_0+k_1+k_2+\cdots+k_n=q'_0(a) \\ k_0x_0+k_1x_1+k_2x_2+\cdots+k_nx_n=q'_1(a) \\ k_0x_0^2+k_1x_1^2+k_2x_2^2+\cdots+k_nx_n^2=q'_2(a) \\ \quad\vdots \\ k_0x_0^n+k_1x_1^n+k_2x_2^n+\cdots+k_nx_n^n=q'_n(a) \end{cases} \tag{46-10}$$

记 $\boldsymbol{k}=\begin{pmatrix} k_0 \\ k_1 \\ k_2 \\ \vdots \\ k_n \end{pmatrix}$，$\boldsymbol{A}=\begin{pmatrix} 1 & 1 & 1 & \cdots & 1 \\ x_0 & x_1 & x_2 & \cdots & x_n \\ x_0^2 & x_1^2 & x_2^2 & \cdots & x_n^2 \\ \vdots & \vdots & \vdots & & \vdots \\ x_0^n & x_1^n & x_2^n & \cdots & x_n^n \end{pmatrix}$，$\boldsymbol{b}=\begin{pmatrix} q'_0(a) \\ q'_1(a) \\ q'_2(a) \\ \vdots \\ q'_n(a) \end{pmatrix}$，其中，$q_i(x)=x^i(i=0, 1, 2, \cdots, n)$，则式(46－10)可表示为

$$\boldsymbol{Ak}=\boldsymbol{b} \tag{46-11}$$

这里 $\boldsymbol{A}$ 是由 $n+1$ 个互不相同的数 x_0，x_1，x_2，…，x_n 生成的范德蒙矩阵，于是 $|A|\neq 0$。根据克莱姆法则，存在唯一一组数 k_0，k_1，k_2，…，k_n 满足线性方程组(46－11)。又

$$\begin{aligned} p'(a) &= (a_nx^n+a_{n-1}x^{n-1}+\cdots+a_1x+a_0)'|_{x=a} \\ &= a_nq'_n(a)+a_{n-1}q'_{n-1}(a)+\cdots+a_1q'_1(a)+a_0q'_0(a) \\ &= a_n\sum_{i=0}^{n}k_ix_i^n+a_{n-1}\sum_{i=0}^{n}k_ix_i^{n-1}+\cdots+a_1\sum_{i=0}^{n}k_ix_i+a_0\sum_{i=0}^{n}k_i \\ &= \sum_{i=0}^{n}k_i(a_nx_i^n+a_{n-1}x_i^{n-1}+\cdots+a_1x_i+a_0) \\ &= \sum_{i=0}^{n}k_ip(x_i) \end{aligned} \tag{46-12}$$

式(46－12)表明只要已知 $p(x)$ 在 $x_i(i=0, 1, 2, \cdots, n)$ 的值，即可计算微分值 $p'(a)$，而 $p(x)$ 是 $f(x)$ 的 n 次插值多项式，有

$$p(x_i)=f(x_i) \quad (i=0, 1, 2, \cdots, n) \tag{46-13}$$

故

$$p'(a)=\sum_{i=0}^{n}k_ip(x_i)=\sum_{i=0}^{n}k_if(x_i)\approx f'(a) \tag{46-14}$$

式(46－14)中的近似

$$f'(a)\approx\sum_{i=0}^{n}k_if(x_i) \tag{46-15}$$

称为数值微分公式。

三、应用举例

1. 数值积分公式应用

设 $f(x)$ 是区间 $[a, b]$ 上的函数，取 $x_0=a$，$x_1=(a+b)/2$，$x_2=b$，构造相应数值积分公式。

由于该实例中选取了 $[a, b]$ 上的 3 个点，因此构造数值积分公式的关键在于确定式

(46－8)中的 $k_i(i=1,2,3)$。由式(46－3)可得

$$\begin{cases} k_0+k_1+k_2=\int_a^b 1\mathrm{d}x=b-a \\ k_0x_0+k_1x_1+k_2x_2=\int_a^b x\mathrm{d}x=\dfrac{b^2-a^2}{2} \\ k_0x_0^2+k_1x_1^2+k_2x_2^2=\int_a^b x^2\mathrm{d}x=\dfrac{b^3-a^3}{3} \end{cases} \tag{46-16}$$

线性方程组(46－16)有唯一解

$$\boldsymbol{k}=\left(\frac{b-a}{6},\ \frac{4(b-a)}{6},\ \frac{b-a}{6}\right)^{\mathrm{T}}$$

于是由式(46－8)得相应数值积分公式为

$$\int_a^b f(x)\mathrm{d}x \approx \frac{b-a}{6}\left[f(a)+4f\left(\frac{a+b}{2}\right)+f(b)\right] \tag{46-17}$$

公式(46－17)被称为辛普森公式。

2. 数值微分公式应用

设 $f(x)$是可导函数，取 $x_0=a-h$，$x_1=a$，$x_2=a+h$，构造 $f'(a)$数值微分公式。

由于该实例中选取了 3 个点，因此构造数值微分公式的关键在于确定式(46－15)中的 $k_i(i=1,2,3)$。由式(46－10)可得

$$\begin{cases} k_0+k_1+k_2=1'|_{x=a}=0 \\ k_0x_0+k_1x_1+k_2x_2=x'|_{x=a}=1 \\ k_0x_0^2+k_1x_1^2+k_2x_2^2=(x^2)'|_{x=a}=2a \end{cases} \tag{46-18}$$

线性方程组(46－18)有唯一解

$$\boldsymbol{k}=\left(-\frac{1}{2h},\ 0,\ \frac{1}{2h}\right)^{\mathrm{T}}$$

于是由式(46－15)得 $f'(a)$数值微分公式

$$f'(a)\approx\frac{1}{2h}[f(a+h)-f(a-h)] \tag{46-19}$$

公式(46－19)被称为 $f'(a)$的中心差分公式。

本案例针对一元函数的数值积分和数值微分展开讨论，这种处理问题的思想亦可应用于多元函数的数值积分和数值微分。

参 考 文 献

[1] 普尔米尼亚茨基 J S. 防务分析中的数学方法[M]. 北京：航空工业出版社，2015.

[2] 金振中，李晓斌. 战术导弹试验设计[M]. 北京：国防工业出版社，2013.

[3] 陈琪锋，孟云鹤，陆宏伟. 导弹作战应用[M]. 北京：国防工业出版社，2014.

[4] 许海昀，谢君红，高顺林，等. 炸雷弹落点精度评定的假设检验方法[J]. 水雷战与舰船防护，2014(3)：9-11.

[5] 甘泉，黄进，方龙杰. 武器系统的可靠性评估方法研究[J]. 国防技术基础，2007(1)：26-28.

[6] 任亚莉. 线性方程组与信号流图互换方法的研究[J]. 宜宾学院学报(12)：60-62.

[7] 张最良. 军事运筹学[M]. 北京：军事科学出版社，1993.

[8] 管致中，夏恭恪，孟桥. 信号与线性系统[M]. 4 版. 北京：高等教育出版社，2004.

[9] LAY D C. 线性代数及其应用(原书第 4 版)[M]. 刘深泉，张万芹，陈玉珍，等译. 北京：机械工业出版社，2018.

[10] 姜启源. 数学模型 [M]. 北京：高等教育出版社，2003.

[11] 王桐，杨萍，欧阳海波. 基于马尔可夫链的多波次导弹作战研究[J]. 战术导弹技术，2011，000(004)：20-22.

[12] 满敬銮，杨薇. 基于多重共线性的处理方法[J]. 数学理论与应用，2010(02)：107-111.

[13] 陶家祥，张博，李姝昱，等. 大坝安全监测数据中共线性问题的主成分分析法[J]. 水电能源科学，2011(02)：50-52.

[14] 吴秋月，何江宏. Google 矩阵和它的性质[J]. 大学数学，2006(06)：135-139.

[15] 邵晶晶. PageRank 算法的阻尼因子值[J]. 华中师范大学学报(自然科学版)，2011(04)：534-537.

[16] 张毅. 弹道导弹弹道学[M]. 长沙：国防科技大学出版社，1999.

[17] 袁子怀，钱杏芳. 有控飞行力学与计算机仿真[M]. 北京：国防工业出版社，2001.

[18] 郝辉，李雪瑞，舒健生，等. 导弹常用空间直角坐标系间转换方法[J]. 四川兵工学报，2013，34(2)：18-20.

[19] 居余马，胡金德. 线性代数及其应用[M]. 北京：中央广播电视大学出版社，1986.

[20] 同济大学数学系. 线性代数 [M]. 北京：高等教育出版社，2018.

[21] 利昂 S J. 线性代数(英文版 · 第 9 版)[M]. 北京：机械工业出版社，2017.

[22] 何晓群. 多元统计分析[M]. 北京：中国人民大学出版社，2004.

[23] 梅长林，范金城. 数据分析方法[M]. 北京：高等教育出版社，2006.

[24] 吕林根，许子道. 解析几何学[M]. 北京：高等教育出版社，2019.

[25] 梅向明. 高等几何[M]. 北京：高等教育出版社，2008.

[26] 吴福朝. 计算机视觉中的数学方法[M]. 北京：科学出版社，2008.
[27] HARTLEY R，ZISSERMAN A. 计算机视觉中的多视图几何[M]. 韦穗，杨尚骏，章权兵，等译. 合肥：安徽大学出版社，2002.
[28] 颜庆津. 数值分析(修订版)[M]. 北京：北京航空航天大学出版社，2000.
[29] TRIVEDI K S. 计算机应用与可靠性工程中的概率统计（中文版·原书第 2 版）[M]. 伍志韬，张越，译. 北京：电子工业出版社，2015.
[30] 陶叶青，高井祥，姚一飞. 平面坐标转换的稳健总体最小二乘算法[J]. 中国矿业大学学报，2014，43(3)：534－539.